U0311176

Android 5.X App开发实战

黄彬华 编著

清華大学出版社
北京

本书版权登记号：图字：01-2016-1437
本书为碁峰资讯股份有限公司授权出版发行的中文简体字版本。

内容简介

本书以最新 Android 5.X 进行开发示范，让读者可以快速开发智能手机、平板电脑的应用程序。全书共分为14章，内容包括Android基础、开发工具的下载与安装、Android项目与系统架构、UI基本设计、UI高级设计、Activity 与 Fragment、数据存取、移动数据库 SQLite、Google 地图、传感器的应用、多媒体与相机功能、AdMob广告的制作以及发布应用程序到Play商店等，使读者不仅可以从销售应用程序而获利，而且可以在面试工作时展示自己的作品。

本书适合 Android 初学者、在职开发人员、游戏开发爱好者、程序员阅读参考，也可作为大中专院校相关专业的学习用书和培训学校的教材。

本书封面贴有清华大学出版社防伪标签，无标签者不得销售。
版权所有，侵权必究。侵权举报电话：010-62782989　13701121933

图书在版编目（CIP）数据

Android 5.X App 开发实战/黄彬华编著. —北京：清华大学出版社，2016（2016.8 重印）
ISBN 978-7-302-43001-8

Ⅰ.①A… Ⅱ.①黄… Ⅲ.①移动终端－应用程序－程序设计 Ⅳ.①TN929.53

中国版本图书馆 CIP 数据核字（2016）第 031104 号

责任编辑：夏非彼
封面设计：王　翔
责任校对：闫秀华
责任印制：何　芊

出版发行：清华大学出版社
网　　址：http://www.tup.com.cn，http://www.wqbook.com
地　　址：北京清华大学学研大厦 A 座　　邮　　编：100084
社 总 机：010-62770175　　邮　　购：010-62786544
投稿与读者服务：010-62776969，c-service@tup.tsinghua.edu.cn
质 量 反 馈：010-62772015，zhiliang@tup.tsinghua.edu.cn
印 装 者：清华大学印刷厂
经　　销：全国新华书店
开　　本：190mm×260mm　　印　　张：23　　字　　数：589 千字
版　　次：2016 年 4 月第 1 版　　印　　次：2016 年 8 月第2次印刷
印　　数：3501～6000
定　　价：59.00 元

产品编号：067336-01

序

从编写第一本《Android 2.X 手机程序开发实战》到本书《Android 5.X App 开发实战》，共历经了 Android 的 4 大版本（2.X, 3.X, 4.X, 5.X），Android 系统也历经了许多重大的改变。

- 系统的成长与改进：
  - 2.X 版仅支持手机系统开发，而且操作流畅度差强人意。
  - 3.0 版开始支持平板电脑，但不支持手机系统开发，这就苦了开发人员，因为要分别熟悉两套应用程序编程接口（API）。
  - 4.0 版系统稳定性大幅提升，而且手机、平板电脑共享 API 而不再分家，方便了开发人员的开发工作。
  - 5.0 版提倡 material design（材料设计）将用户界面（UI）设计提升到高水平，即使与 iOS 系统对比也毫不逊色。
- 市场占有率大幅提升与各种设备绽放光芒：
  - 每年的销售市场占有率从 2.X 版时代的 30%到现在接近 85%。
  - 从当初只有手机设备到平板电脑、电子书阅读器，到现在有移动电视与可穿戴设备。

对 Android 应用程序开发人员而言，最大的改变莫过于 Android Studio 在 2014 年 12 月 8 日正式成为开发 Android 应用程序的官方 IDE（Integrated Development Environment，集成开发环境）工具，Android 开发官网也很明确地指出原先 Eclipse with ADT 的开发模式已经被 Android Studio 取代，建议开发者尽早改用 Android Studio 以获得最好的支持。

用过 Eclipse with ADT 的开发人员都知道一旦导入 Android 项目，常常会发生不明原因的编译失败，而且往往需要重启 Eclipse 或用一些很奇怪的方式才能解决。这些问题在 Android Studio 上完全不见了，而且 UI 设计工具比以前更聪明，XML 源代码与 UI 画面可以同时显示；许多贴心的提示功能可以让开发人员避免发生一些不必要的错误。使用 Android Studio 可以让初学者更加容易就进入到 Android App 的开发世界。本书所有范例已经更新成 Android Studio 版本。

CardView 与 RecyclerView 是 Android 5.0 时推出的两个新的 UI 组件，使得用户界面的显示更加多样化。因为属于 support 函数库，所以旧版的 Android 设备也可以显示出这两个 UI 组件设计出来的用户界面，本书“5-5 CardView 与 RecyclerView”会详细说明如何使用它们。

除了前面所说的更新部分外，借此机会将本书的范例内容调整为更符合各章主题，让读者可以通过主题与范例紧密结合的介绍和说明，更清楚地了解 Android App 的开发技巧。除此之外，书中还增加了一些新的主题使内容更加充实，例如说明当设备处于休眠状态时仍然可以执行 Service（服务）的技巧、如何在设备开机时就启动 App、陀螺仪传感器的应用等。

本书范例的素材和代码下载地址为：http://pan.baidu.com/s/1jGTGnXW。

如果下载有问题，请电子邮件联系 booksaga@126.com，邮件主题为“求 Android 5.X App 开发实战代码”。

黄彬华

改编说明

本书的作者是 Android 平台开发的老手，经验丰富而老道。他从 Android 2.X 到 Android 5.X 都有 Android 开发方面的著作出版。本书内容以 Android 5.X 应用程序的开发为主线，作者再结合谷歌（Google）公司为 Android 量身定做的 Android Studio 为基础编写了本专著。

Android Studio 是谷歌公司大力支持的一款 Android 集成开发环境，谷歌公司的开发团队会持续开发和完善这个系统，它是 Android 平台在未来继续发展壮大的基石。

书中完整地介绍了 Android Studio 开发工具包和开发环境的安装、设置和使用，可以帮助以前使用其他 Android 开发工具或环境的人顺利迁移到这个全新的 Android Studio 开发环境中。例如，将非 Android Studio 项目导入 Android Studio，使得过去在 Eclipse 中开发的项目就可以平滑迁移到 Android Studio 的集成开发环境中继续开发或者得以继续维护。

本书的章节安排如下：第 1 章讲述 Android 导论，第 2 章介绍开发工具的下载和安装以及如何把应用程序发布到 Play 商店的第 14 章。第 3 章到第 13 章是涉及在 Android Studio 中开发 Android 应用的方法和技巧，每个章节都配备了丰富的范例程序，读者可以参照本书的说明和这些范例程序对照着学习，以便让学习成效事半功倍。

最后加一点说明：

如果在 http://developer.android.com/sdk/index.html 不能下载到 Android Studio 开发工具，请到网页：http://www.android-studio.org/下载 Android Studio（由于网站经常更新，读者也可以上网搜索能下载 Android Studio 的网址）。

赵军

2016 年 1 月

目 录

第 1 章

Android 导论

1-1 认识 Android

2011 年对移动设备而言是个具有重大意义的一年，因为该年仅智能手机（smart phone）的销售量（约 4.9 亿部）就远超过台式机（desktop）、笔记本电脑（notebook）与上网本（netbook）的销售总量（约 3.5 亿台），参看表 1-1[1]。除此之外，值得注意的是平板电脑（pad 或 tablet）的增长率高达 274.2%，为所有产品之冠。这样的结果导致全球最大 PC 制造商 HP 曾一度计划出售 PC 事业部[2]，可见移动设备来势汹汹。

表 1-1　不同设备 2011 年的增长率

类型	2011（百万）	2011/2010 增长
Smart phones	487.7	62.7%
Pads	63.2	274.2%
Netbooks	29.4	-25.3%
Notebooks	209.6	7.5%
Desktops	112.4	2.3%

表 1-2[3]列出了 2014~2016 各年销量统计与预估的数据，可以看出个人设备操作系统中，以安装 Android 操作系统的设备销量最高，而且远高于 iOS/MacOS 系统[4]与 Windows 系统[5]。

[1] 参看 http://www.canalys.com/newsroom/smart-phones-overtake-client-pcs-2011。

[2] 参看 http://zh.wikipedia.org/wiki/%E6%83%A0%E6%99%AE%E5%85%AC%E5%8F%B8。

[3] 参看 http://www.gartner.com/newsroom/id/2954317 的 Worldwide Device Shipments by Operating System, 2014-2016 (Thousands of Units)。

[4] iOS 是 Apple 公司移动设备的操作系统；MacOS 则是该公司桌上型操作系统。

[5] 包含 Microsoft 公司移动设备系统与桌上型系统。

表 1-2　不同操作系统 2014~2016 各年的销量统计与预估数据

操作系统	2014（百万）	2015（百万）	2016（百万）
Android	1,156	1,455	1,619
iOS/MacOS	263	279	299
Windows	333	355	393

1-1-1　Android 属于 Linux 移动平台

Android（英文原意为机器人，现在就是我们所说的安卓系统）是一种专门为了移动设备（mobile devices）例如移动电话、平板电脑等而设计的操作系统（operating system），因此该系统以达到文件精简、执行效率高而且省电为主要目的。Android 主要以 Linux 核心（Linux kernel）与 GNU[1] 软件（GNU software）为基础；简而言之，Android 属于一种 Linux 操作系统。Linux 是一个相当成熟且稳定的操作系统，无论安全性、多任务处理能力甚至软硬件的支持程度都非常优越。不过 Android 并不完全兼容于传统的 Linux 系统，例如它没有 Linux 系统具有的 X Window 系统，也没有完全支持 GNU 函数库，所以无法将所有 Linux/GNU 的应用程序都移植到 Android 上。

1-1-2　Android 历史

回到公元 2005 年，当时谣传 Google（谷歌）公司想要扩张事业版图到手机业，甚至想要成为手机制造商，推出专门以提供位置服务（例如卫星导航、地图等服务）为主的自有品牌手机。如果 Google 真有这样打算的话，那么要实现这一目标最大的问题就是 Google 没有自己的手机操作系统。结果在 2005 年 7 月，Google 并购了一家位于加州、成立仅 22 个月的小公司，名为 Android。Google 宣称该公司仅开发手机上的软件，但有可靠消息指出该公司不仅开发手机专用软件，还致力于开发手机操作系统。

过了近两年半，Google 于 2007 年 11 月 5 日公开发布了他们研发的以 Linux 为核心的移动平台，名为 Android。当时 Google 不仅发布了他们新的移动平台，更宣布开放该平台的源代码（open source）。同时也促成 OHA（Open Handset Alliance，开放手机联盟）的成立。

Google、HTC（宏达国际电子股份有限公司）、T-Mobile（美国电信业者）于 2008 年 9 月 23 日共同发布了全球第一部 Android 平台的手机——T-Mobile G1（也称为 HTC Dream），如图 1-1 所示。该手机包含了 GPS 定位功能、310 万像素摄像头，以及一系列的 Google 应用程序，开启了 Google 在移动设备上的刺激旅程。

图 1-1　第一部 Android 手机——T-Mobile G1

[1] http://en.wikipedia.org/wiki/GNU.

1-1-3　版本更新过程[1]

表 1-3 列出了 Android 系统中各版本对应的 API 层级（API level）和发布时间，读者可以一览 Android 系统的整个演进过程。

表 1-3　Android 的版本更新

Android 系统版本	API 层级	发布日期
1.0	1	2008 年 9 月 23 日
1.1	2	2009 年 2 月 9 日
1.5	3	2009 年 4 月 27 日
1.6	4	2009 年 9 月 15 日
2.0	5	2009 年 10 月 26 日
2.0.1	6	2009 年 12 月 3 日
2.1	7	2010 年 1 月 12 日
2.2	8	2010 年 5 月 20 日
2.3	9	2010 年 12 月 6 日
2.3.3	10	2011 年 2 月 9 日
3.0	11	2011 年 2 月 22 日
3.1	12	2011 年 5 月 10 日
3.2	13	2011 年 7 月 15 日
4.0	14	2011 年 10 月 18 日
4.0.3	15	2011 年 12 月 16 日
4.1	16	2012 年 7 月 9 日
4.2	17	2012 年 11 月 13 日
4.3	18	2013 年 7 月 24 日
4.4	19	2013 年 10 月 31 日
4.4W	20	2014 年 6 月 25 日
5.0	21	2014 年 11 月 12 日
5.1	22	2015 年 3 月 9 日

不可不知

Android 的吉祥物图案如图 1-2 所示。

图 1-2　Android 的吉祥物图案

[1] http://en.wikipedia.org/wiki/Android_version_history.

除了吉祥物之外，Android 1.5 版开始每个版本都有一个代称，也有对应的代表图标，如图 1-3 所示。

Cupcake（Android 1.5）

Donut（Android 1.6）

Eclair（Android 2.1）

Froyo（Android 2.2）

Gingerbread（Android 2.3）

Honeycomb（Android 3.0）

Ice Cream Sandwich（Android 4.0）

Jelly Bean（Android 4.1/4.2/4.3）

KitKat（Android 4.4）

Lollipop（Android 5.0/5.1）

图 1-3　Android 每一个版的代称和对应的图标

1-1-4　开放手机联盟的介绍

开放手机联盟（OHA，Open Handset Alliance）是一个商业性的联盟，其目的在于共同制订 Android 开放源代码的移动设备标准，与其他移动平台（如 iOS、Windows Mobile OS）竞争。成员分类如表 1-4（未将所有成员都列出来）[1]：

[1] 参看 http://www.openhandsetalliance.com/oha_members.html。

表 1-4　成员种类和名称

成员种类	成员名称
手机制造商（Handset Manufacturers）	HTC、Acer、Motorola、LG、Samsung
电信运营商（Mobile Operators）	T-Mobile、NTT DoCoMo、中国移动（China Mobile Communications）
软件开发商（Software Companies）	Google、eBay、Ascender
半导体制造商（Semiconductor Companies）	Intel、Nvidia、Texas Instruments
商品化公司（Commercialization Companies）	Aplix、Borqs、L&T Infotech

1-2　Android 成功的原因

Android 操作系统能够成功打入移动市场的原因分析如下。

1-2-1　开放源代码与采用 Apache 授权方式

Android 除了操作系统外，还包含许多移动设备所需使用的软件，Google 将 Android 的源代码公开出来（open source），而且大部分都采用 Apache 授权方式[1]（Apache Software License），这样一来对企业有非常大的好处，具体说明如下：

1. 免费使用 Android 系统：移动设备安装 Android 操作系统，不像安装其他操作系统那样需要支付权利金给操作系统厂商[2]。这样一来，移动设备的整体成本大幅下降，在现今微利的时代，这一点更显重要，对移动设备厂商的获利更有保障。

2. 可以根据需求修改 Android：Google 公司公开了 Android 相关软件的源代码，厂商可以自行下载并研究[3]；而且根据 Apache 授权方式，厂商可以按照自己的需求修改其内容，开发适合于自己产品路线图的产品[4]。例如：Amazon Kindle 就是将 Android 应用在电子书阅读器上[5]。

3. 无须公开源代码[6]：Apache 授权方式与一般 GPL 授权方式不同，修改以 Apache 授权的源代码而产生的新程序代码，不必再将此新程序代码的内容公开出来。GPL 授权方式要求公开修改后的源代码，虽然利于软件的发展，但却不利于企业的营利，因为一旦公开源代码，商业对手就可迅速做出反击。Apache 授权方式不要求更改后再公开源代码，企业就更愿意投入大量精力和资源去开发相关软件。

---

[1] http://source.android.com/source/licenses.html

[2] 例如笔记本电脑若安装 Windows 操作系统，则笔记本电脑制造商需支付权利金给 Microsoft 公司。

[3] Android 源代码下载说明网页 http://source.android.com/source/downloading.html。

[4] http://www.apache.org/licenses/LICENSE-2.0 的“2. Grant of Copyright License”。

[5] http://en.wikipedia.org/wiki/Amazon_Kindle

[6] http://en.wikipedia.org/wiki/Apache_License

1-2-2 Android 向 Java 招手

一个智能移动设备之所以智能，并非仅有一个智能型的操作系统，还必须辅以大量的应用程序（App，也就是俗称的软件），才会让用户觉得该移动设备功能强大，进而愿意使用。所以如何吸引大量程序设计人员来 Android 平台上开发各种各样的应用程序让用户安装和使用，也是决定一个操作系统成败的关键。Google 在发展 Android 平台时，必定思考过应该选择哪一种程序设计语言来开发 Android 的应用程序。自行研发新的程序设计语言？新的程序设计语言往往不稳定且需要经过长时间的调试和测试以及宣传才可能被开发人员接受，这样一来不仅成本过高，而且会拖延 Google 进军移动市场的时间。最好的方法是找一个不仅在市场上已经非常成熟和稳定，并且受到大家欢迎的程序设计语言来当作开发 Android 应用程序的主要程序设计语言。所以 Google 最后选择 Java 程序设计语言用于开发 Android 应用程序也就不令人意外了。

Java 程序设计语言有许多优点[1]，所以几乎年年稳坐全球最受欢迎程序设计语言的冠军宝座[2]。Google 采取的策略是 Android 的应用程序直接以 Java 程序设计语言编写（到目前为止也只支持 Java 语言），而且支持程度几乎包括 Java SE 版的所有函数库。这样一来，全球众多的 Java 程序开发者都会投入 Android 应用程序的开发，所以在初期很短的时间内，Android 就有数以 10 万计的应用程序让移动设备用户下载[3]，到目前为止已经超过 100 万个应用程序放在 Google Play 商店供用户下载[4]。有数量如此多的、功能强大的应用程序，用户当然乐于购买 Android 设备。这样看来，Android 应用程序采用 Java 程序设计语言开发的策略十分奏效。

虽然 Android 应用程序是以 Java 写成，但是 Android 平台上没有 JVM（Java Virtual Machine），所以 Java 的 class（Java byte code）或 jar 文件不能在 Android 上运行。Android 有个类似 JVM 的功能，称作 Dalvik VM（Virtual Machine，虚拟机），Java 的 class 文件必须先编译成 dex 文件（Dalvik Executable），然后再由 Dalvik VM 执行[5]。Dalvik VM 是一个特别为 Android 量身定做的 VM，可以在 CPU 或内存配置都比 PC 机差的移动设备上仍能实现高效的执行且耗电量低。除此之外，因为

---

[1] Java 优点：跨平台，纯面向对象的程序设计语言，易于模块化、易于分布式计算，安全性高，有庞大的社群致力于 Java 技术并开发源代码。

[2] 请参看 TIOBE 网站，http://www.tiobe.com/index.php/content/paperinfo/tpci/index.html。

[3] Play 商店（原名为 Android Market）从 50,000 个增长到 100,000 应用程序只花了 3 个月不到的时间，参看 http://www.engadget.com/2010/07/15/android-market-now-has-100-000-apps-passes-1-billion-download-m/。

[4] 参看 http://en.wikipedia.org/wiki/Google_Play#Android_applications。

[5] 可参看本书第 3-3 节“Android 系统架构介绍”的“Android Runtime（Android 运行环境）”图解说明。

不直接使用 JVM 来运行应用程序，Google 可以避开 Java 版权的问题[1]，并且无须遵循以 Oracle（甲骨文公司）[2] 为主导的 Java 标准。

1-3 Google Play 的介绍与获利实例

1-3-1 Google Play 的介绍

Google Play 又称作 Play 商店，原名为 Android Market。要探讨 Google Play，可以从 Android 应用程序用户与开发者两个角度来说明。

应用程序用户

用户可以通过移动设备到 Google Play 下载并安装各种各样开发好的应用程序，如图 1-4 所示。

图 1-4 Google Play 商店可以下载并安装各种各样开发好的应用程序

从 2011 年 2 月 2 日开始，Android 用户也可以通过一般 PC 机上的浏览器直接将 Google Play[3] 上的应用程序安装到已注册的 Android 移动设备上[4]，如图 1-5 所示。

---

[1] 请参看 http://www.betaversion.org/~stefano/linotype/news/110/，这篇文章对 Google 如何避免 Java 版权问题，有精辟的说明。

[2] Java 的创始公司 Sun 已于 2009 年 4 月 20 日被 Oracle 公司并购，请参看 http://www.oracle.com/us/corporate/press/018363。

[3] 网址为 https://play.google.com/store。

[4] 详细的下载说明请参看 http://briian.com/?p=7430。

图 1-5 Android 用户可以通过 PC 机上的浏览器将 Google Play 上的应用程序安装到已注册的 Android 移动设备上

截至目前，Google Play 免费软件比例超过 8 成[1]，在所有应用软件商店中是最高的，这对用户来说是相当有利的，也是 Android 设备市场占有率如此高的原因之一。

应用程序开发者

Android 开发者可以将开发好的应用程序发布到 Google Play 上，而且仅需缴纳一次 25 美元的费用给 Google 即可，比上传至 Apple 的 iOS App Store 便宜许多[2]。应用程序是否收费，要看该程序的开发者在发布时设置了是否要收取费用；简而言之，应用程序是否收费由开发者自行决定。如果应用程序要收费，Google Play 采取“三七分账”，Google 会收取应用程序售价的 30% 当作使用这个销售平台的费用；开发者则获得售价的 70%。如何发布应用程序到 Google Play，将在第 14 章中详细说明。

1-3-2 Android 应用程序能否获利

编写 Android 应用程序并发布到 Google Play 是否可以获利？一直以来都是开发者心中关切的问题。下面有两个实际案例，都是开发者在自己的网站上发布到 Google Play 的应用程序获利的情况。说明如下：

---

1 参看 http://www.appbrain.com/stats/free-and-paid-android-applications。

2 要想 iPhone 应用程序发布至 Apple 公司的 App Store，必须申请成为 iPhone developer，年费 99 美元。

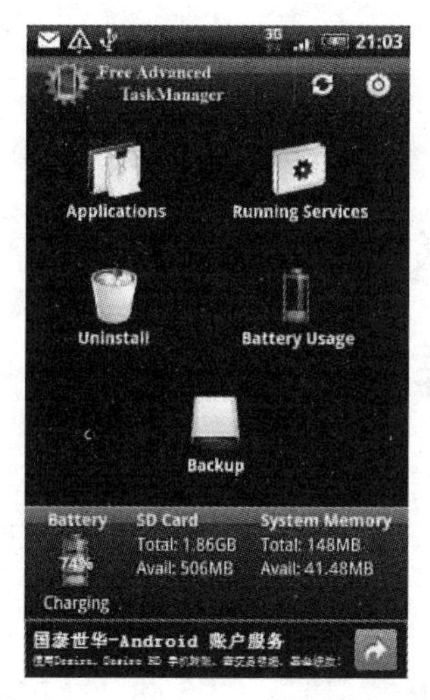

图 1-6　免费版的 Advanced Task Manager

1. 应用程序：Advanced Task Manager。

2. 功能：属于系统方面的应用程序，可以查询 Android 系统相关的信息（例如内存与电池使用的情况），以及可以按批次删除应用程序。

3. 是否付费：有 0.99 美元的付费版和含广告播放的免费版（图 1-6 是免费版，广告在最下面）。

4. 开发者：Arron La

5. 收益[1]

- 付费版：2009/2~2010/8，共 50,000 美元（纯收益，已扣除付给 Google 30% 的费用）。
- 免费版：2009/11~2010/8，共 29,000 美元。
- 总收益：79,000 美元。

虽然不一定将应用程序发布到 Google Play 就会像 Arron La 一样获利，但是随着 Android 移动设备的市场占有率越来越大，获利的可能性就越来越高。除此之外，想要获利，还可以采取另外一种策略，就是应用程序不收取任何费用，但是加上 AdMob 的广告牌，只要用户点击广告，照样可以获利。上述实例中的免费版应用程序也有获利，来源就是广告收益。开发者可以在应用程序中放置 AdMob 广告牌，AdMob 会按照点击的情况，分享广告收益给开发者。广告牌的制作十分简单，将在第 13 章详细说明。

另一个实际案例说明如下：

1. 应用程序：Car Locator，如图 1-7 所示。

2. 功能：停车时用手机记录汽车的 GPS 位置，方便车主快速找到自己的车。

3. 是否付费：3.99 美元的付费版和试用版（只能使用 10 次）。

4. 开发者：Edward Kim。

5. 收益[2]：平均月入 13,000 美元。

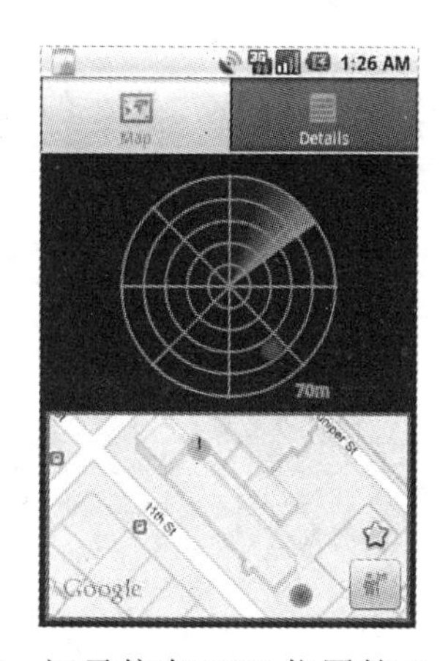

图 1-7　记录停车 GPS 位置的 Car Locator

以上两个应用程序的开发者有个共同特点，他们当时在开发并上传 Android 应用程序时都是程序设计人员；平日为上班族，利用闲暇之余开发应用程序。这对于有志成为或已经是程序设计者的人来说有莫大的鼓舞作用，因为多了一条生财的门路！

1 http://www.bbc.co.uk/blogs/legacy/thereporters/rorycellanjones/2010/08/android_apps_-_a_new_goldrush.html.

2 http://blog.edward-kim.com/an-android-success-story-13000month-app-sales.

第2章 开发工具的下载与安装

2-1 开发工具的下载与安装

“工欲善其事，必先利其器”，想要快速、无碍地开发 Android 应用程序（Android Application，简称 Android App），必须安装下列两种开发工具：

- JDK（Java Development Kit）——开发 Android 应用程序时需要使用 JDK 的工具，例如开发 Google Map 相关应用程序需要使用 JDK 的 keytool。
- Android Studio——集成开发工具（Integrated Development Environment，简称 IDE），内含有 Android SDK（Software Development Kit）。开发 Android 应用程序时所需用到的工具（例如：Android 模拟器（emulator）与专用调试工具）一应俱全。

2-1-1 JDK 下载、安装与设置

建议至少要下载 JDK 7 以上的版本。可到 Java 官网 http://java.oracle.com/下载[1]。请按照下列步骤下载、安装与设置：

步骤01 单击 Software Downloads 的 Java SE 链接，如图 2-1 所示。

图 2-1　到 Oracle 官网找到并单击 Java SE 链接

步骤02 单击 JDK 的 Download 图标，如图 2-2 所示。

1　会自动转址到“http://www.oracle.com/technetwork/java/index.html”。

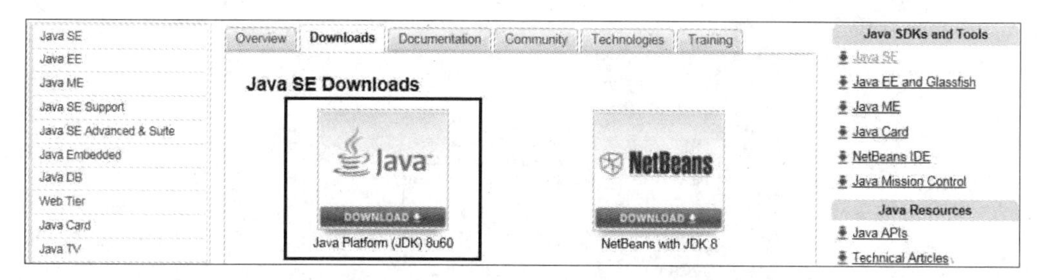

图 2-2　单击 JDK 的 Download 图标

步骤03 单击“Accept License Agreement”，并单击适合平台[1]的 JDK 下载链接，如图 2-3 所示。

Java SE Development Kit 8u60

You must accept the Oracle Binary Code License Agreement for Java SE to download this software.

○ Accept License Agreement　◉ Decline License Agreement

Product / File Description	File Size	Download
Linux ARM v6/v7 Hard Float ABI	77.69 MB	jdk-8u60-linux-arm32-vfp-hflt.tar.gz
Linux ARM v8 Hard Float ABI	74.64 MB	jdk-8u60-linux-arm64-vfp-hflt.tar.gz
Linux x86	154.66 MB	jdk-8u60-linux-i586.rpm
Linux x86	174.83 MB	jdk-8u60-linux-i586.tar.gz
Linux x64	152.67 MB	jdk-8u60-linux-x64.rpm
Linux x64	172.84 MB	jdk-8u60-linux-x64.tar.gz
Mac OS X x64	227.07 MB	jdk-8u60-macosx-x64.dmg
Solaris SPARC 64-bit (SVR4 package)	139.67 MB	jdk-8u60-solaris-sparcv9.tar.Z
Solaris SPARC 64-bit	99.02 MB	jdk-8u60-solaris-sparcv9.tar.gz
Solaris x64 (SVR4 package)	140.18 MB	jdk-8u60-solaris-x64.tar.Z
Solaris x64	96.71 MB	jdk-8u60-solaris-x64.tar.gz
Windows x86	180.82 MB	jdk-8u60-windows-i586.exe
Windows x64	186.16 MB	jdk-8u60-windows-x64.exe

图 2-3　单击 Accept License Agreement，并单击适合平台的 JDK 下载链接

步骤04 用鼠标双击已下载的 JDK 安装文件即可启动安装程序，如图 2-4 所示，按照提示即可安装成功。

图 2-4　双击已下载的 JDK 安装文件后启动安装程序

步骤05 创建 JAVA_HOME 环境变量，并指向 JDK 的根目录，否则可能无法启动之后安装好的 Android Studio。环境变量创建步骤如下：控制面板 → 系统和安全 → 系统 → 高级系统设置 → 环境变量，打开环境变量窗口，在下方“系统变量”窗格单击“新建” → “变量名”为 JAVA_HOME，“变量值”为 JDK 的根目录（例如：C:\Program Files\Java\jdk1.8.0_60），如图 2-5 所示。

---

[1] Windows x86 适用于 32 位版本，例如 Windows XP。Windows x64 适用于 64 位版本，例如 Windows 7 或 8。

图 2-5　创建 JAVA_HOME 环境变量

2-1-2　Android Studio 下载与安装

步骤01 到 Android Studio 开发工具网页 http://developer.android.com/sdk/index.html，单击 Download Android Studio 按钮，如图 2-6 箭头所指之处。如果想要知道系统需求，可以单击下方的 System Requirements 链接。

改编者提示：如果国内暂时不能访问上面的网页，请到网页：http://www.android-studio.org/下载 Android Studio。

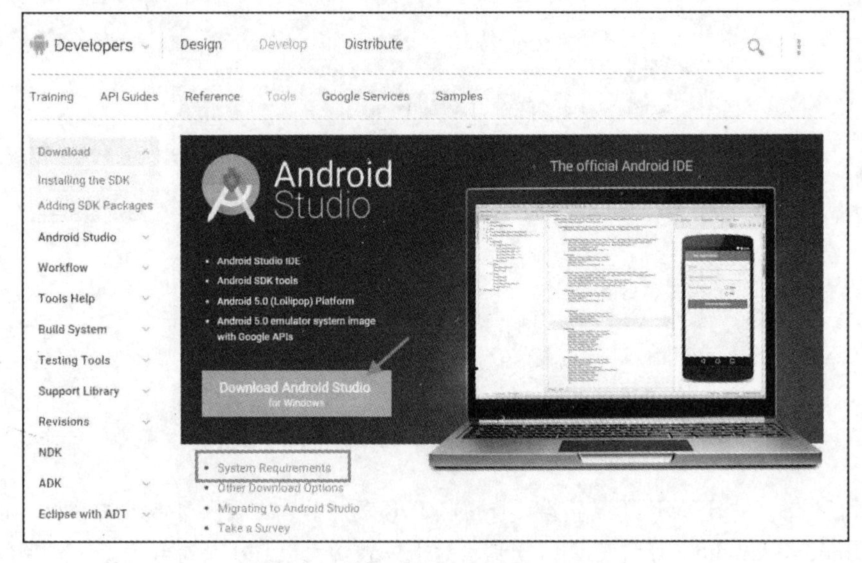

图 2-6　从官网下载 Android Studio

步骤02 用鼠标双击已下载的 Android Studio 安装文件即可开始安装，如图 2-7 所示，按照提示即可安装成功。

图 2-7　用鼠标双击 Android Studio 安装文件开始安装

2-2　Android 各版本的市场占有率

Android SDK 有许多版本（Android 5.X, 4.X, 3.X, 2.X, …），开发应用程序时到底要采用哪一个版本比较好呢？如果有商业的考虑，就必须知道哪一个版本的移动设备市场占有率比较高。Android 开发者官网提供了统计数据[1]，让开发者可以了解最近 7 天内连接到 Play 商店的移动设备所安装 Android 系统各版本的比例，如图 2-8 所示。一般而言，操作系统有向前兼容的特性，若从商业角度考虑，采用较旧版本开发应用程序可以让更多手机用户使用确实是不错的考虑；不过太旧版本的 Android 系统往往 API 功能较差，会增加开发的难度，这时可以考虑选择市场占有率较高的版本来开发。

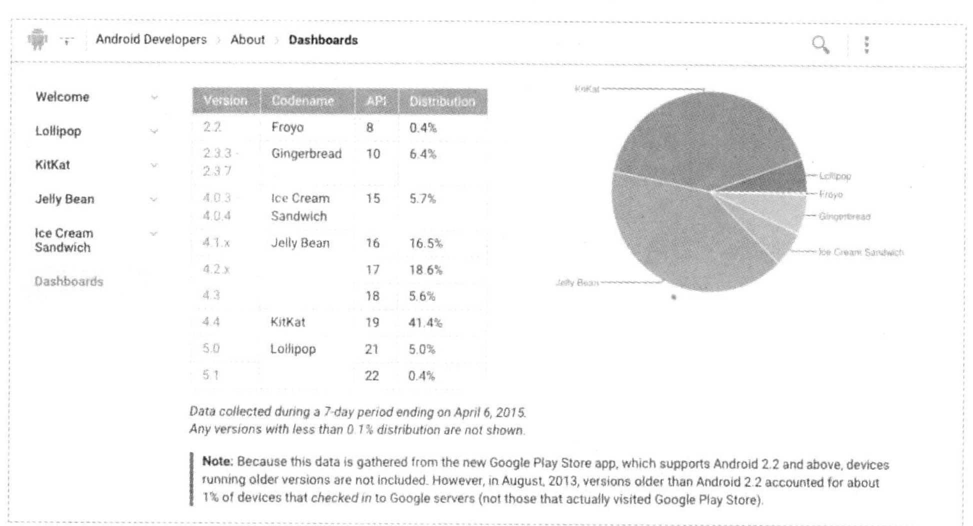

Version	Codename	API	Distribution
2.2	Froyo	8	0.4%
2.3.3 - 2.3.7	Gingerbread	10	6.4%
4.0.3 - 4.0.4	Ice Cream Sandwich	15	5.7%
4.1.x	Jelly Bean	16	16.5%
4.2.x		17	18.6%
4.3		18	5.6%
4.4	KitKat	19	41.4%
5.0	Lollipop	21	5.0%
5.1		22	0.4%

Data collected during a 7-day period ending on April 6, 2015.
Any versions with less than 0.1% distribution are not shown.

Note: Because this data is gathered from the new Google Play Store app, which supports Android 2.2 and above, devices running older versions are not included. However, in August, 2013, versions older than Android 2.2 accounted for about 1% of devices that *checked in* to Google servers (not those that actually visited Google Play Store).

图 2-8　统计结果：7 天内连接到 Play 商店的移动设备所安装 Android 各版本的比例

1　参看 http://developer.android.com/about/dashboards/index.html。

第 3 章 Android 项目与系统架构

3-1 管理 Android 项目

第一次启动 Android Studio 时因为尚未创建任何项目，所以会显示如图 3-1 所示的窗口，与 Android 项目有直接关系的项目说明如下：

- Start a new Android Studio project：创建新项目。
- Open an existing Android Studio project：打开现有的 Android Studio 项目。
- Import an Android code sample：导入 Android 官方提供的范例程序。
- Import Non-Android Studio project：导入非 Android Studio 的项目，例如 Eclipse 的 Android 项目。

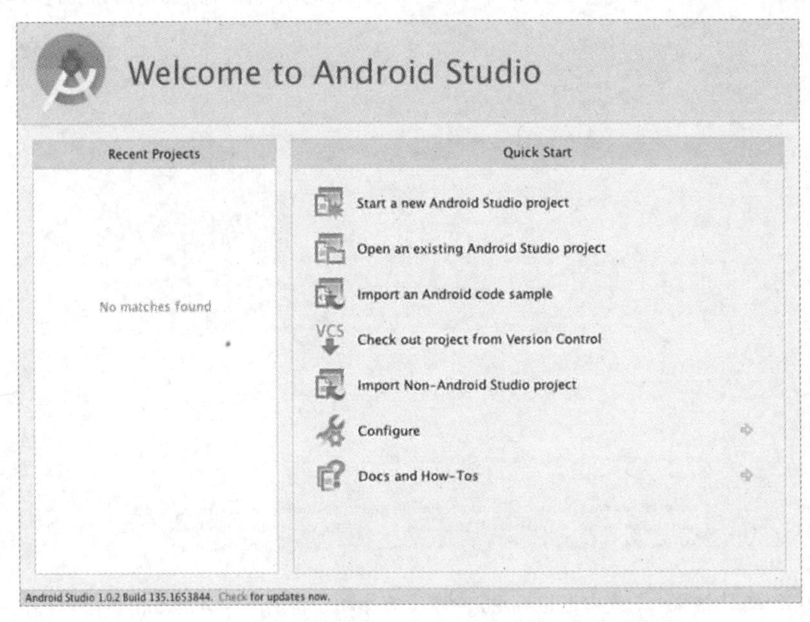

图 3-1　第一次启动 Android Studio 时显示的欢迎画面

3-1-1 创建 Android 项目

要开发一个 Android 应用程序（APP）必须先创建 Android 项目，开发完毕后执行它就会产生

Android 应用程序——apk 文件。创建 Android 项目的步骤如下：

步骤01 启动 Android Studio 后单击 Start a new Android Studio project 来创建新的 Android 项目，如前图 3-1 所示；或是在进入 Android Studio 之后单击主菜单 File → New Project 创建新项目，如图 3-2 所示。

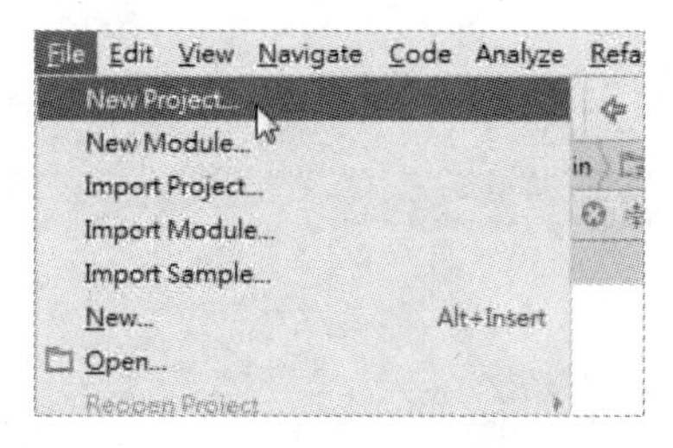

图 3-2　进入 Android Studio 后也可以通过单击主菜单来创建新项目

步骤02 填写项目名称等相关字段，如图 3-3 所示。

- Application name：应用程序名称。
- Company Domain：公司域名（domain），例如 google.com。
- Package name：Java 套件名称，按照上述 Application name 与 Company Domain 组成，也可以单击右侧 Edit 修改。
- Project location：项目所存放的路径，可以修改。

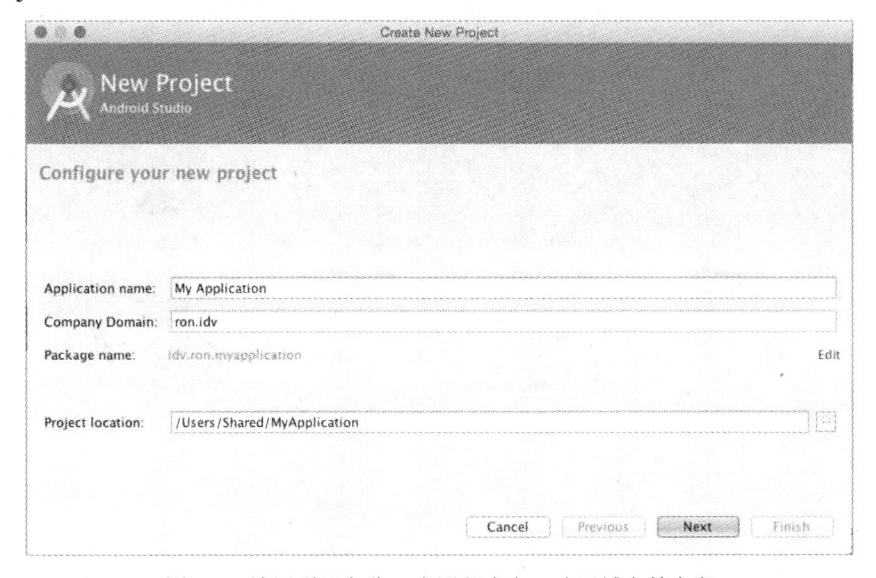

图 3-3　填写项目名称、应用程序名、公司域名等字段

步骤03 选择要开发的平台与 API 版本，如图 3-4 所示。因为要开发手机或平板电脑的应用程序，所以勾选 Phone and Tablet；Minimum SDK 设置为 API 15: Android 4.0.3 代表要安装此应用程序的目标设备，其操作系统最低要求为 Android 4.0.3。

Create New Project

New Project
Android Studio

Select the form factors your app will run on

Different platforms require separate SDKs

Phone and Tablet
Minimum SDK API 15: Android 4.0.3 (IceCreamSandwich)
Lower API levels target more devices, but have fewer features available. By targeting API 15 and later, your app will run on approximately 87.9% of the devices that are active on the Google Play Store. Help me choose.

TV
Minimum SDK API 21: Android 5.0 (Lollipop)

Wear
Minimum SDK API 21: Android 5.0 (Lollipop)

Glass (Not Installed)
Minimum SDK

Cancel Previous Next Finish

图 3-4 选择应用程序要运行的平台

步骤04 选择 Activity（画面控制器）类型，如图 3-5 所示。建议选用 Blank Activity。

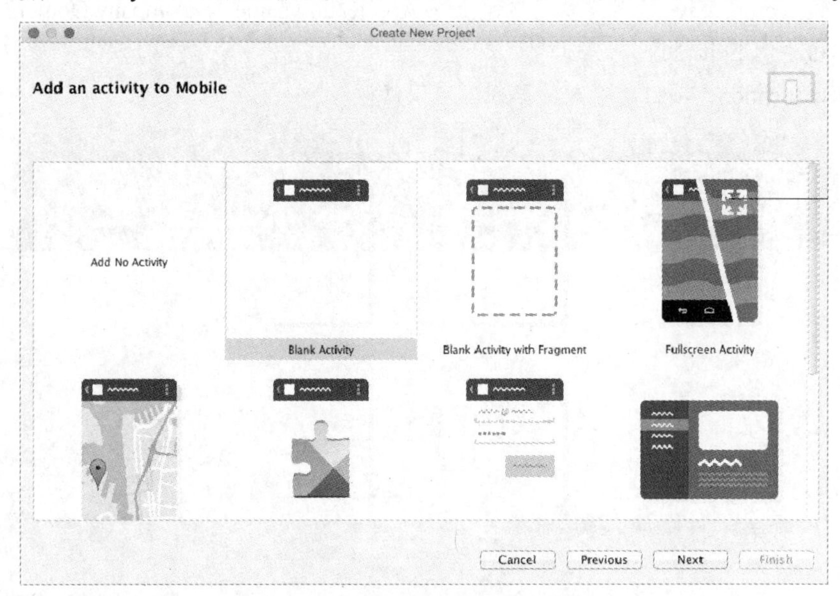

图 3-5 选择 Activity 类型

步骤05 填写 Activity 名称等相关字段，如图 3-6 所示，按下 Finish 按钮结束。

- Activity Name: Activity 名称。
- Layout Name: Activity 的 layout 文件名，不可为大写英文字母。
- Title: Activity 标题名称。
- Menu Resource Name: Menu 资源文件名，后面的第 4 章会加以介绍。

图 3-6　填写 Activity 名称等相关字段

3-1-2　打开已有的 Android Studio 项目

如果已经有 Android 项目（例如本书的范例程序），可以使用前面图 3-1 的 Open an existing Android Studio project 方式打开已有的项目。如果已经打开 Android 项目，还想再打开其他项目，可以单击工具栏上的 Open 按钮并指定项目目录即可，如图 3-7 所示。

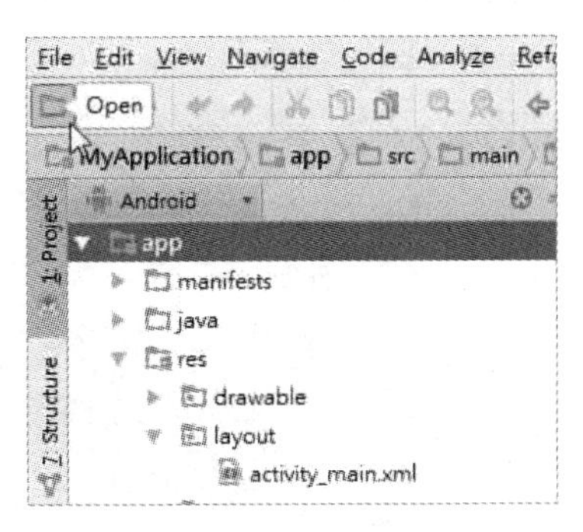

图 3-7　打开已有的项目

打开现有的项目后，在 Android 项目模式下，如图 3-8 所示，如果 app 没有内容，或是 layout 与 manifest 文件也发生错误，可以单击 Gradle Scripts → build.gradle（Module: app）文件后按下 Add Now 链接以重新设置内容，如图 3-9 所示，就可以解决问题。

图 3-8　打开现有的项目

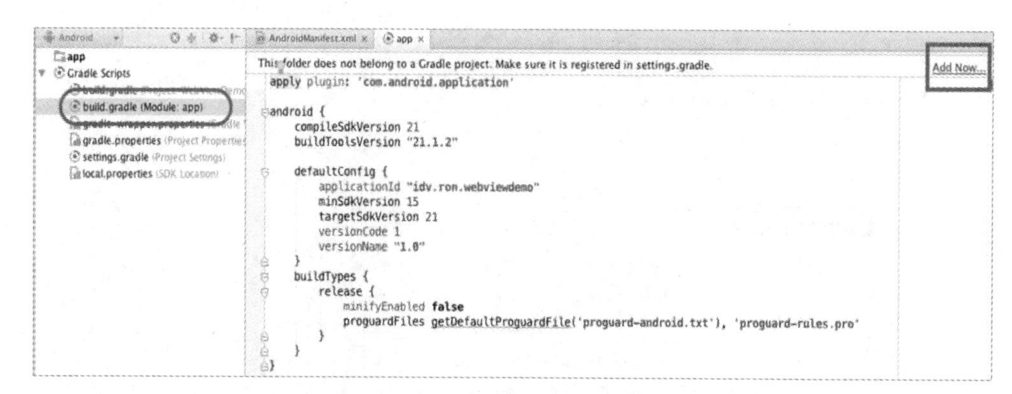

图 3-9　按下 Add Now 链接以便重新设置内容

3-1-3　导入官方范例程序

可以使用前图 3-1 的 Import an Android code sample 方式导入 Android 官方提供的范例程序；或是在进入 Android Studio 之后单击主菜单 File → Import Sample 来导入范例程序，如图 3-10 所示。

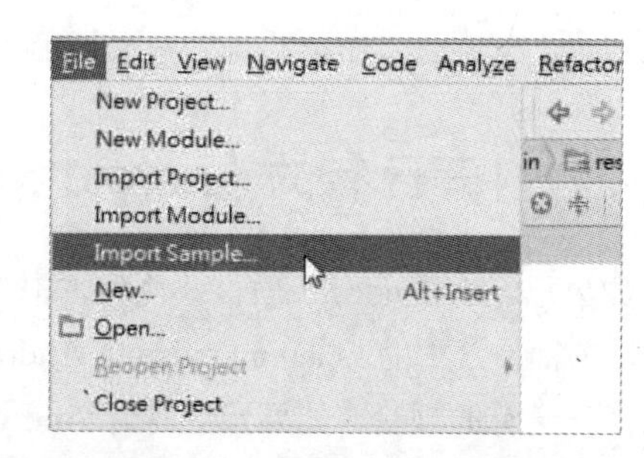

图 3-10　导入官方范例程序

接下来的步骤如下：

步骤01 单击要下载的范例程序，右边 Description 标签有相应的说明，如图 3-11 所示，单击 Next 按钮继续。

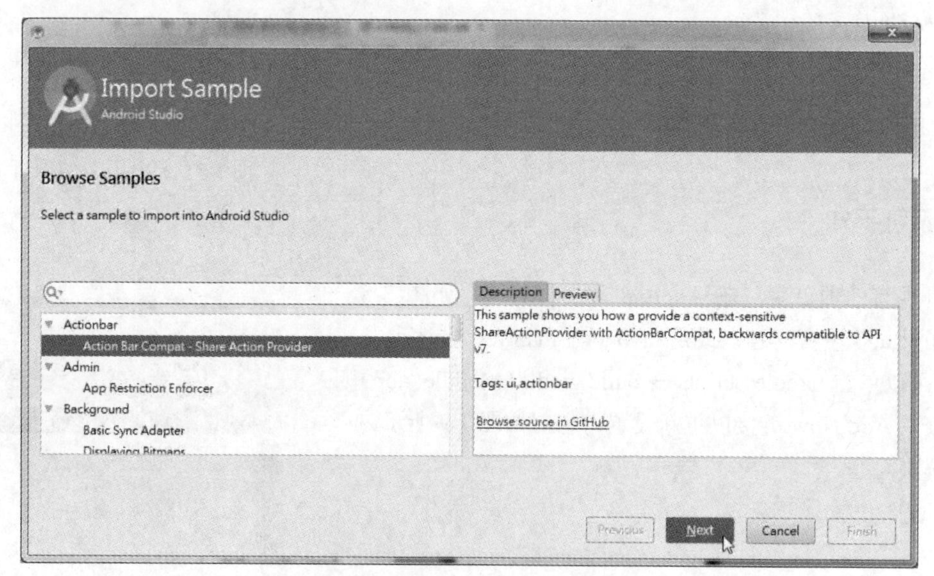

图 3-11　单击要下载的范例程序

步骤02 系统会自动填写 Application name（项目名称）与指定 Project location（项目路径），单击 Finish 按钮完成官方范例程序的导入，如图 3-12 所示。

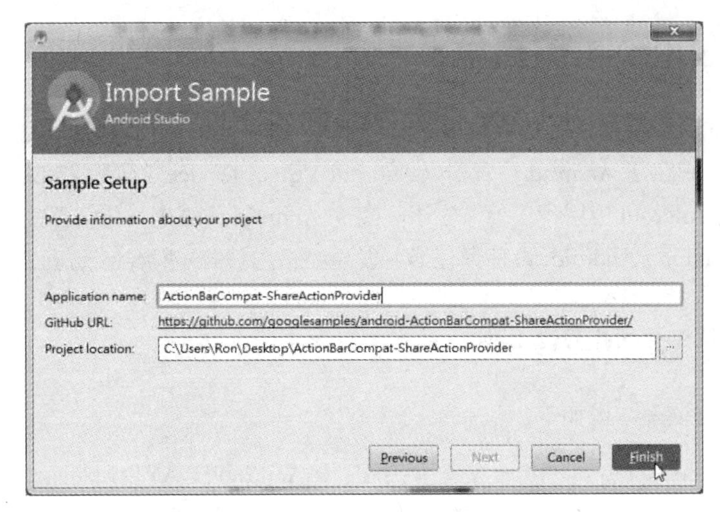

图 3-12　单击 Finish 按钮完成官方范例程序的导入

3-1-4　导入非 Android Studio 项目

可以使用前图 3-1 的 Import Non-Android Studio project 导入非 Android Studio 的项目（例如 Eclipse 的 Android 项目）；或是在进入 Android Studio 之后单击主菜单 File → Import Project 并指定项目的目录来导入，如图 3-13 所示。

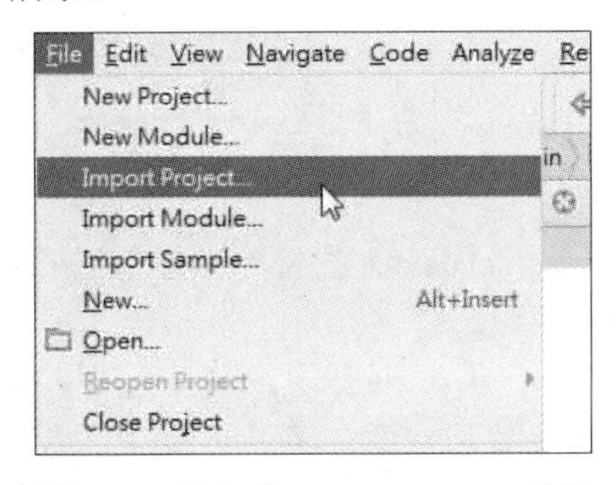

图 3-13　导入非 Android Studio　项目

3-1-5　关闭项目

进入 Android Studio 之后单击主菜单 File → Close Project 可以关闭项目，如图 3-14 所示。所有的项目关闭后就会回到前图 3-1 所示的窗口画面。

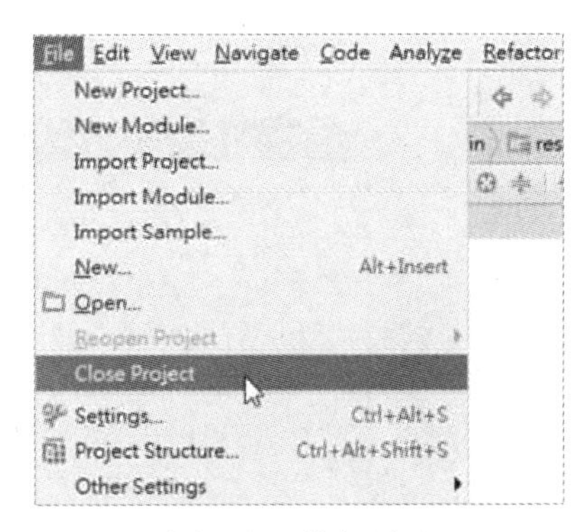

图 3-14　关闭项目

3-2 管理 Android 仿真器

在编写 Android 应用程序过程中需要不断测试程序的结果。为了方便开发人员安装与测试程序，Android Studio 提供了 Android 仿真器（Android Virtual Device，简称 AVD；或称 emulator）；所以在执行第一个 Android 应用程序前，应该先建立 Android 仿真器。仿真器建立完毕后可以通过 Android Device Monitor（Android 设备管理器）发送短信与拨打电话给该仿真器。

3-2-1 建立 Android 仿真器

建立 Android 仿真器步骤如下：

步骤01 在 Android Studio 内，单击主菜单 Tools → Android → AVD Manager，如图 3-15 所示，或在工具栏上单击相同图标按钮即可开启仿真器管理器。

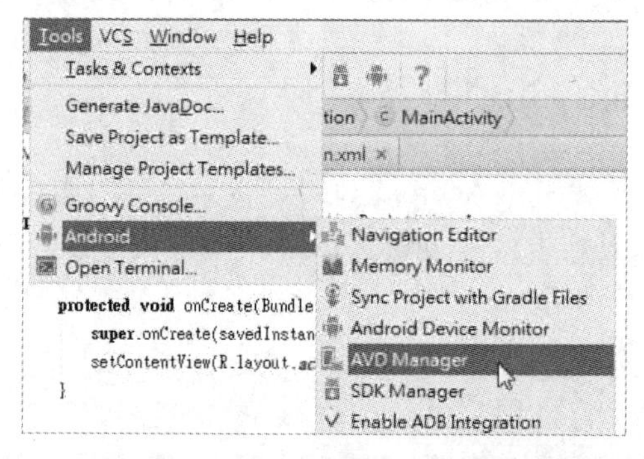

图 3-15 启动 AVD Manager 仿真器管理器

步骤02 单击管理器的 Create a virtual device 按钮后，会显示可以选择的仿真器硬件类型，如图 3-16 所示，单击 Next 按钮继续。

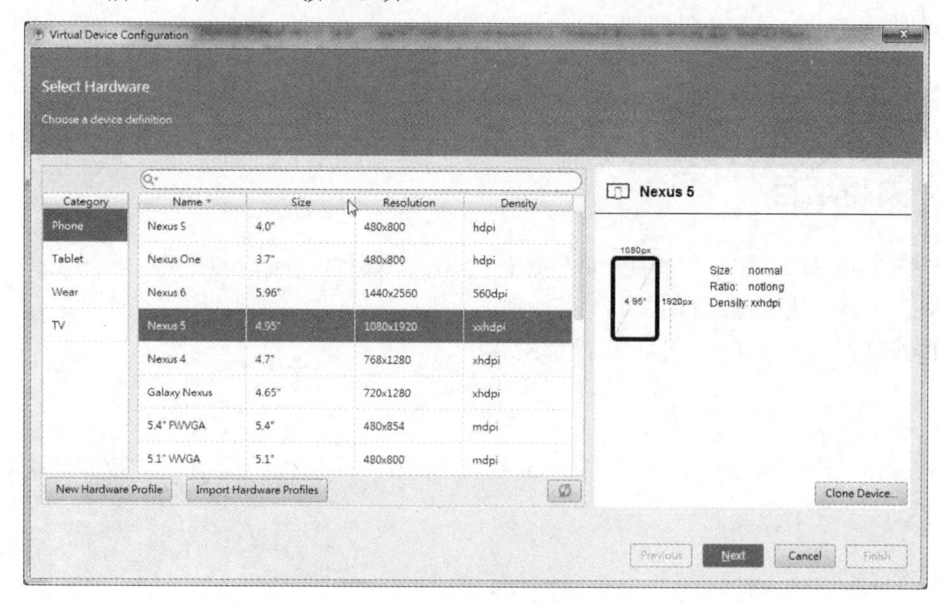

图 3-16 选择可以仿真的硬件类型

步骤03 接下来，选择仿真器要安装的操作系统版本。建议选择 ABI 字段值为 x86、Target 为 Google APIs 的系统映像文件，如图 3-17 所示。x86 代表模拟 Intel x86 Atom CPU，配合 Intel x86 仿真器加速器[1]（Android Studio 默认会安装）可以让仿真器执行顺畅；有 Google APIs 才能执行带有 Google Map 功能的应用程序。单击 Next 按钮继续。

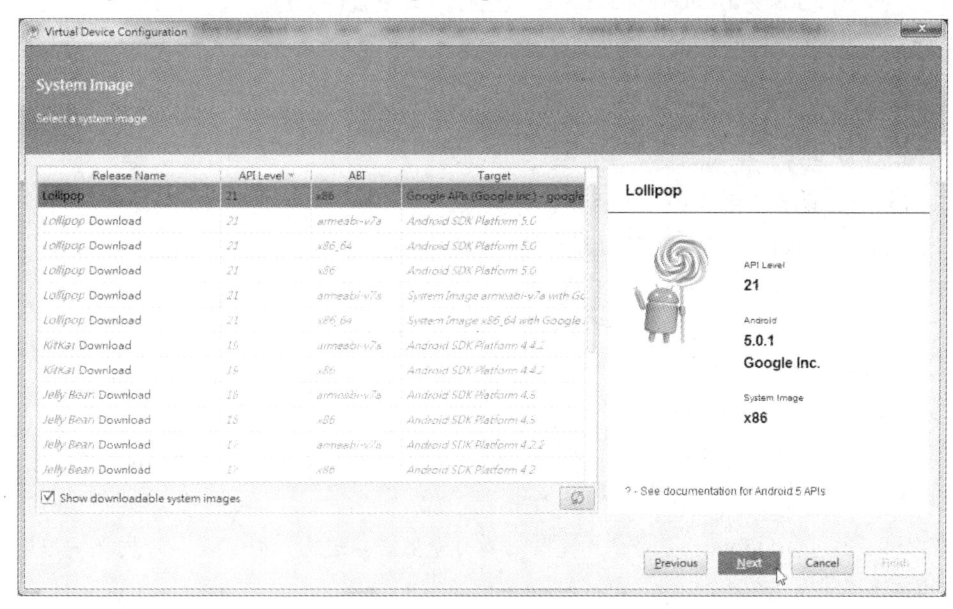

图 3-17　选择好 ABI 字段的值和 Target 的系统映像文件

步骤04 接下来，确认仿真器的相关设置，如图 3-18 所示。

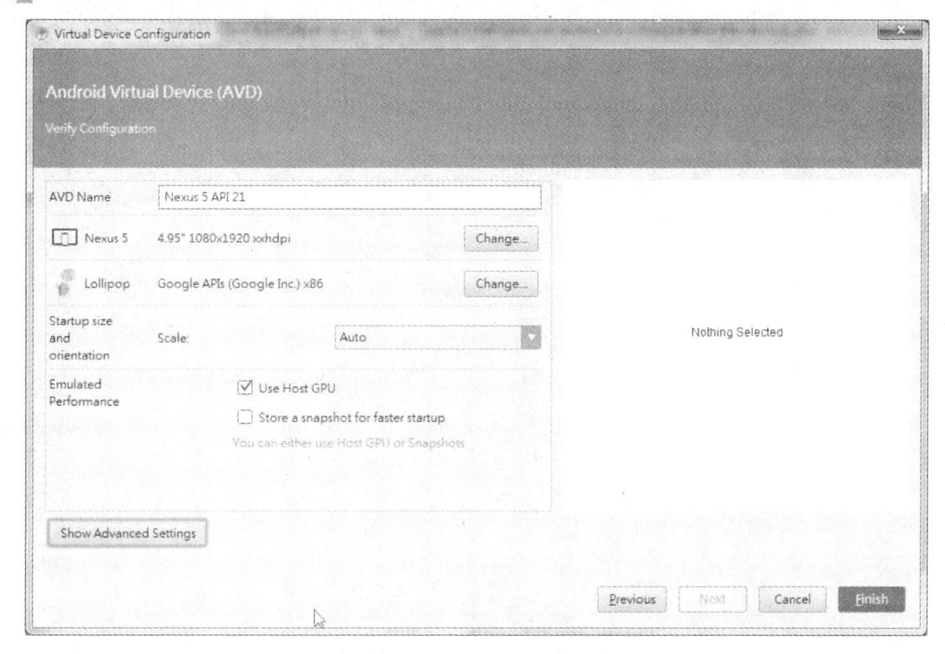

图 3-18　确认仿真器的相关设置

[1] 此加速器对 ARM 仿真器无效。

- Use Host GPU：是否启动 OpenGLES 硬件仿真功能。
- Store a snapshot for faster startup：勾选后会保存仿真器上次关闭前的状态，便于之后启动仿真器时立即回到上次关闭前的状态，以节省等待仿真器启动的时间。

接下来，单击 Show Advanced Settings 按钮进行高级设置。

步骤05 高级设置（Advanced Settings）如图 3-19 所示，说明如下，设置完毕后单击 Finish 按钮结束。

- RAM：设置仿真器内存的容量。
- VM heap：设置应用程序可使用的内存上限。
- Internal Storage：设置仿真器内部存储器的容量。
- SD card：设置仿真器 SD 卡的容量。
- Camera Front：设置仿真器的前镜头。
  - None：不模拟相机镜头。
  - Emulated：以虚拟动画模拟相机预览画面。
  - Webcam：代表以开发环境所在的电脑（例如笔记本电脑）上的 Webcam 来模拟相机镜头。
  - Camera Back：设置仿真器的后镜头。
- Enable keyboard input：勾选此复选框则不会弹出虚拟键盘，而直接从开发环境中所使用的电脑键盘输入文字。

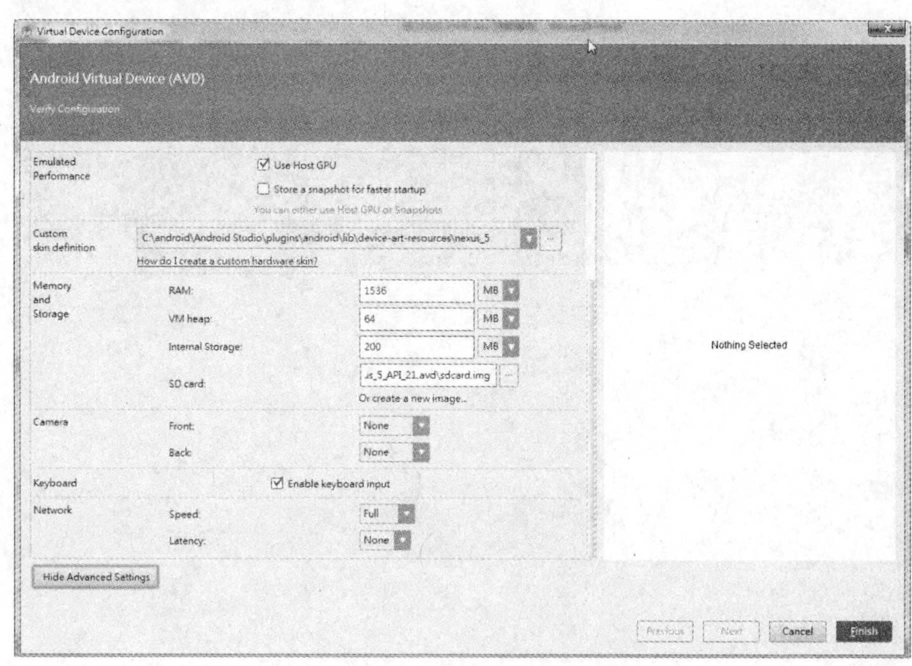

图 3-19 高级设置中的各个选项

仿真器建立完成后，可以单击执行（Action）按钮来启动，如图 3-20 所示。

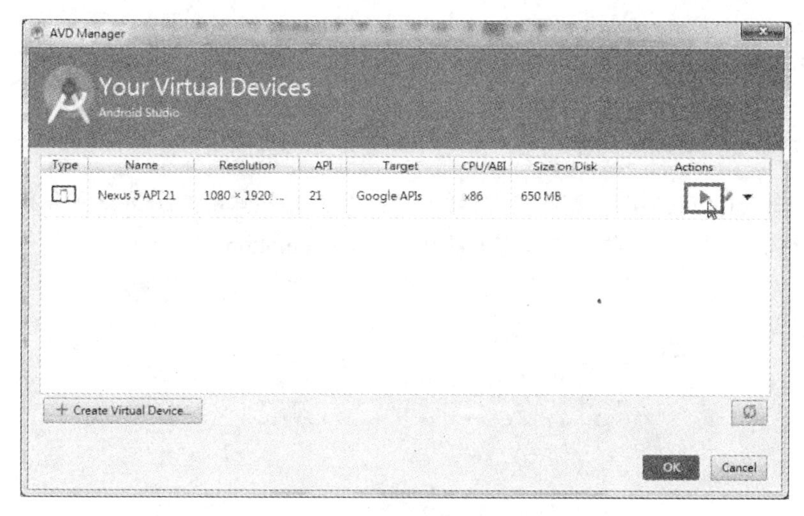

图 3-20　单击执行按钮来启动硬件仿真

仿真器建立完成后会自动生成文件。对于不同的操作系统，仿真器文件所在的路径也会不同，说明如下[1]：

1. Windows 7：C:\Users\<user>\.android\avd。
2. Linux/ Mac OS：Users/<user>/.android/avd/。

在启动 AVD manager 后，单击仿真器最右边的下拉菜单后选取 View Details，如图 3-21 所示，即可看到仿真器文件存储的路径，如图 3-22 所示。

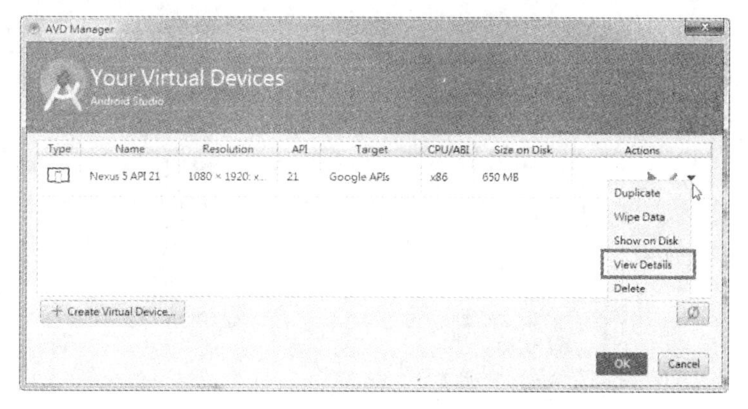

图 3-21　从下拉菜单中选择查看详细信息（View Details）

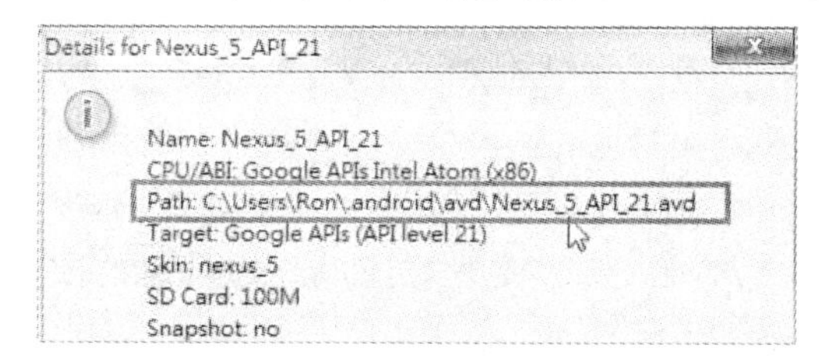

图 3-22　可以看到仿真器文件存储的路径

1　请参看 http://developer.android.com/tools/devices/emulator.html#diskimages。

下列两种情形无法启动仿真器：

1. 如果 Intel x86 仿真器的加速器软件已经安装，但是仍然弹出如图 3-23 所示的错误信息窗口而导致无法启动仿真器，建议改安装非官方的仿真器 Genymotion[1]。

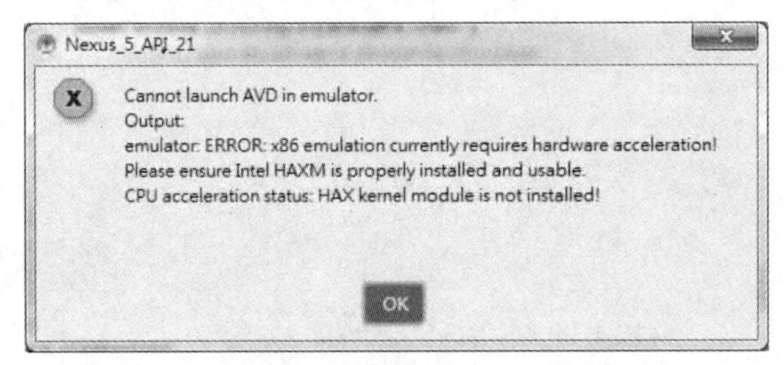

图 3-23　仿真器启动失败后提示的错误信息

2. 一般 Windows 操作系统的用户可能会在安装操作系统时将用户名设成中文名，而仿真器目录的默认路径又放在用户名下的目录内，这样一来仿真器目录的路径会有汉字字符而导致无法正常启动。

AVD Manager 无法更改仿真器文件的路径，必须采取下列步骤才能更改：

步骤01 创建环境变量[2]“ANDROID_SDK_HOME”，变量值为要指定的路径，如图 3-24 所示，切记路径不可有汉字字符。

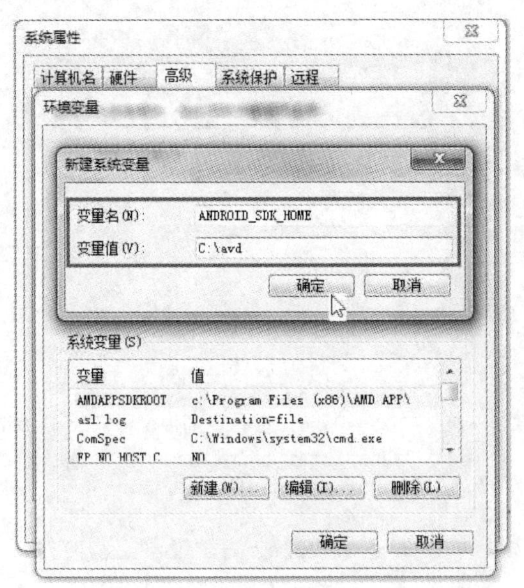

图 3-24　创建环境变量指定仿真器文件存储的路径

---

1 https://www.genymotion.com/.

2 Windows 7：开始 → 控制面板 → 系统与安全 → 系统 → 高级系统设置 → 环境变量 → 系统变量 → 新建按钮。

步骤02 环境变量创建完毕后，重新启动 Android Studio 即可。

3-2-2 运行 Android 项目

在仿真器上运行项目

想在 Android 仿真器上运行 Android 项目十分简单，只要单击 Android Studio 主菜单 Run → Run 'app'（或单击工具栏上相同的图标按钮），然后等待一小段时间就会显示如图 3-25 所示的窗口。如果仿真器已经启动可以单击 Choose a running device 并直接选取仿真器；如果仿真器尚未启动可以单击 Launch emulator 并选取要启动的仿真器。单击 OK 按钮即可在仿真器上运行项目了。

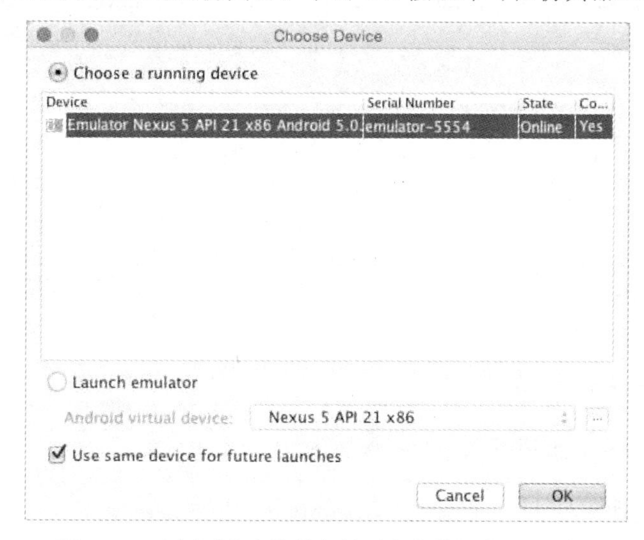

图 3-25 选择要仿真的设备然后在仿真器上运行项目

表 3-1 列出了仿真器与电脑键盘的对应表。

表 3-1[1] 仿真器与电脑键盘的对应表

仿真器按键	键盘按键
Home	HOME
Menu (left softkey)	F2 或 Page-up button
Star (right softkey)	Shift-F2 或 Page Down
Back	Esc
Call/dial button	F3
Hangup/end call button	F4
Search	F5
Power button	F7

[1] http://developer.android.com/tools/help/emulator.html.

（续表）

仿真器按键	键盘按键
Audio volume up button	KEYPAD_PLUS, Ctrl-5
Audio volume down button	KEYPAD_MINUS, Ctrl-F6
Camera button	Ctrl-KEYPAD_5, Ctrl-F3
Switch to previous layout orientation (for example, portrait, landscape)	KEYPAD_7, Ctrl-F11
Switch to next layout orientation (for example, portrait, landscape)	KEYPAD_9, Ctrl-F12
Toggle cell networking on/off	F8
Toggle code profiling	F9 (only with -trace startup option)
Toggle fullscreen mode	Alt-Enter
Toggle trackball mode	F6
Enter trackball mode temporarily (while key is pressed)	Delete
DPad left/up/right/down	KEYPAD_4/8/6/2
DPad center click	KEYPAD_5
Onion alpha increase/decrease	KEYPAD_MULTIPLY(*) / KEYPAD_DIVIDE(/)

在移动设备上运行项目

在移动设备（实体机）上运行项目的步骤如下[1]：

步骤01 Android 设备以 USB 线连接到开发环境所使用的电脑。

步骤02 下载 USB Driver（Mac OS 或 Linux 操作系统，可以省略此步骤）。

- Google Nexus 系列设备需要下载 Google USB Driver，可以通过 SDK Manager 窗口（主菜单 Tools → Android → SDK Manager）启动 SDK Manager，再勾选 Google USB Driver，如图 3-26 所示。
- 其他 Android 设备请到下列网页提供的厂商网址寻找适合的 Driver 下载：http://developer.android.com/tools/extras/oem-usb.html#Drivers。

步骤03 安装 USB Driver 到开发环境所使用的电脑上（Mac OS 或 Linux 操作系统，可以省略此步骤）。对于 Windows 操作系统，打开控制面板 → 系统 → 设备管理器 → 其他设备，再单击鼠标右键 → 更新驱动程序软件 → 手动查找并安装驱动程序软件 → 指定驱动程序所在的目录，如图 3-27 所示。

1 http://developer.android.com/tools/extras/oem-usb.html.

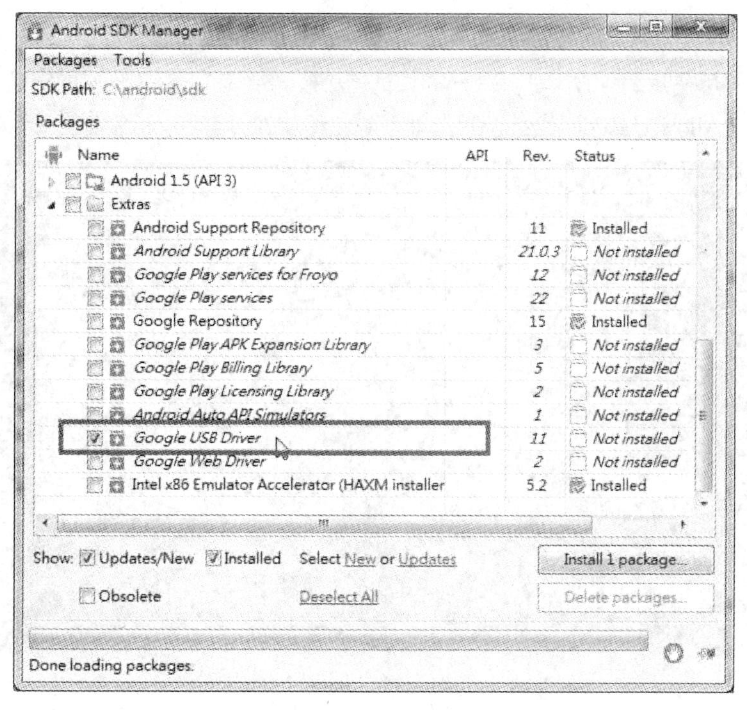

图 3-26　启动 Android SDK Manager，再勾选 Google USB Driver 以便下载安装

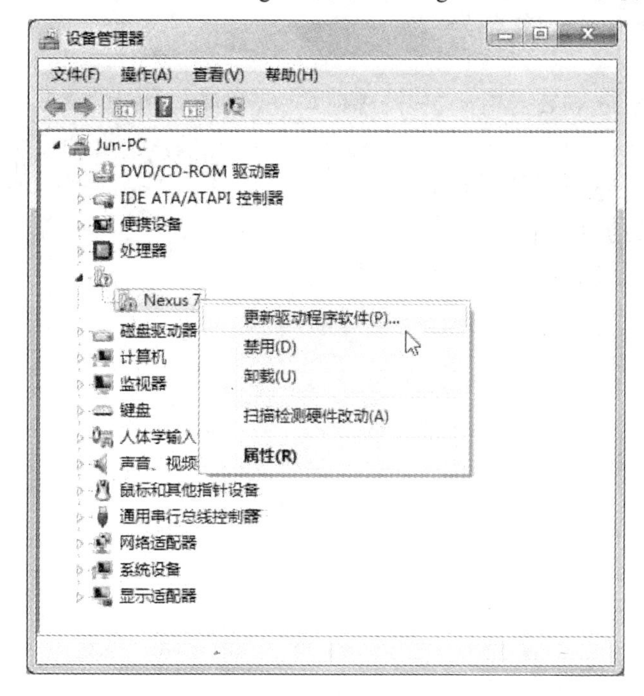

图 3-27　安装 USB Driver 到开发环境所使用的电脑上

步骤04 启动移动设备的 USB 调试模式，如图 3-28 所示，设置（Settings）→ 开发人员选项

（Developer options）[1] → 勾选 USB 调试（USB debugging）[2]。如果已经以 USB 线连接开发所使用的电脑，则会弹出窗口询问开发者是否同意开发环境所在的电脑使用调试功能（Allow USB debugging），单击 OK 按钮即可。

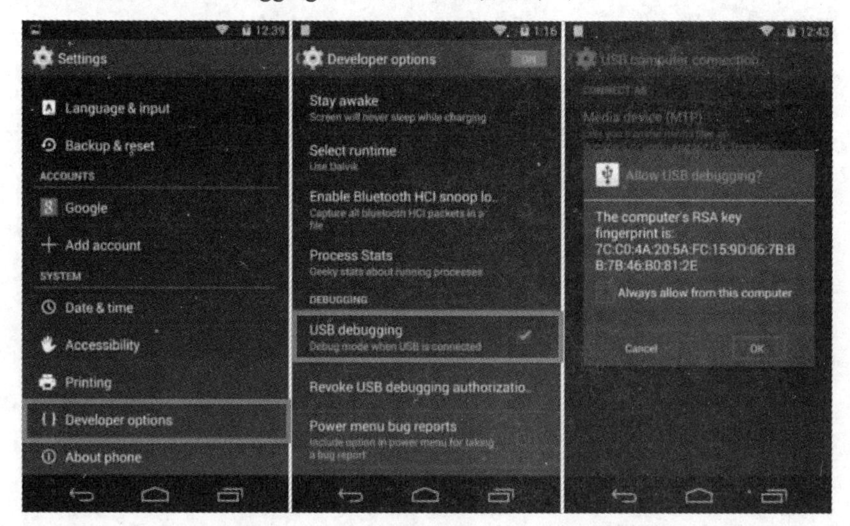

图 3-28 启动移动设备的 USB 调试模式

3-2-3 删除 Android 应用程序

可以直接在 Android 仿真器/移动设备上删除应用程序，在 Android 设备上的 Settings → Apps 会列出所有安装的应用程序，单击要删除的应用程序后会弹出如图 3-29 所示的画面，单击 UNINSTALL 按钮就可以删除应用程序。

图 3-29 删除 Android 应用程序

[1] Android 4.2 版本以后，"开发人员选项"默认会被隐藏，要让其显示出来必须在系统设置 → 关于手机（平板）→ 用手连续单击版本号（Build number）7 次方可打开"开发人员选项"。

[2] 实体测试的手机若为 Android 3.2 版本之前，打开方式则为设置 → 应用程序 → 开发。

3-2-4　DDMS 使用

DDMS（Dalvik Debug Monitor Server）内有许多重要功能可以协助开发者，单击 Android Studio 主菜单 Tools → Android → Android Device Monitor（或单击工具栏上相同的图标按钮）即可打开。DDMS 提供以下重要功能：

文件管理

文件管理功能在仿真器、移动设备都适用。先单击左侧的 Android 设备，再按需求单击右上的按钮，如图 3-30 所示，说明如下：

- File Explorer 标签：浏览 Android 设备的文件或目录。
- （Push a file onto the device）按钮：将开发电脑上的文件拷贝到当前的 Android 设备，会打开窗口让操作者指定要复制的源文件。
- （Pull a file from the device）按钮：将 Android 设备上的文件拷贝到开发电脑，会打开窗口让操作者指定要存放的目的路径。

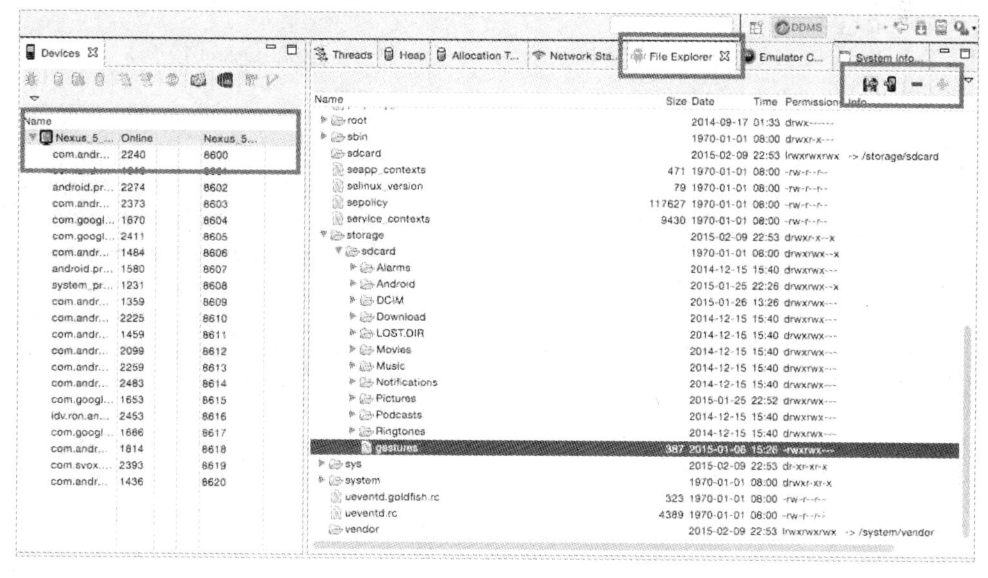

图 3-30　DDMS 提供的文件管理功能

截取屏幕画面

可单击 DDMS 左上方工具栏上的 Screen Capture（屏幕截取）按钮来截取 Android 设备上的屏幕画面，如图 3-31 所示。

模拟来电、来短信

DDMS 的 Emulator Control 标签 → Telephony Actions，输入 Incoming number（来电号码）并选取 Voice 或 SMS，可以模拟来电、短信等情形，如图 3-31 所示，不过仅限于仿真器。

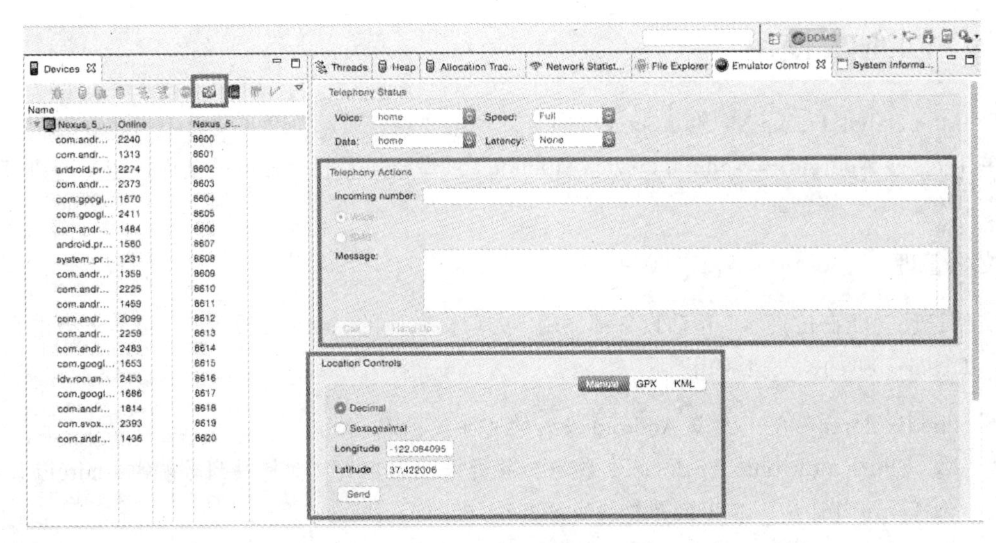

图 3-31　截取 Android 设备的屏幕画面以及模拟来电和来短信

仿真自己位置

DDMS 的 Emulator Control 标签 → Location Controls，输入 Longitude（经度）与 Latitude（纬度）可以仿真自己的位置。仅仿真器适用此功能。

重置 ADB

ADB（Android Debug Bridge）服务器专门连接 Android 设备。如果仿真器或实体机正常运行，但是却无法显示在 DDMS 的设备列表上，可以单击设备列表的向下箭头后选择 Reset adb，如图 3-32 所示。

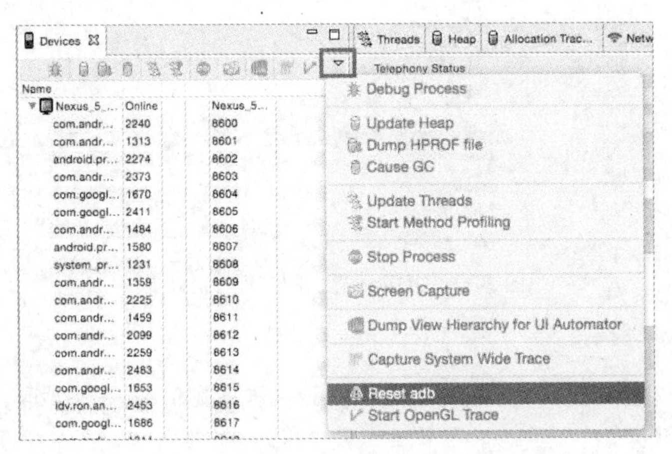

图 3-32　重置 ADB

3-3　Android 系统架构介绍

Android 是一种以 Linux 为核心的移动平台，可以安装在智能手机与平板电脑等移动设备上。Android 整个系统架构如图 3-33 所示，将在后面详细说明。

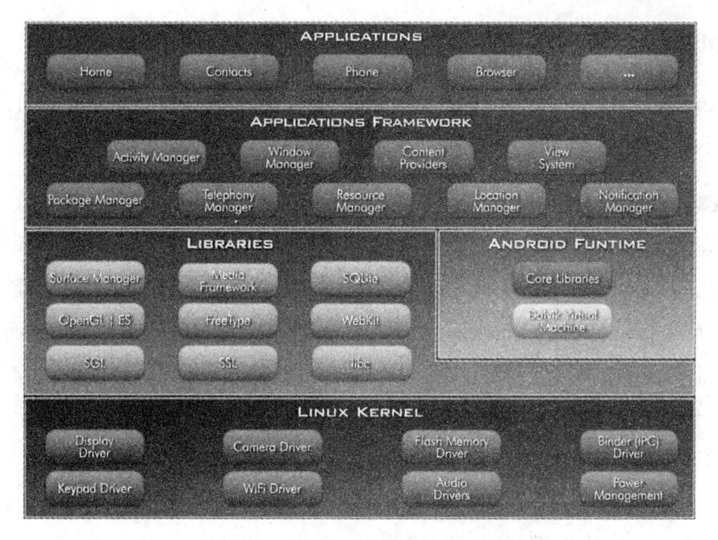

图 3-33　Android 的系统架构

Linux Kernel（Linux 核心）

Android 以 Linux 作为整个操作系统的核心，Linux 为 Android 提供了主要的系统服务，例如：安全性管理（Security）、内存管理（Memory Management）、进程管理（Process Management）、网络管理（Network Stack）、驱动程序模式（Driver Model）、电源管理（Power Management）等。

Libraries（函数库）

Android 有一个内部函数库，此函数库主要以 C/C++编写而成。Android 应用程序开发人员并非直接使用此函数库，而是通过更上层的应用程序框架（Application Framework）来使用此函数库，所以有人称此类函数库为原生函数库（Native Libraries）。此函数库按照功能又可细分成各种类型的函数库，以下列出比较重要的函数库：

- Media Framework（媒体函数库）：此函数库让 Android 具有播放与录制许多常见的音频与视频文件的能力，支持的文件类型包括 MPEG4、H.264、MP3、AAC、AMR、JPG 与 PNG 等。
- Surface Manager（外观管理函数库）：管理图形界面的操作与 2D、3D 图层的显示。
- WebKit[1]：Android 内置的浏览器，其引擎就是 WebKit，与 Google 的 Chrome[2]、Apple 的 Safari[3] 浏览器的引擎相同。
- SGL：专门处理 Android 的 2D 图形。
- OpenGL ES[4]：适合嵌入式系统使用的 3D 图形函数库，如果 Android 手机本身有 3D 硬件加速器，程序会直接使用该硬件加速器；否则会使用软件加速功能。
- SQLite[5]：属于轻量级但功能齐全的关系数据库引擎，方便让 Android 应用程序存取自己的数据。

---

1 http://www.webkit.org.
2 http://en.wikipedia.org/wiki/Google_Chrome.
3 http://www.apple.com/safari/what-is.html.
4 http://www.khronos.org/opengles/.
5 http://www.sqlite.org/.

Android Runtime（Android 运行环境）

Android Runtime 可分成 Android Core Libraries（Android 核心函数库）与 Dalvik Virtual Machine（Dalvik VM，Dalvik 虚拟机）。

- Android Core Libraries：Android 核心函数库所提供的功能，大部分与 Oracle 的 Java 核心函数库相同[1]。
- Dalvik Virtual Machine：一般编写好的 Java 程序编译后会产生 class 文件（或称 Bytecode），而且由 JVM（Java Virtual Machine）执行；但是 Android 不使用 JVM，而改用 Google 自行研发的 Dalvik VM，所运行的文件则是 dex 文件（Dalvik Executable），而非 class 文件。在 Dalvik VM 运行 dex 文件之前，必须使用 Android SDK 内的 dx 工具将 class 文件转成 dex 文件[2]，然后交给 Dalvik VM 运行，如图 3-34 所示。dex 文件比 class 文件更精简、运行效率更佳，而且更省电，可以说就是为了移动设备而量身打造的。由此可知，开发者仍然必须以 Java 程序设计语言编写 Android 应用程序，而最后 dx 工具会将 java 文件生成的 class 文件转成 dex 文件。

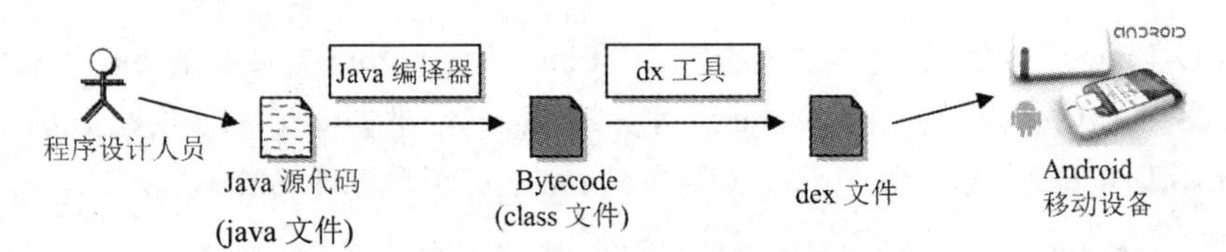

图 3-34　Java 程序从开发出来到 DVM 上运行的整个过程

Application Framework（应用程序框架）

Application Framework 其实就是 Android 的 API（Application Programming Interface，应用程序编程接口），开发者只要善用此 API 即可快速开发出 Android 应用程序。重要部分说明如下：

- View System（查看系统）：Android 提供多样化的 UI（User Interface，用户界面）组件，例如：按钮、文本框、列表选项等。
- Activity Manager（活动管理器）：管理 Activity 的生命期，并提供浏览回溯堆栈（Navigation Backstack），让用户可以通过按下退回键，返回上一页内容。
- Content Providers（内容提供器）：通过此项功能，可以让各个应用程序间分享彼此的数据。
- Resource Manager（资源管理器）：用来存取非程序资源，例如：字符串、图形以及版面信息等。
- Notification Manager（信息管理器）：在状态栏显示指定信息，以便通知或提醒用户。

Applications（应用程序）

用户就是通过编写好的应用程序与 Android 手机互动，或者可以说用户就是通过这些程序来操

1　Android 核心函数库是由 Google 所开发，Java 核心函数库则属于 Oracle，两者并不相同，只不过 Google 刻意让 Android 核心函数库尽量支持 Java 核心函数库的功能，其目的是方便 Java 程序设计人员能够快速转移至 Android 平台上开发应用程序；但是 Android 核心函数库并不完全支持 Java 核心函数库，例如不支持 Java Swing、AWT。

2　只要 Android 相关套件安装好，会自动执行此步骤，开发者无须另外下指令。

控 Android 设备。这些应用程序在设备上都是以一个小图标为代表，用户通过单击图标来执行程序。Android 系统一般内置有 Email、短信收发程序、浏览器、联系人等功能的应用程序。除了内置的应用程序外，开发者可以编写更多的应用程序，让用户可以使用更多便利的功能。

3-4　Android 项目的目录与结构

Android 项目的目录可分成 3 个部分：manifest 文件（默认名称为 AndroidManifest.xml）、java 目录与 res 目录。重要的项目结构（project structure）信息则存储在 build.gradle 文件内，如图 3-35 所示。

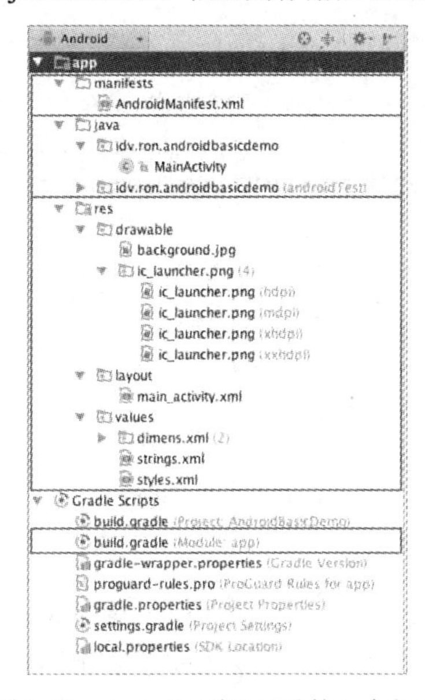

图 3-35　Android 项目目录的 3 个部分

3-4-1　manifest 文件

每一个 Android 应用程序都需要 manifest 文件，此文件存储着该应用程序的重要信息。在 Android 系统运行应用程序之前，会先截取该应用程序的 manifest 文件内容。若找不到该文件或该文件有错误，Android 系统将无法运行所对应的应用程序。manifest 文件内容说明如下：

```
AndroidBasicDemo > AndroidManifest.xml
<?xml version="1.0" encoding="utf-8"?>
<manifest xmlns:android="http://schemas.android.com/apk/res/android"
应用程序的完整套件（package）名称[1]
    package="idv.ron.androidbasicdemo" >
应用程序相关设置
    <application
        android:allowBackup="true"
应用程序在设备上的启动图标，在此引用 drawable 目录内的图形文件
```

[1] 此套件名称也会成为此应用程序的标识符（application ID）。

```
        android:icon="@drawable/ic_launcher"
应用程序在设备上的代表名称，引用文本文件内的字符串
        android:label="@string/app_name"
引用指定的主题
        android:theme="@style/AppTheme" >
        <activity
Activity 名称，省略套件名称代表套用上述套件名称
            android:name=".MainActivity"
Activity 标题名称，会在画面的 ActionBar 上显示
            android:label="@string/app_name" >
            <intent-filter>
设置此 Activity 页面为首页
                <action android:name="android.intent.action.MAIN" />
应用程序安装完毕后会自动启动¹
                <category android:name="android.intent.category.LAUNCHER" />
            </intent-filter>
        </activity>
    </application>

</manifest>
```

3-4-2 java 与 res 目录

为了实现 MVC（Model-View-Controller）架构，Android 应用程序的开发分为 UI 设计与程序设计两大部分：前者是 MVC 的 View 部分；后者包含 Controller 与 Model 部分。UI 设计从程序中抽离出来，可以降低对程序代码的相关性，换句话说无须因为 UI（用户界面）画面的改动而造成程序代码不得不大幅度地更改。UI 相关文件如 layout 文件、图片文件等都放在 res 目录内，而 Java 程序文件则放在 java 目录内；详细说明如下，也可参看前图 3-35。

app/	Android 项目目录
java/	java 目录内存放着 Java 原始程序文件
res/	项目所需的非程序资源大多放在 res 目录内。其中的文件名只能为小写字母、数字、_（下划线）、.（点）
drawable/	drawable 目录提供了图形文件资源，例如 PNG、JPG 等图形文件[2]
layout/	layout 目录专门存放 UI 画面的 layout 文件
values/	values 目录存放 UI 所需用到的文字[3]（默认为 strings.xml）文件

1 未加上此设置，安装完此应用程序时无法自动启动，必须单击应用程序图标方可启动。

2 drawable 目录可以按照屏幕分辨率分成 hdpi（高分辨率）、mdpi（中分辨率）、xhdpi（超高分辨率）与 xxhdpi（超超高分辨率）。一般建议相同图形按照分辨率不同而制作成 4 份，分别存放在前面所述对应的 4 个目录内，参看 http://developer.android.com/guide/practices/screens_support.html#support。

3 文本文件专门存放 Android 应用程序所需用到的文字，虽然文字可以直接写在 layout 文件内，但不建议这样做，原因是翻译人员只要直接将文本文件翻译即可，而无须在 layout 文件内寻找要翻译的文字，这样便于应用程序本地化，详细说明可参照本章第 3-5 节“应用程序本地化”。

3-4-3　Android 项目架构

单击左侧项目导航区 Gradle Scripts → build.gradle（Module: app）文件，就会展示如图 3-36 所示的内容；可以直接修改或通过主菜单 File → Project Structure → app1 进行修改。

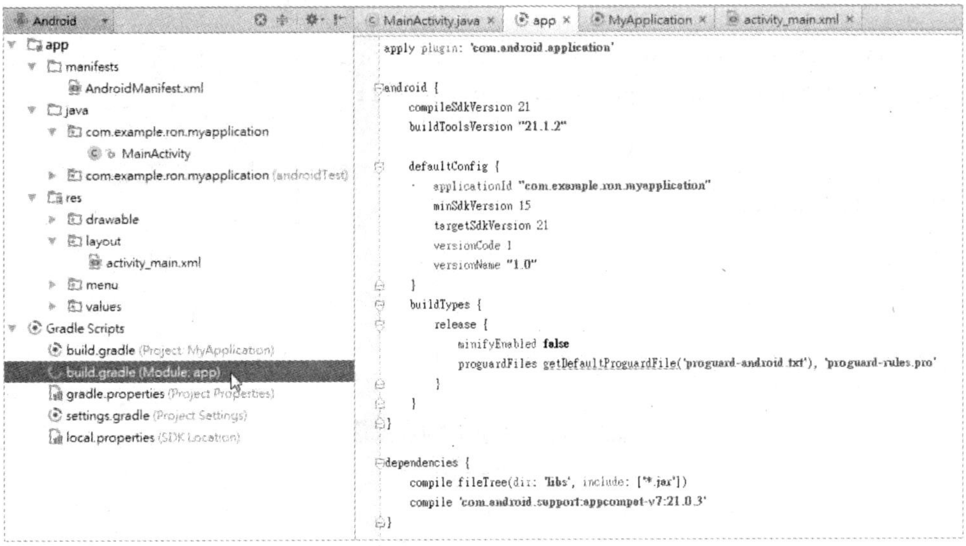

图 3-36　展示出程序的源代码

关于 build.gradle 文件内容说明如下：

```
AndroidBasicDemo > build.gradle
apply plugin: 'com.android.application'

android {
   compileSdkVersion 21
   buildToolsVersion "21.1.2"

   defaultConfig {
applicationId 就是前面 manifest 文件定义的 package 名称
      applicationId "idv.ron.androidbasicdemo"
代表要运行此应用程序最低需要的 API 层级（API level）。API 15 相当于 Android 4.0.3
      minSdkVersion 15
      targetSdkVersion 21
管理控制的版本号码，必须为整数值，而非字符串
      versionCode 1
对外发布的版本名称，值为字符串，与上述版本号码不同
      versionName "1.0"
   }
   buildTypes {
      release {
         minifyEnabled false
         proguardFiles        getDefaultProguardFile('proguard-android.txt'),
'proguard-rules.pro'
```

```
        }
    }
}

设置此应用程序会使用到的函数库
dependencies {
    compile fileTree(include: ['*.jar'], dir: 'libs')
    compile 'com.android.support:appcompat-v7:21.0.3'
}
```

范例 AndroidBasicDemo

范例说明：

1. 显示文字在画面上。
2. 显示图形在画面上，如图 3-37 所示。

图 3-37　范例 AndroidBasicDemo 运行后的屏幕显示结果

AndroidBasicDemo > res > layout > main_activity.xml

```
LinearLayout 是 layout 组件的一种，layout 组件会在第 4 章进行详细说明。
<LinearLayout xmlns:android="http://schemas.android.com/apk/res/android"
    xmlns:tools="http://schemas.android.com/tools"
宽度与高度都对齐父组件，父组件目前为屏幕，换句话说与屏幕等宽等高
    android:layout_width="match_parent"
    android:layout_height="match_parent"
vertical 代表 LinearLayout 为垂直走向，horizontal 代表水平走向
    android:orientation="vertical"
设置四周的填充宽度，@dmine/...会引用内置属性，一般情况下为 16 像素宽
    android:paddingLeft="@dimen/activity_horizontal_margin"
    android:paddingRight="@dimen/activity_horizontal_margin"
    android:paddingTop="@dimen/activity_vertical_margin"
    android:paddingBottom="@dimen/activity_vertical_margin"
告诉画面设计工具，此画面属于 MainActivity，便于工具找到 manifest 文件的 theme 并套用
```

```
    tools:context=".MainActivity">

TextView 组件就是文本框，专门用来显示文字
    <TextView
设置识别此组件用的 ID
        android:id="@+id/tvTitle"
wrap_content 代表只要能包覆内容即可
        android:layout_width="wrap_content"
        android:layout_height="wrap_content"
center_horizontal 代表水平居中
        android:layout_gravity="center_horizontal"
设置文字颜色，采用 RGB（红、绿、蓝）设置方式
        android:textColor="#FFFF00"
设置背景色
        android:background="#666666"
设置显示文字，引用文本文件（此为 strings.xml）内对应的文字
        android:text="@string/hello_world"
设置文字大小[1]
        android:textSize="20sp" />

ImageView 组件就是图片框，专门用来显示图片
    <ImageView
        android:layout_width="wrap_content"
        android:layout_height="wrap_content"
        android:id="@+id/ivPicture"
距离上面组件为 38dp
        android:layout_marginTop="38dp"
加载 drawable 目录内的 background 图片文件（不用标示扩展名）
        android:src="@drawable/background" />

</LinearLayout>

AndroidBasicDemo > res > values > strings.xml
<?xml version="1.0" encoding="utf-8"?>
<resources>
文本文件保存了应用程序大部分要用到的文字
文字的标识符为 app_name，便于程序代码或 layout 文件存取
    <string name="app_name">My Application</string>
    <string name="hello_world">Hello world!</string>
    <string name="action_settings">Settings</string>

</resources>
```

---

[1] sp (scaled-pixels)、dp (density-independent pixels)、px (pixels)、pt (points)、in (inches)、mm (millimeters)都属于尺寸单位，一般建议使用 sp 与 dp，因为该尺寸单位可以按照不同的屏幕自动调整。sp 用于文字的尺寸，而 dp 用于一般 UI 组件的宽高尺寸（例如按钮的宽度）。
详细信息请参看 http://developer.android.com/guide/topics/resources/more-resources.html#Dimension。

```
AndroidBasicDemo > java > MainActivity.java
Activity 代表一页，即便创建了类，仍必须在前面的 manifest 文件内声明后才能使用
public class MainActivity extends ActionBarActivity {
Activity 一启动就会调用 onCreate()，关于 Activity 生命周期可参看第 6 章
    @Override
    protected void onCreate(Bundle savedInstanceState) {
        super.onCreate(savedInstanceState);
载入 layout 文件-main_activity，当作此页的画面
        setContentView(R.layout.main_activity);
    }

}
```

3-5 应用程序本地化

Android 移动设备早已营销全球，所以在开发 Android 应用程序的时候，必须注意各地区语言的问题，才不会让用户看到不熟悉的语言文字，这就是本地化（Localization，简称 L10N——开头为 L，结尾为 N，中间有 10 个英文字母）的议题。所谓本地化就是让用户通过地区（locale）或语言（language）的设置来切换画面显示的语言（例如：用户将手机切换成中文，则应用程序就显示中文）。本地化其实就是支持多国语言（Internationalization，简称 I18N）。为了达到这个目的，Android 特别将应用程序所使用到的文字内容独立出来成为一个文本文件（例如 strings.xml），这样一来，只要准备多个内容意义相同但语言不同的文本文件，应用程序即可显示多国语言。要设计具有本地化的应用程序，首先必须了解地区、语言的代码[1]。

创建支持多国语言的应用程序

res 内的 values 目录内存放着 strings.xml 文本文件；要支持多国语言，可以增加多个 values 同名但不同后缀名的目录并在其中存放对应的文本文件。例如，在 values-zh-rTW 目录内存放繁体中文的文本文件，values-zh-rCN 存放简体中文的文本文件；而没有后缀名的 values 目录内存放英文的文本文件。没有后缀名的 values 目录会被当作默认目录，当 Android 系统找不到对应的语言时，就会使用默认目录内的文本文件[2]。添加其他语言目录的步骤如下（继续以范例 AndroidBasicDemo 为例）：

步骤01 用鼠标右键单击 strings.xml，再单击 New → Values resource file，如图 3-38 所示，会弹出 New Resource File 窗口。

---

1 地区请参看 http://en.wikipedia.org/wiki/ISO_3166-2；
语言请参看 http://en.wikipedia.org/wiki/List_of_ISO_639-1_codes。

2 建议把默认语言设置为英文而非中文。假设应用程序默认语言为中文，也有支持英文，但没有支持德文，则德国用户仍然会看到中文而非英文，因为没有支持德文就会找默认语言——中文。

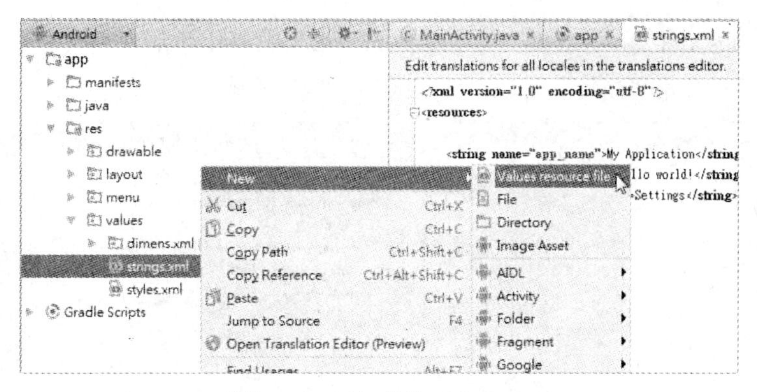

图 3-38　添加其他语言目录

步骤02 File name 填写的名称必须与原文本文件名称相同。单击左侧的 Locale，如图 3-39 所示。接下来 Language 与 Region 选项会显示在右侧，Language 设置成想要的语言，例如 zh；Region 设置成想要的地区，例如 CN，如图 3-40 所示。最后单击 OK 按钮。

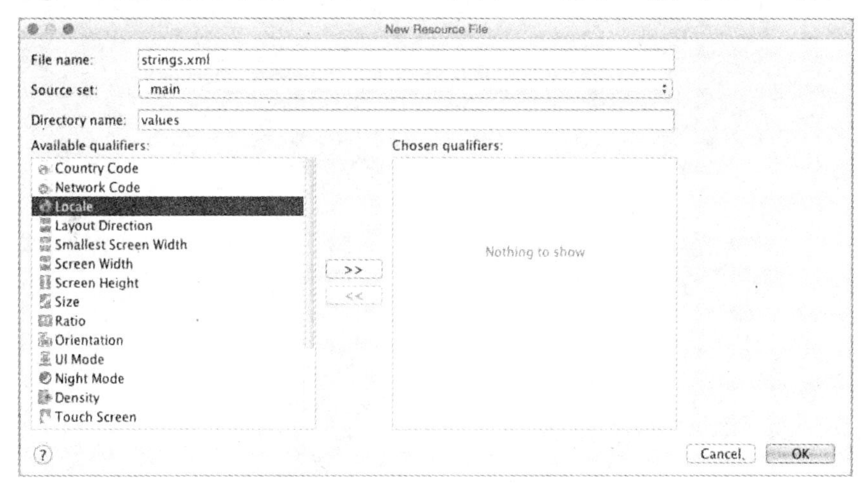

图 3-39　为新的语言文件命名

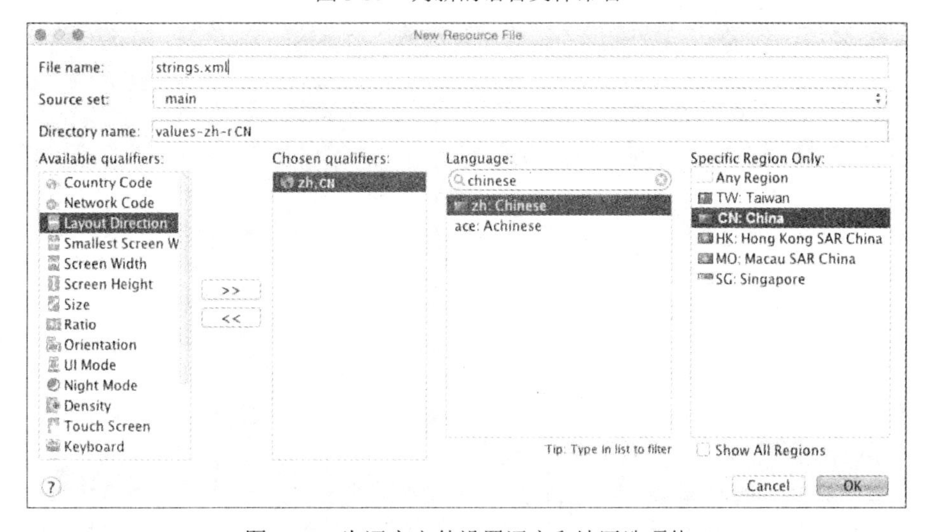

图 3-40　为语言文件设置语言和地区选项值

步骤03 将 strings.xml 的文字复制到 strings.xml（zh-rcn）内，并将英文改成中文，如图 3-41 所示。运行应用程序后更改语言设置[1]即可看到切换成中文了。

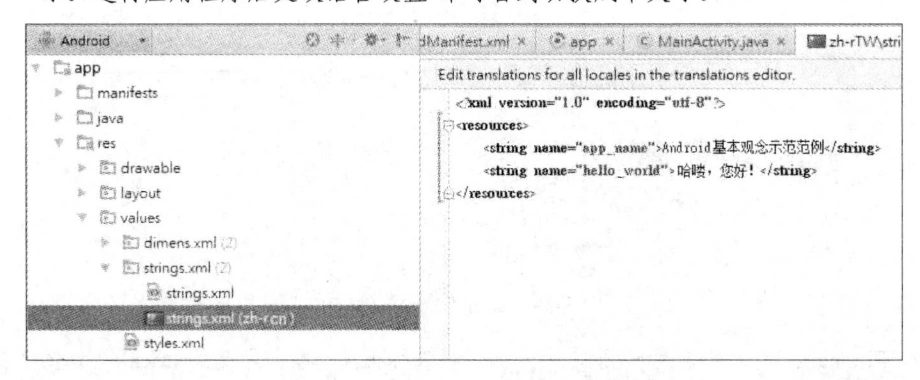

图 3-41 将语言文件中的英文改为中文

[1] 更改 Android 移动设备的地区语言设置的步骤为：按下“Home”按键 → “Menu”按键 → “System settings（设置）” → “Language & input（语言与输入）” → 选取“language（语言）”。

第 4 章 UI（用户界面）设计的基本概念

4-1 Android UI 设计的基本概念[1]

用户与电脑互动的界面被称作 UI（User Interface，用户界面或用户接口），而 UI 上面放满了各种组件；其中最常见的组件就是可以让用户进行输入操作的组件，例如：按钮、文字输入框、下拉菜单等；这些组件被称为 UI 组件（UI elements）。

一个 Android 应用程序的 UI 组件可分成 widget 与 layout 组件两大类，而它们的根类(root class）都是 View 类。UI 组件相关的类大部分都放在 android.widget 套件内。

- widget 组件：已经是 UI 的最基本单位；换句话说，不能在这类组件内再放入其他的组件了；这与 layout 组件内还可以放入其他组件的性质不同。最具代表性的 widget 组件为：Button（按钮）、EditText（文字输入框）、CheckBox（复选框）等。
- layout 组件：像一个容器（container）一样还可以再放入其他 widget 组件或 layout 组件。最具代表性的 layout 组件为：LinearLayout、RelativeLayout、TableLayout；而 ViewGroup 类是 layout 组件的根类。ViewGroup 类定义了 ViewGroup.LayoutParams 内部类，该内部类用来定义子组件如何在 layout 父组件上进行版面设计。

Android 的 UI 组件大多可以使用 XML 文件来创建并进行版面设计（或称为屏幕画面布局设计），该 XML 文件一般称为 layout 文件。虽然开发者也可以不通过 layout 文件而直接使用程序代码来动态创建 UI 组件并同时完成版面设计，但仅限于特殊情况，一般还是建议将 UI 的创建与版面设计从程序代码中抽离出来，单独放在 layout 文件内，以符合 MVC（Model-View-Controller）架构，便于以后维护。而 UI 上面的文字也属于应用程序文字的一部分，建议从 layout 文件抽离出来放在文本文件内（文本文件默认名称为 strings.xml），以便于之后制作多语言的版本。

4-1-1 Android Layout Editor

为了简化 UI 设计，Android 开发工具提供了可视化的画面设计工具（layout editor），让开发者可以通过拖动 UI 组件与属性设置的方式来完成用户界面的设计。只要用鼠标双击 layout 文件（例

---

[1] 参看 http://developer.android.com/guide/topics/ui/overview.html。

如 main_activity.xml）即可打开该画面，如图 4-1 所示。除了画面部分，可以分为下列 3 个区：

- Palette：提供 UI 组件让开发者可以拖动到画面上。
- Component Tree：UI 组件架构图，除了可在画面上选取 UI 组件外，也可在此处选取。
- Properties：修改 UI 属性设置。

如果要看源代码，可以单击下方“Text”的标签（图 4-1 的箭头部分）即可。

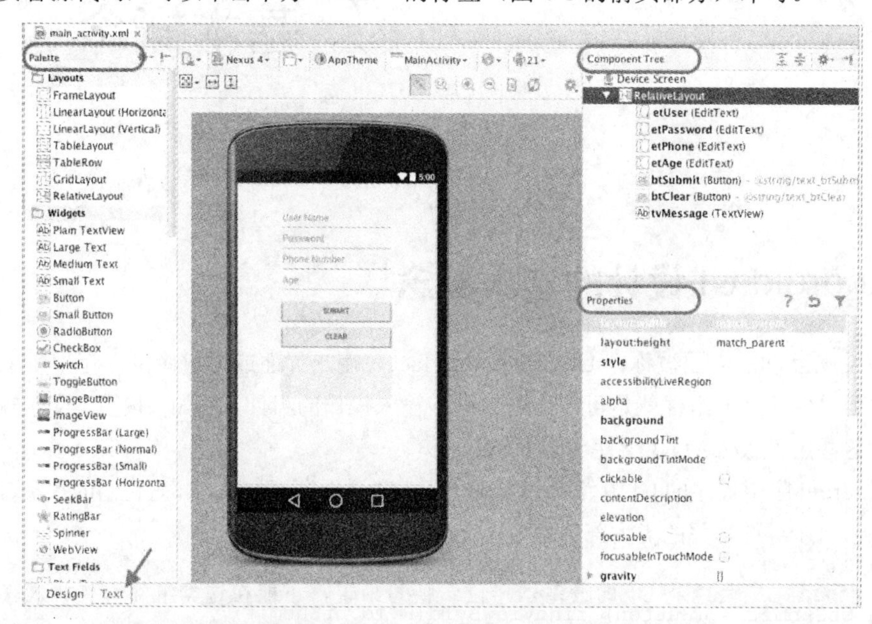

图 4-1　Layout Editor 分为 3 个区，要查看源代码可以单击箭头所指的“Text”标签

即使切换到源代码，仍然可以通过单击 Preview 同时显示设备的屏幕画面，如图 4-2 所示。

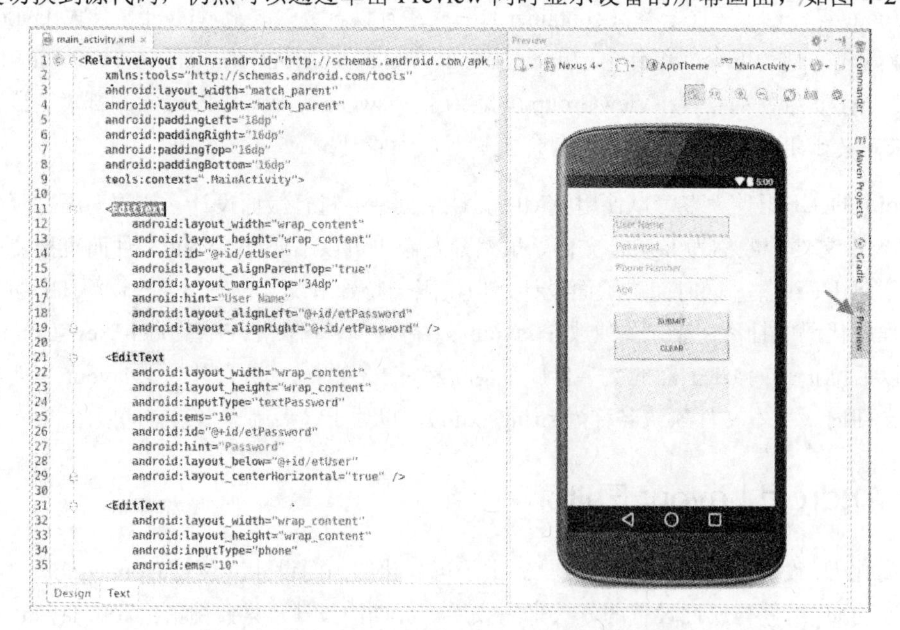

图 4-2　单击 Preview 可以显示出设备的用户界面

4-1-2　非程序资源

前面一章已经提到过，开发者会预先将应用程序常用的非程序资源（resources，例如：图片、文字、声音与 layout 文件）放在应用程序项目本身的 res 目录内；创建 layout 文件时往往需要指定对应的文字（例如 Button 上的文字）与图片（例如：ImageView 上面的图片），而且创建完成的 layout 文件也会置于 res 目录内，成为项目资源的一部分，所以必须将项目资源存取概念详细说明。

res 目录内的项目资源在编译阶段就已经转成 binary code，而且 SDK 工具会自动给予这些资源 ID 编号，便于应用程序访问，因而无须再用 I/O 方式读入，属于较高级的资源读取方式，而且提供了多国语言的设置。资源读取方式说明如下：

文本文件

假设 strings.xml 文件内保存着下列文字定义

```
<string name="text_btSubmit">Submit</string>
```

- 通过 XML 来读取：

```
<Button
    android:layout_width="fill_parent"
    android:layout_height="wrap_content"
    android:text="@string/text_btSubmit" />
```

- 通过程序代码来读取：

```
Button btSubmit = (Button) findViewById(R.id.btSubmit);
btSubmit.setText(R.string.text_btSubmit);
```

图片文件

假设 res/drawable 目录内存放着 icon.png 图片文件

- 通过 XML 来读取：

```
<ImageView
    android:layout_width="wrap_content"
    android:layout_height="wrap_content"
    android:src="@drawable/icon"/>
```

- 通过程序代码来读取：

```
ImageView imageView = (ImageView) findViewById(R.id.imageView);
imageView.setImageResource(R.drawable.icon);
```

layout 文件

假设 res/layout 目录内存放着 main_activity.xml 文件

- 通过程序代码来读取：

```
setContentView(R.layout.main_activity);
```

4-2 UI 事件处理

用户在大部分情况下会通过 UI 组件来输入，而这种互动可能会触发各种 UI 事件，所以在学习 UI 组件设计时，最重要的就是事件处理机制（event handling）。其实，事件处理机制是一种委任机制（delegation），就是将事件的监听与处理交给系统。所有 UI 事件处理机制当中，最简单也最为广泛的莫过于单击（on click）事件。Android 所有 UI 组件都支持单击事件，因为 View 类定义了 setOnClickListener()[1]。虽然各个 UI 组件都可能会触发多种事件与多种处理方式，但是事件处理模式大致与单击事件相同。

4-2-1 按钮单击事件处理——Java 传统型

用户最常用到的 UI 组件就是按钮，在 Android 中就是 Button 组件。每当按钮被按下，就会触发按钮单击事件；如果不注册监听器，系统将会忽略此事件，则按钮被按下后不会有任何结果。如果希望用户按下按钮时可以有确切的响应，就必须注册监听器，并要实现监听器对应的方法，以便让监听器在发生事件时自动执行编写好的程序（方法）来响应用户，这就是所谓的事件处理机制。程序代码如下：

```
button.setOnClickListener(new View.OnClickListener() {
    public void onClick(View v) {
        // 响应用户单击按钮时会执行的程序代码
    }
});
```

上述程序代码可以分析成下列步骤（参看图 4-3）：

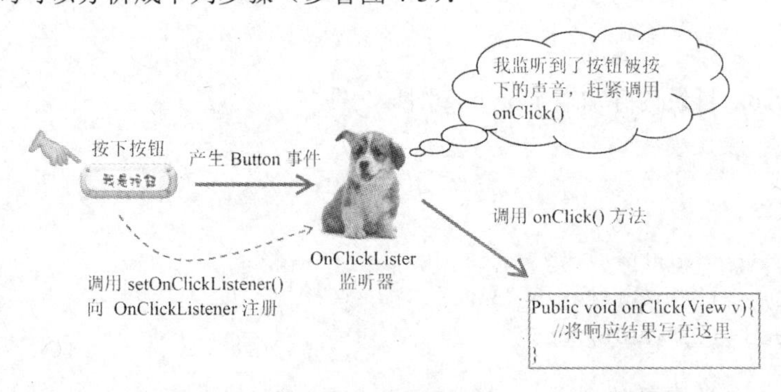

图 4-3 按钮单击事件处理过程——Java 传统型

步骤01 Button 组件向监听器注册：Button 组件必须先调用 setOnClickListener() 向 View.OnClickListener 监听器[2] 注册，这样该监听器才会开始监听 Button 组件是否被按下。

步骤02 实现 View.OnClickListener 的 onClick()：当 Button 组件被按下时，OnClickListener 监听

---

[1] View 可以调用 setOnClickListener()来注册监听器以监听是否发生了单击事件，所有 UI 组件都可以这么做，因为 View 类是所有 Android UI 组件的共同父类。

[2] View.OnClickListener 代表这里的 OnClickListener 是 View 的内部类（inner class）。

器会知道，而且它会自动调用实现好的 onClick()来响应用户按下按钮的操作[1]。

4-2-2　按钮单击事件处理——Android 简易型

前面讲述的事件处理就是 Java 传统的 UI 事件处理机制。不过，Android 还提供了另一种更简易的事件处理方式，就是开发者可以在 layout 文件内设置 Button 组件被单击时要调用的方法，该方法可以自定义，效果等同于前面所说的 onClick()，如此省略了向监听器注册的步骤。这种方式仅适用于单击事件，而不像前面所讲的处理机制那样可以适用于任何 UI 事件的处理。

```
<!-- layout 文件增加 android:onClick 属性指定单击事件发生时要调用的方法-->
<Button
    ......
    android:onClick="onButtonClick" />

// Java 程序必须定义此方法的内容
public void onButtonClick(View v) {
    // 响应用户单击按钮时要执行的程序代码
}
```

范例 UiDemo

范例说明：

此范例使用到 TextView 与 EditText：

- TextView 专门用来显示文字，并且不允许用户修改。
- EditText 是文字输入框，可以通过 inputType 属性来限制用户能够输入的内容，例如 android:inputType="number"代表只能输入数字。用户可以通过 hint 属性来设置尚未输入文字时的提示文字，例如 android:hint="请输入账号"。

输入完数据后，按下 Submit 按钮会在下方 TextView 显示输入的结果。

按下 Clear 按钮会清除所有文字，如图 4-4 所示。

图 4-4　范例 UiDemo 显示的用户界面

1　如果开发者想要自行触发按钮事件，不用等用户按下按钮，可以直接调用 View 类的 performClick()方法，例如 button.performClick()。

UiDemo > res > layout > main_activity.xml

```
<LinearLayout xmlns:android="http://schemas.android.com/apk/res/android"
   xmlns:tools="http://schemas.android.com/tools"
   android:orientation="vertical"
   android:layout_width="match_parent"
   android:layout_height="match_parent"
   android:paddingLeft="@dimen/activity_horizontal_margin"
   android:paddingRight="@dimen/activity_horizontal_margin"
   android:paddingTop="@dimen/activity_vertical_margin"
   android:paddingBottom="@dimen/activity_vertical_margin"
   tools:context=".MainActivity">

   <EditText
      android:id="@+id/etUser"
EditText 未输入时会显示的提示文字，引用的是文本文件(此为 strings.xml)内的对应文字
      android:hint="@string/hint_etUser"
      android:layout_width="match_parent"
      android:layout_height="wrap_content"
      android:layout_marginTop="34dp" />

   <EditText
      android:id="@+id/etPassword"
      android:hint="@string/hint_etPassword"
EditText 输入类型为文字型密码，用户输入时会有遮蔽效果
      android:inputType="textPassword"
      android:layout_width="match_parent"
      android:layout_height="wrap_content" />

   <EditText
      android:id="@+id/etPhone"
      android:hint="@string/hint_etPhone"
EditText 输入类型为电话号码，用户输入时弹出的键盘仅会显示适合输入电话号码的按键
      android:inputType="phone"
      android:layout_width="match_parent"
      android:layout_height="wrap_content" />

   <EditText
      android:id="@+id/etAge"
      android:hint="@string/hint_etAge"
EditText 输入类型为数字，用户输入时弹出的键盘仅会显示适合输入数字的按键
      android:inputType="number"
      android:layout_width="match_parent"
      android:layout_height="wrap_content" />

   <Button
      android:id="@+id/btSubmit"
```

```
设置按下此按钮时会调用的方法名称
        android:onClick="onSubmitClick"
        android:text="@string/text_btSubmit"
        android:layout_width="match_parent"
        android:layout_height="wrap_content"
        android:layout_marginTop="10dp" />

    <Button
        android:id="@+id/btClear"
        android:text="@string/text_btClear"
        android:layout_width="match_parent"
        android:layout_height="wrap_content" />

    <TextView
        android:id="@+id/tvMessage"
        android:lines="5"
        android:layout_width="match_parent"
        android:layout_height="wrap_content"
        android:layout_marginTop="10dp"
        android:background="#DDDDFF" />

</LinearLayout>
```

UiDemo > java > MainActivity.java

```
public class MainActivity extends ActionBarActivity {
    private EditText etUser;
    private EditText etPassword;
    private EditText etPhone;
    private EditText etAge;
    private Button btClear;
    private TextView tvMessage;

    @Override
    protected void onCreate(Bundle savedInstanceState) {
        super.onCreate(savedInstanceState);
        setContentView(R.layout.main_activity);
        findViews();
    }
```

调用 findViewById() 并指定 ID 来获取 layout 文件内的 UI 组件，并赋值给对应对象（例如 etUser）；之后该对象就代表画面上的 UI 组件

```
    private void findViews() {
        etUser = (EditText) findViewById(R.id.etUser);
        etPassword = (EditText) findViewById(R.id.etPassword);
        etPhone = (EditText) findViewById(R.id.etPhone);
        etAge = (EditText) findViewById(R.id.etAge);
```

```
        btClear = (Button) findViewById(R.id.btClear);
        tvMessage = (TextView) findViewById(R.id.tvMessage);
```

Button 注册 OnClickListener 监听器，接下来利用匿名内部类（anonymous inner class）实现 OnClickListener 的 onClick()。当按钮被按下时，onClick() 会自动被调用并执行。参数 v 代表的是触发事件的组件，此时就是被按下的 btClear 按钮

```
        btClear.setOnClickListener(new View.OnClickListener() {
            @Override
            public void onClick(View v) {
```

调用 setText()并传递 null 代表清空该 EditText 内容

```
                etUser.setText(null);
                etPassword.setText(null);
                etPhone.setText(null);
                etAge.setText(null);
                tvMessage.setText(null);
```

调用 makeText 创建 Toast 对象，专门用来显示简短信息，要求传入 3 个参数：

- 第 1 个参数要求 Context 对象，MainActivity.this 代表 Activity 对象，可以传入是因为 Context 是 Activity 的父类。
- 第 2 个参数要求文字 ID，R.string.msg_ClearAllFields 引用 strings.xml 文件内的文字。
- 第 3 个参数要求设置 Toast 显示的时间长短，LENGTH_SHORT 代表显示时间较短，LENGTH_LONG 代表显示时间较长。

最后要调用 show()才能显示 Toast 信息

```
                Toast.makeText(
                        MainActivity.this,
                        R.string.msg_ClearAllFields,
                        Toast.LENGTH_SHORT
                ).show();
            }
        });
    }
```

之前 layout 文件设置 btSubmit 按钮属性 android:onClick="onSubmitClick"，代表按下 btSubmit 按钮会调用 onSubmitClick()。此方法前面必须为 public void，参数必须为 View 类型

```
    public void onSubmitClick(View view) {
```

获取用户在各个 EditText 上输入的文字后调用 trim()去除不必要的空格符号，并使用字符串连接符号串接在一起后，通过调用 tvMessage.setText(text)将文字显示在 tvMessage 文本框中

```
        String user = etUser.getText().toString().trim();
        String password = etPassword.getText().toString().trim();
        String phone = etPhone.getText().toString().trim();
        String age = etAge.getText().toString().trim();
        String text = "";
        text += "user name = " + user + "\n";
        text += "password = " + password + "\n";
        text += "phone number = " + phone + "\n";
        text += "age = " + age + "\n";
```

```
        tvMessage.setText(text);
    }
}
```

4-3　layout 组件介绍

如何将 UI 组件放在指定的位置上？大部分的人都会觉得应该使用 x、y 坐标定位方式来解决这个问题。使用 x、y 坐标来指定组件的位置虽然感觉上十分直观、易懂，但是属于绝对位置[1]的设置方式，无法应对不同分辨率的屏幕。Android 提供了与绝对位置不同的相对位置 layout 组件以实现弹性版面设置功能。

layout 组件可以容纳其他控制组件，例如按钮、文本框等，所以又被称为容器（container），其共同父类是 ViewGroup 类。下面说明常用到的 layout 组件。

4-3-1　常用 layout 组件的说明

LinearLayout

LinearLayout 以线性方式显示 UI 组件，所谓线性方式就是将 UI 组件以垂直或水平方式排列，默认为水平排列。如果一个版面既需要垂直又需要水平排列组件，不妨使用嵌套式来设置版面。可以在 layout 文件内使用<LinearLayout>来创建 LinearLayout。放在 LinearLayout 内的子组件可以使用 LinearLayout.LayoutParams 内部类[2]所定义的属性来说明自己如何在 LinearLayout 上进行设置。

FrameLayout

FrameLayout 是最简单的 layout 组件，基本上仅用来放置一个子组件；如果放置多个子组件会采用堆栈方式（stack）层叠在一起，也就是后加入的子组件显示在最上面，先加入的反而被后加入的遮住了。可以在 layout 文件内使用 <FrameLayout> 来创建 FrameLayout。与 FrameLayout 有关的 XML 属性都定义在 FrameLayout.LayoutParams 内部类[3]中。

RelativeLayout

一般情况下，大多会使用 LinearLayout 来设置版面，不过如果版面过于复杂，需要大量使用嵌套式LinearLayout，那么不妨搭配RelativeLayout，可以减少以嵌套方式来设置版面。RelativeLayout 以相对位置来显示 UI 组件，也就是描述一个 UI 组件与其他附近组件的相对位置（例如 B 按钮在 A 按钮的上面）。为了能够比较精准地确定一个组件位置，最好提供该组件与其他 2 个以上组件间的相对关系。可以在 layout 文件内使用 <RelativeLayout> 来创建 RelativeLayout。与 RelativeLayout 有关的 XML 属性都定义在 RelativeLayout.LayoutParams 内部类[4]。

---

[1] 使用绝对位置概念的 AbsoluteLayout 已经被列为 deprecated（准备废弃，不建议再使用），参看 http://developer.android.com/reference/android/widget/AbsoluteLayout.html。

[2] http://developer.android.com/reference/android/widget/LinearLayout.LayoutParams.html.

[3] http://developer.android.com/reference/android/widget/FrameLayout.LayoutParams.html.

[4] http://developer.android.com/reference/android/widget/RelativeLayout.LayoutParams.html.

范例 LayoutDemo

范例说明：

- 创建 LinearLayout，并在其中创建 1 个 FrameLayout、1 个 LinearLayout 与 1 个 Button。
- 单击图片会让图片消失。
- 按下 RESET 按钮会恢复照片，如图 4-5 所示。

图 4-5　范例 LayDemo 的屏幕显示

LayoutDemo > res > layout > main_activity.xml

```
<LinearLayout xmlns:android="http://schemas.android.com/apk/res/android"
   xmlns:tools="http://schemas.android.com/tools"
   android:layout_width="match_parent"
   android:layout_height="match_parent"
此 LinearLayout 采取垂直走向，换句话说，子组件会从上到下排列，不设置则默认为水平排列
   android:orientation="vertical"
   android:paddingLeft="@dimen/activity_horizontal_margin"
   android:paddingRight="@dimen/activity_horizontal_margin"
   android:paddingTop="@dimen/activity_vertical_margin"
   android:paddingBottom="@dimen/activity_vertical_margin"
   tools:context=".MainActivity">

FrameLayout 内的多个子组件会采用堆栈方式(stack)层叠在一起，后加入的子组件显示在上面，先加入的反而会被后面加入的遮住；所以先后放置猫、鼠、狗的图片，显示顺序则为反向的狗、鼠、猫
      <FrameLayout
         android:layout_width="match_parent"
         android:layout_height="wrap_content"
         android:padding="12dp"
         android:background="#DDFFDD">
```

下列 3 个 ImageView 被单击时都会调用 onImageG1Click()。图片都来自于 res/drawable 目录

```
<ImageView
    android:layout_width="wrap_content"
    android:layout_height="wrap_content"
    android:onClick="onImageG1Click"
    android:src="@drawable/cat" />

<ImageView
    android:layout_width="wrap_content"
    android:layout_height="wrap_content"
    android:onClick="onImageG1Click"
    android:src="@drawable/mouse" />

<ImageView
    android:layout_width="wrap_content"
    android:layout_height="wrap_content"
    android:onClick="onImageG1Click"
    android:src="@drawable/dog" />

</FrameLayout>

<LinearLayout
    android:layout_width="match_parent"
    android:layout_height="wrap_content"
    android:padding="12dp"
    android:background="#DDDDFF"
```

此 LinearLayout 采取水平走向，换句话说，子组件会从左到右排列

```
    android:orientation="horizontal">
```

下列 3 个 ImageView 被单击时都会调用 onImageG2Click()

```
<ImageView
    android:layout_width="wrap_content"
    android:layout_height="wrap_content"
    android:onClick="onImageG2Click"
    android:src="@drawable/cat" />

<ImageView
    android:layout_width="wrap_content"
    android:layout_height="wrap_content"
    android:onClick="onImageG2Click"
    android:src="@drawable/mouse" />

<ImageView
    android:layout_width="wrap_content"
    android:layout_height="wrap_content"
    android:onClick="onImageG2Click"
```

```
        android:src="@drawable/dog" />
    </LinearLayout>
```

按钮会居中对齐，被单击时会调用 onResetClick()

```
    <Button
        android:layout_width="match_parent"
        android:layout_height="wrap_content"
        android:layout_marginTop="12dp"
        android:text="@string/text_btReset"
        android:id="@+id/btReset"
        android:layout_gravity="center_horizontal"
        android:onClick="onResetClick" />

</LinearLayout>
```

LayoutDemo > java > MainActivity.java

```
public class MainActivity extends ActionBarActivity {
    List<View> views;

    @Override
    protected void onCreate(Bundle savedInstanceState) {
        super.onCreate(savedInstanceState);
        setContentView(R.layout.main_activity);
        views = new ArrayList<>();
    }
```

被单击的 ImageView 会被当作参数传递给 view，调用 setVisibility()将其设置为隐藏(INVISIBLE)，但是仍然会占空间。将隐藏的 view 加入 views 内便于之后按下 Reset 按钮后还原成可见的状态(VISIBLE)

```
    public void onImageG1Click(View view) {
        view.setVisibility(View.INVISIBLE);
        views.add(view);
    }
```

将 view 设置为 GONE 会消失，而且不占空间

```
    public void onImageG2Click(View view) {
        view.setVisibility(View.GONE);
        views.add(view);
    }
```

将加入 views 内的 ImageView 还原成可见的状态(VISIBLE)

```
    public void onResetClick(View view) {
        if (views != null && views.size() > 0) {
            for (View v : views) {
                v.setVisibility(View.VISIBLE);
            }
        }
```

```
    }
}
```

4-3-2　ScrollView 与 HorizontalScrollView

ScrollView/HorizontalScrollView 都属于 FrameLayout，所以它们也都是 layout 组件。当显示的范围超过移动设备实际屏幕的大小时，会加上 ScrollView/HorizontalScrollView 让用户可以以滚动方式浏览。ScrollView 支持垂直滚动，而 HorizontalScrollView 则支持水平滚动。

范例 ScrollViewDemo

范例说明：

- 在 ScrollView 内创建垂直走向的 LinearLayout。
- 按下 Add TextView 按钮会动态产生文本框，如图 4-6 所示。
- TextView 数量超过可显示范围时可以滚动画面。

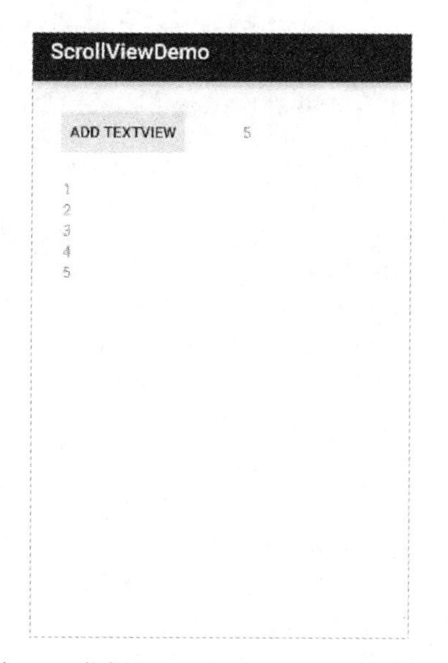

图 4-6　范例 ScrollViewDemo 的屏幕显示

ScrollViewDemo > res > layout > main_activity.xml

```
<LinearLayout xmlns:android="http://schemas.android.com/apk/res/android"
   xmlns:tools="http://schemas.android.com/tools"
   android:layout_width="match_parent"
   android:layout_height="match_parent"
   android:orientation="vertical"
   android:paddingLeft="@dimen/activity_horizontal_margin"
   android:paddingRight="@dimen/activity_horizontal_margin"
   android:paddingTop="@dimen/activity_vertical_margin"
   android:paddingBottom="@dimen/activity_vertical_margin"
   tools:context=".MainActivity">

   <LinearLayout
      android:layout_width="match_parent"
      android:layout_height="wrap_content"
      android:orientation="horizontal"
      android:padding="6dp">
```

```
单击 Add TextView 按钮时会调用 onAddClick()
      <Button
         android:id="@+id/btAdd"
         android:layout_width="wrap_content"
         android:layout_height="wrap_content"
         android:onClick="onAddClick"
         android:text="@string/text_btAdd" />

      <TextView
         android:id="@+id/tvCount"
         android:layout_width="wrap_content"
         android:layout_height="wrap_content"
         android:layout_marginLeft="50dp" />
   </LinearLayout>

   LinearLayout 内会增加许多 TextView 子组件，可能会超过屏幕可显示的范围，所以在外部加上 ScrollView 便于用户垂直滚动来浏览内容
   <ScrollView
      android:id="@+id/scrollView"
      android:layout_width="match_parent"
      android:layout_height="wrap_content"
      android:padding="6dp">

      <LinearLayout
         android:id="@+id/linearLayout"
         android:layout_width="match_parent"
         android:layout_height="wrap_content"
         android:padding="6dp"
         android:orientation="vertical" />

   </ScrollView>
</LinearLayout>
```

ScrollViewDemo > java > MainActivity.java

```
public class MainActivity extends ActionBarActivity {
   private TextView tvCount;
   private ScrollView scrollView;
   private LinearLayout linearLayout;
   private int count = 0;

   @Override
   protected void onCreate(Bundle savedInstanceState) {
      super.onCreate(savedInstanceState);
      setContentView(R.layout.main_activity);
      findViews();
```

```
一开始计数器显示 0
        tvCount.setText(String.valueOf(count));
    }

    private void findViews() {
        tvCount = (TextView) findViewById(R.id.tvCount);
        scrollView = (ScrollView) findViewById(R.id.scrollView);
        linearLayout = (LinearLayout) findViewById(R.id.linearLayout);
    }
单击 Add TextView 按钮时会调用此方法，将计数器+1
    public void onAddClick(View view) {
        count++;
        tvCount.setText(String.valueOf(count));

调用 TextView()构造函数（costructor）并传入 Context 对象[1]以动态方式创建 TextView，调用 setText()将
计数器的值传入并显示。最后 linearLayout 调用 addView()加入新增的 TextView
        TextView textView = new TextView(this);
        textView.setText(String.valueOf(count));
        linearLayout.addView(textView);

自动将 ScrollView 滚动到最下面以显示最后新增的 TextView
        scrollView.post(new Runnable() {
            @Override
            public void run() {
                scrollView.fullScroll(View.FOCUS_DOWN);
            }
        });


    }

}
```

4-4　style 与 theme

style（样式）就是把与 UI 外观有关系的样式属性从 layout 文件中独立出来并放在一个<style>标签内，以便于各个 UI 组件套用；这些样式属性包含：宽（width）、高（height）、字体颜色（font color）、字体大小（font size）、背景颜色（background color）等。换句话说，就是将各个 UI 组件的样式属性群组化为一个 style，需要使用到这个 style 时可以直接套用以达到重复利用目的。这种概念非常类似网页设计的层叠样式表单（CSS，Cascading Style Sheets）功能。这些 style 设置会放在一个 XML 文件内并存放在“res/values”目录内。

---

[1] this 是当前对象，在此范例中就是 MainActivity 对象。MainActivity 是 Activity 子类；Activity 是 Context 子类，所以 MainActivity 对象就是 Context 对象。

style 通常只存储着一种组件的样式，例如按钮；而 theme（主题）则存储着各种组件的样式，例如按钮、文本框、下拉菜单……所以将应用程序套用到不同的 theme，则所有的 UI 组件样式就可能都不一样。

4-4-1　定义 style

假设在创建一个 TextView，样式设置如下：

```
<TextView
    android:layout_width="match_parent"
    android:layout_height="wrap_content"
    android:textSize="30sp"
    android:textColor="#00FFFF"
    android:background="#666622"
    android:text="@string/hello_world" />
```

可以把 UI 样式属性独立出来成为一个 style（例如 style01），内容如下：

```
<resources>
  <style name="style01">
    <item name="android:layout_width">match_parent</item>
    <item name="android:layout_height">wrap_content</item>
    <item name="android:textSize">30sp</item>
    <item name="android:textColor">#00FFFF</item>
    <item name="android:background">#666622</item>
  </style>
</resources>
```

- 样式设置内容必须放在 <resources> 标签内。
- <style> 标签使用目的在于给予同一群组的样式设置一个 ID，便于之后取用。
- <item> 标签用来指定原来样式属性的名称并设置对应的值。

这样一来，就可以将原来 TextView 内容精简为下面的内容：

```
<TextView
    style="@style/style01"
    android:text="@string/text" />
```

4-4-2　继承 style

style 也提供继承（inheritance）的功能。<style>标签只要搭配 parent 属性即可继承指定的父 style；而子 style 可以添加自己的样式属性或改写（override）原来在父 style 样式属性的值。

一个已经定义好的 style01 内容如下：

```
<style name="style01">
  <item name="android:layout_width">match_parent</item>
  <item name="android:layout_height">wrap_content</item>
```

```
    <item name="android:textSize">30sp</item>
    <item name="android:textColor">#00FFFF</item>
    <item name="android:background">#666622</item>
</style>
```

创建 style02 并利用 parent 属性继承上述 style，也可以添加自己的样式属性，或改写原来 style01 的设置值。

```
<style name="style02" parent="@style/style01">
  <item name="android:textColor">#FFFF00</item>
  <item name="android:background">#666666</item>
  <item name="android:layout_marginTop">5dp</item>
</style>
```

- style02 利用 parent 属性继承 style01 的样式设置。
- style02 改变了 style01 的 android:textColor 和 android:background 设置值。
- style02 新增了 android:layout_marginTop 样式属性；而 style01 没有设置该属性。

样式设置成 style02 代表优先套用 style02 的样式设置，没有设置的部分才会去找父 style（style01）的设置，如果父 style 也没有设置就会套用默认样式：

```
<TextView
    style="@style/style02"
    android:text="@string/text" />
```

4-4-3　套用 theme

如前所述，要定义一个完整的 theme 相当复杂，必须考虑到各个 UI 组件的样式设置，所以一般都是套用 Android 系统默认的 theme[1]。创建项目时，默认套用的 AppTheme 会按照设备的 Android 版本，自动套用各版本默认的 theme。要将 Activity 或应用程序套用到指定的 theme，必须在 manifest 文件内的 <activity> 或 <application>标签加以设置。

Activity 套用指定的 theme

一个应用程序可能有多个 Activity 页面，想要套用 theme 的 Activity，就必须在 manifest 文件内的<Activity>标签加入 android:theme 属性并指定要使用的 theme，如下所示：

```
<activity android:name=".MainActivity"
    android:label="@string/app_name"
    android:theme="@android:style/Theme.Holo.Light">
    <intent-filter>
        <action android:name="android.intent.action.MAIN" />
        <category android:name="android.intent.category.LAUNCHER" />
    </intent-filter>
</activity>
```

1　Android 2.X 版本默认 theme 的名称就是 Theme；Android 3.X 默认的 theme 则是 Theme.Holo。

android.R.style 类[1]定义了许多关于 theme 的常数，例如：Theme_Holo_Light。如果要套用这些 Android 系统内置的 theme，开头都会有"android:"；而且 Theme_Holo_Light 必须改为 Theme.Holo.Light。

应用程序套用指定的 theme

若应用程序套用到指定的 theme，该应用程序中的所有 Activity 都会直接套用到该 theme；套用方式与 Activity 相同，只不过在<application>标签内加入 android:theme 属性。

```
<application
    android:allowBackup="true"
    android:icon="@drawable/ic_launcher"
    android:label="@string/app_name"
    android:theme="@android:style/Theme.Holo.Light" >
    <activity
        android:name=".MainActivity"
        android:label="@string/app_name" >
        <intent-filter>
            <action android:name="android.intent.action.MAIN" />
            <category android:name="android.intent.category.LAUNCHER" />
        </intent-filter>
    </activity>
</application>
```

4-4-4 继承 theme

如上所述继承 style 的概念也可应用于继承 theme。<style>标签只要搭配 parent 属性即可继承指定的 theme。

```
<resources>
  <style name="MyTheme"  parent="@android:style/Theme.Holo.Light">
    <item name="android:background">#666622</item>
  </style>
</resources>
```

若想套用自定义的 theme，必须修改 manifest 文件内 android:theme 的设置。

```
<application
    android:allowBackup="true"
    android:icon="@drawable/ic_launcher"
    android:label="@string/app_name"
    android:theme="@style/MyTheme  " >
    <activity
        android:name=".MainActivity"
        android:label="@string/app_name" >
        <intent-filter>
```

1 http://developer.android.com/reference/android/R.style.html.

```
            <action android:name="android.intent.action.MAIN" />
            <category android:name="android.intent.category.LAUNCHER" />
        </intent-filter>
    </activity>
</application>
```

范例 ThemeStyleDemo

该范例效果如图 4-7 所示。

图 4-7　范例 ThemeStyleDemo 的屏幕显示

范例说明：

- 套用 style 文件。
- 设置应用程序的 theme。

ThemeStyleDemo > manifests > AndroidManifest.xml

```
<manifest xmlns:android="http://schemas.android.com/apk/res/android"
    package="idv.ron.themestyledemo" >

    <application
        android:allowBackup="true"
        android:icon="@drawable/ic_launcher"
        android:label="@string/app_name"
theme 设置成 Android 内置的 Theme.Holo.Light
        android:theme="@android:style/Theme.Holo.Light" >
        <activity
            android:name=".MainActivity"
            android:label="@string/app_name" >
            <intent-filter>
```

```
                <action android:name="android.intent.action.MAIN" />
                <category android:name="android.intent.category.LAUNCHER" />
            </intent-filter>
        </activity>
    </application>

</manifest>
```

ThemeStyleDemo > res > layout > main_activity.xml

```
<RelativeLayout xmlns:android="http://schemas.android.com/apk/res/android"
    xmlns:tools="http://schemas.android.com/tools"
    android:layout_width="match_parent"
    android:layout_height="match_parent"
    android:paddingLeft="@dimen/activity_horizontal_margin"
    android:paddingRight="@dimen/activity_horizontal_margin"
    android:paddingTop="@dimen/activity_vertical_margin"
    android:paddingBottom="@dimen/activity_vertical_margin"
    tools:context=".MainActivity">

套用 style01 的样式设置
    <TextView
        style="@style/style01"
        android:text="@string/hello_world"
        android:id="@+id/textView" />

套用 style02 的样式设置
    <TextView
        style="@style/style02"
        android:text="@string/hello_world"
        android:layout_below="@+id/textView"
        android:layout_centerHorizontal="true" />

</RelativeLayout>
```

4-5 触控与手势

4-5-1 触击事件处理

触控屏幕让用户与移动设备之间的互动更加丰富，也提供了更具亲和力的操作方式。要达到这个目的，最重要的就是监听触击（touch）事件[1]并获取用户触击点的数量、坐标与状态等信息。

---

1 触击事件（touch event）是当用户一旦触碰到 UI 组件就会发生；单击事件（on click event）是用户不仅要触碰并按下 UI 组件，还必须释放（release）才会发生。

范例 TouchDemo

该范例的效果如图 4-8 所示。

图 4-8　范例 TouchDemo 的屏幕显示

范例说明：

用户触击屏幕后会显示触击状态、触击点总数与触击点的坐标。

TouchDemo > res > layout > main_activity.xml

```
此 RelativeLayout 将会注册触击监听器，所以必须给予 ID
<RelativeLayout xmlns:android="http://schemas.android.com/apk/res/android"
    xmlns:tools="http://schemas.android.com/tools"
    android:layout_width="match_parent"
    android:layout_height="match_parent"
    android:paddingLeft="@dimen/activity_horizontal_margin"
    android:paddingRight="@dimen/activity_horizontal_margin"
    android:paddingTop="@dimen/activity_vertical_margin"
    android:paddingBottom="@dimen/activity_vertical_margin"
    tools:context=".MainActivity"
    android:id="@+id/relativeLayout">

会将触击信息显示在 TextView 上
    <TextView android:id="@+id/tvMessage"
        android:layout_width="match_parent"
        android:layout_height="wrap_content"
        android:layout_margin="5dp"
        android:textSize="18sp"
        android:text="@string/tvMessage" />
</RelativeLayout>
```

TouchDemo > java > MainActivity.java

```
public class MainActivity extends ActionBarActivity {
    private TextView tvMessage;

    @Override
    protected void onCreate(Bundle savedInstanceState) {
        super.onCreate(savedInstanceState);
        setContentView(R.layout.main_activity);
        findViews();
    }

    private void findViews() {
        tvMessage = (TextView) findViewById(R.id.tvMessage);
        RelativeLayout relativeLayout = (RelativeLayout) findViewById(R.id.
relativeLayout);
```

RelativeLayout 注册 OnTouchListener 监听器，用户一旦触击该组件，系统会自动调用 onTouch()

```
        relativeLayout.setOnTouchListener(new View.OnTouchListener() {
            @Override
            public boolean onTouch(View v, MotionEvent event) {
                StringBuilder sb = new StringBuilder();
```

调用没带参数的 getX()、getY()会获取第一个触击点的坐标

```
                sb.append(String.format("first pointer: (%.1f,%.1f), ",
                        event.getX(), event.getY()));
                sb.append("touch state: ");
```

调用 getAction()可以获取用户触击方式：

- ACTION_DOWN 代表刚触碰到组件；
- ACTION_MOVE 代表不仅触碰还持续滑动，也就是持续改变触击点位置；
- ACTION_UP 代表触击结束。

```
                switch (event.getAction()) {
                    case MotionEvent.ACTION_DOWN:
                        sb.append("ACTION_DOWN\n");
                        break;
                    case MotionEvent.ACTION_MOVE:
                        sb.append("ACTION_MOVE\n");
                        break;
                    case MotionEvent.ACTION_UP:
                        sb.append("ACTION_UP\n");
                        break;
                    default:
                        sb.append("\n");
                        break;
                }
```

调用 getPointerCount()获取触击点总数

```
                int pointerCount = event.getPointerCount();
```

```
                sb.append(String.format("pointer count: %d %n", pointerCount));
    触击点可能有多个，使用循环搭配索引将各点的 ID、坐标一一获取。一般而言，索引值越小代表存储的是越
早触击的点，例如:索引 i 的值为 0 代表第一个触击点
                for (int i = 0; i < pointerCount; i++) {
                    sb.append(String.format("pointer %d: (%.1f,%.1f) %n",
                            event.getPointerId(i), event.getX(i), event.getY(i)));
                }
                tvMessage.setText(sb);
                return true;
            }
        });
    }
}
```

4-5-2　手势

有了触控屏幕，用户可以使用许多不同触击方式来下达命令，这些方式统称为手势（gesture）[1]，常见的手势有：轻拍（tap）、拖动（drag）、滑过（swipe）等手势，也可以使用自定义手势。在 Android 应用程序开发上，开发者可以采用创建手势数据库（gestures library）的方式来自定义手势。

手势数据库的创建

在仿真器上有一个名为 Gestures Builder 的应用程序，开发者可以使用该应用程序预先创建各种需要的手势，之后会产生手势数据库文件，然后将该文件复制到指定的应用程序中，便于对比用户的手势是否符合手势数据库内的手势，如果符合就再进行下一步的操作。手势数据库创建步骤如下：

图 4-9　启动 Gestures Builder

步骤01 如前所述，仿真器上有一个名为 Gestures Builder 的应用程序[2]，如图 4-9 所示，单击该图标后启动。

步骤02 开始执行 Gestures Builder 应用程序，尚无创建任何手势，现在按下 Add gesture 按钮准备创建第一个手势，如图 4-10 所示。

1　Android 1.6 版开始支持手势。

2　手机要执行这个应用程序必须自行去 Play 商店下载，只要搜索 Gestures Builder 即可找到该应用程序。

步骤03 创建手势时必须为该手势命名，并画出该手势，如图 4-11 所示。完毕后按下 Done 按钮就会完成该手势的创建，并生成手势数据库文件（文件名为 gestures）。

图 4-10　准备创建第一个手势

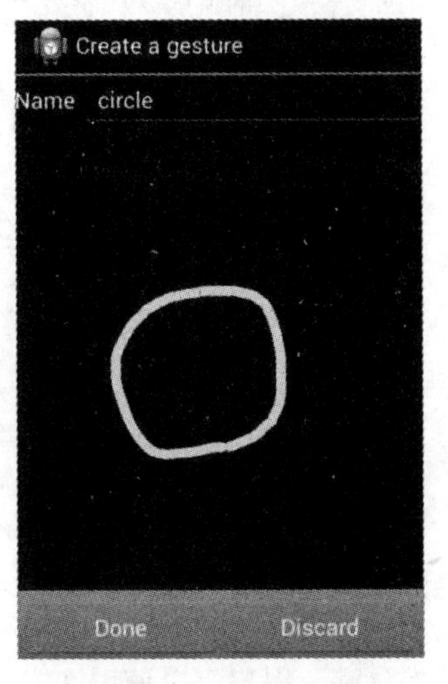

图 4-11　创建手势

步骤04 单击 Android Studio 主菜单 Tools → Android → Android Device Monitor，以启动 DDMS 将手势数据库文件找出来，如图 4-12 所示。之后只要将该文件复制到指定应用程序的 res/raw 目录内即可，就可以用来对比用户的手势是否符合要求，如图 4-13 所示。

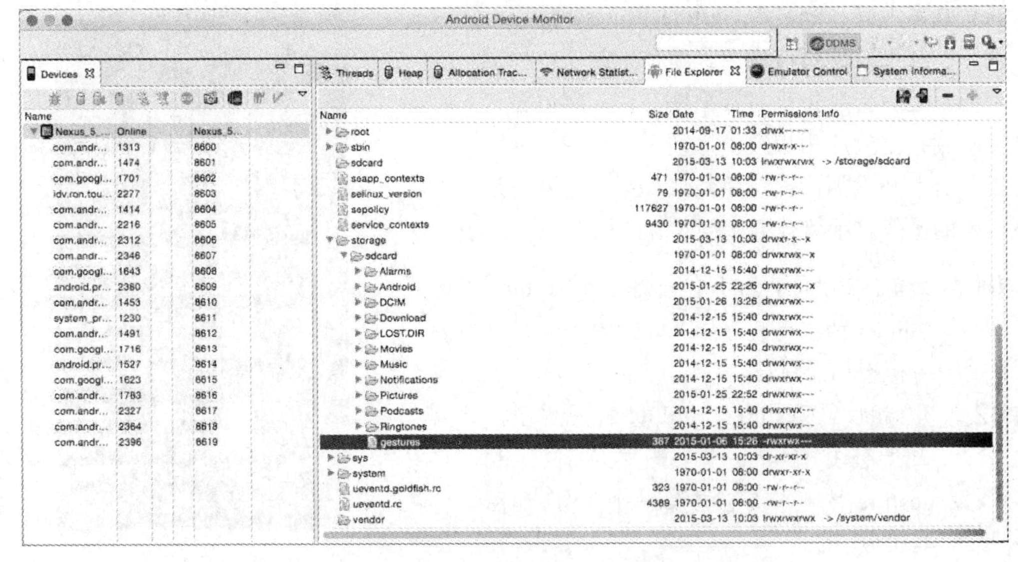

图 4-12　启动 DDMS 将手势数据库文件找出来

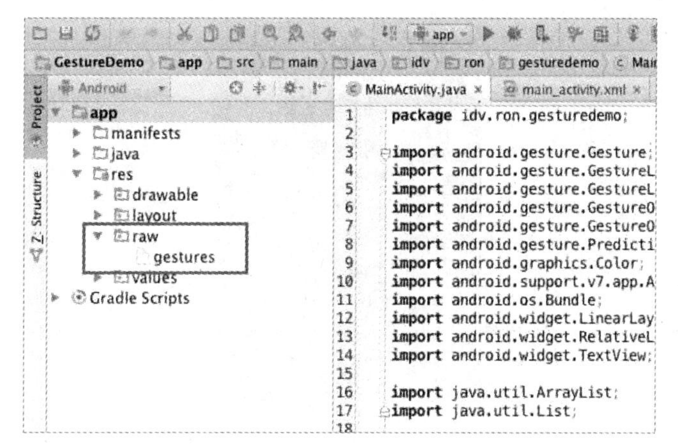

图 4-13　把创建好的手势文件复制到指定应用程序的 res/raw 目录内

范例的效果如图 4-14 所示。

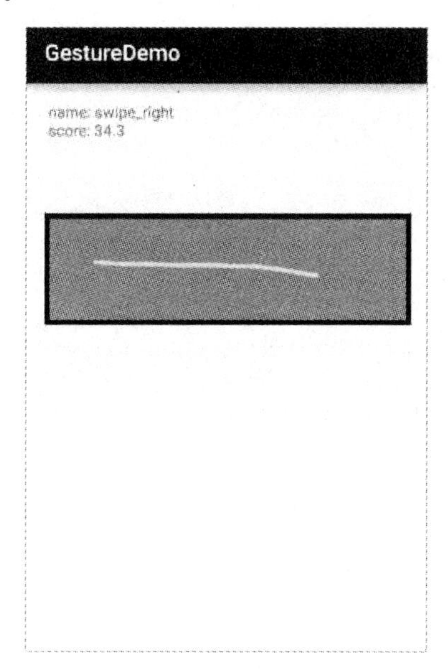

图 4-14　范例 GestureDemo 的屏幕显示

范例说明：

- 用户的手势会与手势数据库内的手势进行对比，如果符合则会显示该手势的名称以及正确程度（以分数表示）。
- 用户左滑或右滑手势会改变内框的背景色；打勾或画圈会改变外框的背景色。
- 范例创建步骤如下：

步骤01 使用 Gestures Builder 应用程序创建手势数据库，如图 4-15 所示。

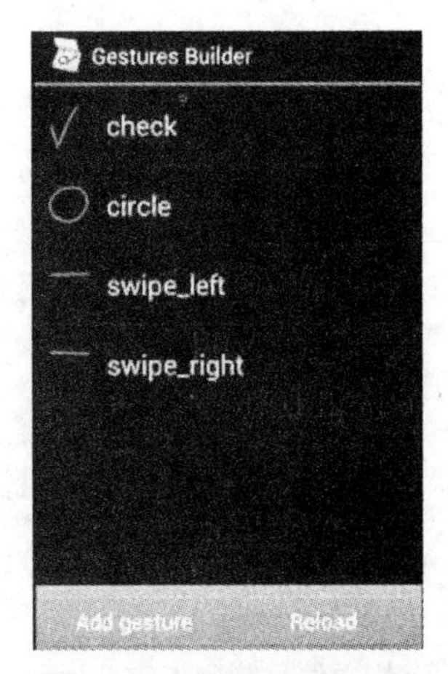

图 4-15 使用 Gestures Builder 创建手势数据库

步骤02 将手势数据库文件 gestures 复制到本范例项目的 res/raw 目录内。

步骤03 在 layout 文件内添加 GestureOverlayView 组件以检测用户是否画出手势，因为该组件不属于 android.widget 套件，所以必须使用完整的 package 名称。

GestureDemo > res > layout > main_activity.xml

```
<RelativeLayout xmlns:android="http://schemas.android.com/apk/res/android"
   xmlns:tools="http://schemas.android.com/tools"
   android:id="@+id/relativeLayout"
   android:layout_width="match_parent"
   android:layout_height="match_parent"
   android:paddingLeft="@dimen/activity_horizontal_margin"
   android:paddingRight="@dimen/activity_horizontal_margin"
   android:paddingTop="@dimen/activity_vertical_margin"
   android:paddingBottom="@dimen/activity_vertical_margin"
   tools:context=".MainActivity">

   <TextView
      android:id="@+id/tvMessage"
      android:layout_width="match_parent"
      android:layout_height="50dp"
      android:text="@string/text_tvMessage" />

   <LinearLayout
      android:layout_width="match_parent"
      android:layout_height="100dp"
      android:background="#000000"
      android:layout_below="@+id/tvMessage"
      android:layout_centerHorizontal="true"
      android:layout_marginTop="50dp">

      <LinearLayout
         android:id="@+id/linearLayout"
```

```
        android:layout_width="match_parent"
        android:layout_height="match_parent"
        android:background="#FFFFFF"
        android:layout_margin="5dp">
```

GestureOverlayView 组件用来检测用户是否画出手势。因为不属于 android.widget 套件，所以必须使用完整的 package 名称 android.gesture。

orientation 为 vertical（默认值）代表不把垂直手势视为手势，以避免与其他组件的手势发生混淆，例如 ScrollView。

```
        <android.gesture.GestureOverlayView
            android:id="@+id/govColor"
            android:layout_width="match_parent"
            android:layout_height="match_parent"
            android:orientation="vertical" />
    </LinearLayout>
  </LinearLayout>

</RelativeLayout>
```

步骤04 Activity 内加入加载手势数据库与注册监听器的程序代码。

GestureDemo > java > MainActivity.java

```
public class MainActivity extends ActionBarActivity {
    private List<Integer> colorList;
    private int index;
    private RelativeLayout relativeLayout;
    private TextView tvMessage;
    private LinearLayout linearLayout;
    private GestureLibrary gestureLibrary;

    @Override
    public void onCreate(Bundle savedInstanceState) {
        super.onCreate(savedInstanceState);
        setContentView(R.layout.main_activity);
创建要更换的背景颜色
        initColorList();
通过资源 ID 来指定要加载的手势数据库
        gestureLibrary = GestureLibraries.fromRawResource(this, R.raw.gestures);
开始加载手势数据库，成功加载后会返回 true，否则返回 false
        if (!gestureLibrary.load()) {
            finish();
        }
        findViews();
    }

List 中存储着要更换的背景颜色
    private void initColorList() {
```

```
        colorList = new ArrayList<>();
        colorList.add(Color.RED);
        colorList.add(Color.GRAY);
        colorList.add(Color.GREEN);
        colorList.add(Color.BLUE);
        colorList.add(Color.CYAN);
    }

    private void findViews() {
        relativeLayout = (RelativeLayout) findViewById(R.id.relativeLayout);
        tvMessage = (TextView) findViewById(R.id.tvMessage);
        linearLayout = (LinearLayout) findViewById(R.id.linearLayout);
```

调用 findViewById()方法获取定义在 layout 文件的 GestureOverlayView 组件

```
        GestureOverlayView govColor = (GestureOverlayView) findViewById(R.id.govColor);
```

先将内框的背景色设置为 List 内 index 所代表的颜色

```
        linearLayout.setBackgroundColor(colorList.get(index));
```

GestureOverlayView 注册 OnGesturePerformedListener，当用户画出手势时会自动调用 onGesturePerformed()并将手势 gesture 传入

```
        govColor.addOnGesturePerformedListener(new OnGesturePerformedListener() {
            @Override
            public void onGesturePerformed(GestureOverlayView overlay, Gesture gesture) {
```

对比结果可能符合数据库内多个手势，会按照分数高至低顺序保存在 List 内，分数越高代表相似度越高

```
                ArrayList<Prediction> predictions = gestureLibrary.recognize(gesture);
                if (predictions == null || predictions.size() <= 0) {
                    tvMessage.setText("cannot recognize your gesture; make a gesture 
again");
                    return;
                }
```

第一个（索引为 0）是相似度最高的手势，获取手势名称与分数

```
                String gestureName = predictions.get(0).name;
                double gestureScore = predictions.get(0).score;
                String text = String.format(" name: %s %n score: %.1f", gestureName, 
gestureScore);
                tvMessage.setText(text);
```

左右滑的手势没有转折点，较易得高分，所以要求分数较高（30 分）以避免随便滑都会被接受

```
                switch (gestureName) {
```

向左滑会将索引值+1，以获取下一个颜色。当索引值超过界线时将其设置为 0，变回第一个颜色

```
                    case "swipe_left":
                        if (gestureScore >= 30) {
                            index++;
                            if (index >= colorList.size()) {
                                index = 0;
                            }
                            linearLayout.setBackgroundColor(colorList.get(index));
                        }
                        break;
```

```
向右滑会将索引值-1，以获取上一个颜色。当索引值为负时，变回最后一个颜色
                    case "swipe_right":
                        if (gestureScore >= 30) {
                            index--;
                            if (index < 0) {
                                index = colorList.size() - 1;
                            }
                            linearLayout.setBackgroundColor(colorList.get(index));
                        }
                        break;
打勾与画圈转折较多不容易得高分，所以要求分数较低（3 分）
打勾手势会将外框背景色换成深灰色；画圈手势则会将外框背景色换成白色
                    case "check":
                        if (gestureScore >= 3) {
                            relativeLayout.setBackgroundColor(Color.DKGRAY);
                        }
                        break;
                    case "circle":
                        if (gestureScore >= 3) {
                            relativeLayout.setBackgroundColor(Color.WHITE);
                        }
                        break;
                }
            }
        });
    }
}
```

4-6　常用 UI 组件

4-6-1　WebView

想要让用户在 Android 手机上浏览网页，可以使用 WebView。WebView 也与其他 UI 组件一样可以配置在 layout 文件内。

范例 WebViewDemo

范例说明：

- 开始加载 http://www.google.com 页面。
- 按下设备上的返回键则会返回到上一个网页，如图 4-16 所示。

图 4-16　范例 WebViewDemo 的屏幕显示

WebViewDemo > manifests > AndroidManifest.xml

```
<manifest xmlns:android="http://schemas.android.com/apk/res/android"
    package="idv.ron.webviewdemo">
```

浏览网页会用到 Internet，所以必须在 manifest 文件内加入 INTERNET 的 uses-permission[1]

```
    <uses-permission android:name="android.permission.INTERNET" />

    <application
        android:allowBackup="true"
        android:icon="@drawable/ic_launcher"
        android:label="@string/app_name"
        android:theme="@style/AppTheme">
        <activity
            android:name=".MainActivity"
            android:label="@string/app_name">
            <intent-filter>
                <action android:name="android.intent.action.MAIN" />
                <category android:name="android.intent.category.LAUNCHER" />
            </intent-filter>
        </activity>
    </application>
```

---

1 如果应用程序使用到的功能会影响到用户权益，开发者必须将该功能以 uses-permission 方式加入到 manifest 文件内，以保障用户权益，否则该功能无法使用。例如 WebView 会用到 Internet 功能，可能会衍生额外的上网费用，就必须加上 Internet 的 uses-permission；当用户安装应用程序时就会显示该应用程序会使用到 Internet，用户可以决定是否要继续安装。如果应用程序安装完毕后想查看有哪些 uses-permission 设置，Android 设备的设置 → 应用程序 → 单击该应用程序 → 权限（在最下面）。

```
</manifest>
```

WebViewDemo > res > layout > main_activity.xml

```
<RelativeLayout xmlns:android="http://schemas.android.com/apk/res/android"
    xmlns:tools="http://schemas.android.com/tools"
    android:layout_width="match_parent"
    android:layout_height="match_parent"
    android:paddingLeft="@dimen/activity_horizontal_margin"
    android:paddingRight="@dimen/activity_horizontal_margin"
    android:paddingTop="@dimen/activity_vertical_margin"
    android:paddingBottom="@dimen/activity_vertical_margin"
    tools:context=".MainActivity">
```

创建 WebView 组件

```
    <WebView
        android:id="@+id/webView"
        android:layout_width="match_parent"
        android:layout_height="match_parent" />

</RelativeLayout>
```

WebViewDemo > java > MainActivity.java

```
public class MainActivity extends ActionBarActivity {
    private WebView webView;

    @Override
    protected void onCreate(Bundle savedInstanceState) {
        super.onCreate(savedInstanceState);
        setContentView(R.layout.main_activity);
```

获取定义在 layout 文件的 WebView 组件

```
        webView = (WebView) findViewById(R.id.webView);
```

让 JavaScript 语句可以在 WebView 上运行

```
        webView.getSettings().setJavaScriptEnabled(true);
```

WebView 开始要加载的网页来源

```
        webView.loadUrl("http://www.google.com");
```

用户单击 WebView 上任何链接都会自动启动 Android 内置的浏览器来显示内容，而不是显示在原先的 WebView 上。如果开发者想要使用自行设计的 WebView 来处理 URL 请求，必须自定义类继承 WebViewClient 类并改写（override）shouldOverrideUrlLoading()

```
        webView.setWebViewClient(new WebViewClient() {
            @Override
            public boolean shouldOverrideUrlLoading(WebView view, String url) {
                view.loadUrl(url);
                return true;
            }
        });
    }
```

```
    @Override
    按返回键会返回前一个 Android 页面（Activity），可以改写 onKeyDown()，先判断是否按下了返回键
(KEYCODE_BACK）以及是否可以回到上一个网页（canGoBack()）来决定是否返回前一个网页（goBack()）。
返回 true 代表事件到此为止，不会再向后延续
    public boolean onKeyDown(int keyCode, KeyEvent event) {
        if (keyCode == KeyEvent.KEYCODE_BACK && webView.canGoBack()) {
            webView.goBack();
            return true;
        }
        return super.onKeyDown(keyCode, event);
    }
}
```

4-6-2 RatingBar

如图 4-17 所示，在 Play 商店每个应用软件都有评分，让用户可以了解哪一种应用程序评价较高，供用户参考。用户也可以加入评分行列，如果想设计这种让用户以单击几颗星的方式来对指定项目评分，可以利用 RatingBar。

图 4-17　在移动设备上浏览 Play 商店

当 RatingBar 评分状态改变时会触发事件，具体处理步骤如下：

步骤01 RatingBar 调用 setOnRatingBarChangeListener() 向 OnRatingBarChangeListener 注册：OnRatingBarChangeListener 专门监听 RatingBar 组件的评分状态。

步骤02 实现 OnRatingBarChangeListener 的 onRatingChanged(): 当 RatingBar 组件评分状态改变

时（增加或减少星星数），onRatingChanged() 会自动被调用并执行。

范例 RatingBarDemo

范例说明：

- 创建 RatingBar，让用户以单击几颗星的方式来评分。
- 会以 Toast 消息框显示选取的几颗星星，如图 4-18 所示。

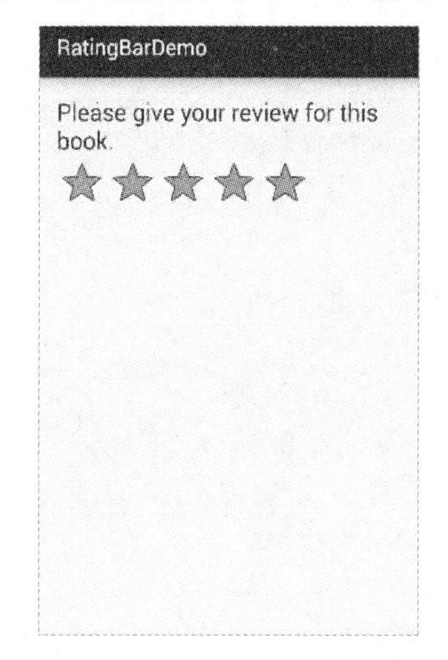

图 4-18　范例 RatingBarDemo 以 Toast 消息框显示选取的几颗星星

RatingBarDemo > res > layout > main_activity.xml

```
<RelativeLayout xmlns:android="http://schemas.android.com/apk/res/android"
    xmlns:tools="http://schemas.android.com/tools"
    android:layout_width="match_parent"
    android:layout_height="match_parent"
    android:paddingLeft="@dimen/activity_horizontal_margin"
    android:paddingRight="@dimen/activity_horizontal_margin"
    android:paddingTop="@dimen/activity_vertical_margin"
    android:paddingBottom="@dimen/activity_vertical_margin"
    tools:context=".MainActivity">

    <TextView
        android:layout_width="wrap_content"
        android:layout_height="wrap_content"
        android:textAppearance="?android:attr/textAppearanceLarge"
        android:text="@string/text_tvText"
        android:id="@+id/tvText"
        android:layout_alignParentTop="true"
        android:layout_alignParentLeft="true"
        android:layout_alignParentStart="true" />
```

```
创建 RatingBar 组件
    <RatingBar
        android:id="@+id/ratingBar"
        android:layout_width="wrap_content"
        android:layout_height="wrap_content"
设置用户可以选择的星星总数
        android:numStars="5"
用户可选择值的步长，stepSize="0.5"代表用户一次可以增加或减少 0.5，也就是半颗星
        android:stepSize="0.5"
        android:layout_below="@+id/tvText"
        android:layout_alignParentLeft="true"
        android:layout_alignParentStart="true" />

</RelativeLayout>
```

RatingBarDemo > java > MainActivity.java

```
public class MainActivity extends ActionBarActivity {

    @Override
    protected void onCreate(Bundle savedInstanceState) {
        super.onCreate(savedInstanceState);
        setContentView(R.layout.main_activity);
获取定义在 layout 文件的 RatingBar 组件
        RatingBar ratingBar = (RatingBar) findViewById(R.id.ratingBar);
RatingBar 注册 OnRatingBarChangeListener 监听器。当 RatingBar 评分状态改变时，会自动调用
onRatingChanged()，并以 Toast 消息框显示用户选取的值（rating）
        ratingBar.setOnRatingBarChangeListener(new
RatingBar.OnRatingBarChangeListener() {
            @Override
            public void onRatingChanged(RatingBar ratingBar, float rating, boolean
fromUser) {
                String text = rating + " star(s)";
                Toast.makeText(MainActivity.this, text, Toast.LENGTH_SHORT).show();
            }
        });
    }

}
```

4-6-3 SeekBar

SeekBar 组件其实就是一种滚动条式的选值组件，通过拖动方式达到选取数值大小的目的，适合用来调整屏幕明亮度、声音大小等。当 SeekBar 组件所代表的值改变时会触发事件，具体处理步骤如下：

步骤01 SeekBar 组件调用 setOnSeekBarChangeListener() 向 OnSeekBarChangeListener 注册：

OnSeekBarChangeListener 专门监听 SeekBar 组件所代表的值是否改变了。

步骤02 实现 OnSeekBarChangeListener 的 3 个方法：

- onProgressChanged()：当 SeekBar 组件所代表的值正在改变时（无论增加或减少），此方法会自动被调用并执行。
- onStopTrackingTouch()：当 SeekBar 组件所代表的值改变结束时，此方法会自动被调用并执行。
- onStartTrackingTouch()：当 SeekBar 组件一开始被触碰时，此方法会自动被调用并执行。

范例 SeekBarDemo

范例说明：

- 创建 SeekBar 组件，让用户以拖动方式来设置文字大小。
- 拖动停止时会以 Toast 消息框显示文字大小对应的值，如图 4-19 所示。

图 4-19　拖动停止时范例 SeekBarDemo 以 Toast 消息框显示文字大小对应的值

SeekBarDemo > res > layout > main_activity.xml

```
<LinearLayout xmlns:android="http://schemas.android.com/apk/res/android"
    xmlns:tools="http://schemas.android.com/tools"
    android:layout_width="match_parent"
    android:layout_height="match_parent"
    android:orientation="vertical"
    android:paddingLeft="@dimen/activity_horizontal_margin"
    android:paddingRight="@dimen/activity_horizontal_margin"
    android:paddingTop="@dimen/activity_vertical_margin"
    android:paddingBottom="@dimen/activity_vertical_margin"
    tools:context=".MainActivity">

创建 SeekBar 组件
    <SeekBar
```

```
        android:layout_width="match_parent"
        android:layout_height="wrap_content"
        android:id="@+id/sbSize"
```
设置 SeeBar 组件最大值为 50
```
        android:max="50"
```
设置 SeekBar 组件默认值为 16
```
        android:progress="16" />

    <TextView
        android:text="@string/text_tvText"
        android:layout_width="wrap_content"
        android:layout_height="wrap_content"
        android:padding="12dp"
        android:textSize="16sp"
        android:layout_gravity="center_horizontal"
        android:id="@+id/tvText" />

</LinearLayout>
```

SeekBarDemo > java > MainActivity.java

```
public class MainActivity extends ActionBarActivity {
    private TextView tvText;
    private SeekBar sbSize;

    @Override
    protected void onCreate(Bundle savedInstanceState) {
        super.onCreate(savedInstanceState);
        setContentView(R.layout.main_activity);
        findViews();
    }

    private void findViews() {
        tvText = (TextView) findViewById(R.id.tvText);
```
获取定义在 layout 文件的 SeekBar 组件
```
        sbSize = (SeekBar) findViewById(R.id.sbSize);
```
SeekBar 注册 OnSeekBarChangeListener 监听器，当用户手指在 SeekBar 组件上滑动时，会自动调用 onProgressChanged()，并利用选取的值（progress）改变 TextView 的字号
```
        sbSize.setOnSeekBarChangeListener(new SeekBar.OnSeekBarChangeListener() {
            @Override
            public void onProgressChanged(SeekBar seekBar, int progress, boolean
fromUser) {
                tvText.setTextSize(progress);
            }

            @Override
```
当用户手指触击 SeekBar 组件时，会自动调用 onStartTrackingTouch()，并以 Toast 消息框显示

```
SeekBar 的值
            public void onStartTrackingTouch(SeekBar seekBar) {
                Toast.makeText(MainActivity.this,  "start  size  =  "  +  seekBar.
getProgress(), Toast.LENGTH_SHORT).show();
            }

            @Override
    当用户手指离开 SeekBar 组件时，会自动调用 onStopTrackingTouch()，并以 Toast 消息框显示
SeekBar 的值
            public void onStopTrackingTouch(SeekBar seekBar) {
                Toast.makeText(MainActivity.this,  "stop  size  =  "  +  seekBar.
getProgress(), Toast.LENGTH_SHORT).show();
            }
        });
    }

}
```

4-6-4　CompoundButton

RadioButton、CheckBox、ToggleButton 与 Switch 都属于 CompoundButton，也就是 Button 类的子类。所以这 4 个组件可以说都是按钮，只不过是属于选项式按钮，可以按照用户是否选取来执行对应的结果。RadioButton 只能单选；CheckBox 可以复选；ToggleButton 与 Switch 都属于开关式按钮，打开代表选取，关闭代表取消选取。

范例 CompoundButtonDemo

范例说明：

当 RadioButton、CheckBox、ToggleButton 与 Switch 等不同选项按钮的选取状态改变时，会获取该单选按钮上面的文字，并显示在下方的文本框中，如图 4-20 所示。

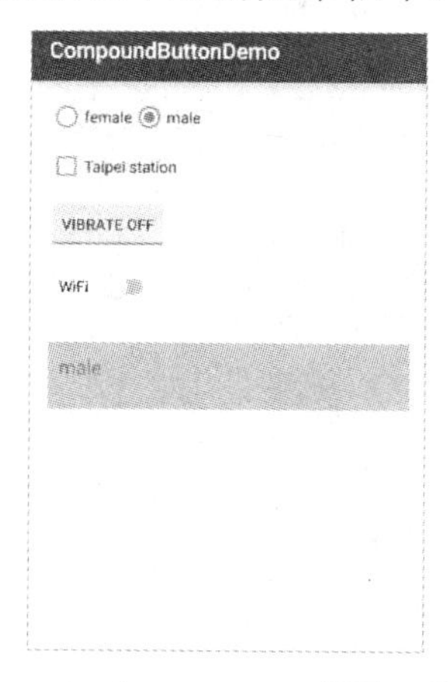

图 4-20　范例 CompoundButtonDemo 展示 4 种不同的选项按钮

CompoundButtonDemo > res > layout > main_activity.xml

```
<LinearLayout xmlns:android="http://schemas.android.com/apk/res/android"
    xmlns:tools="http://schemas.android.com/tools"
    android:layout_width="match_parent"
    android:layout_height="match_parent"
    android:orientation="vertical"
    android:paddingLeft="@dimen/activity_horizontal_margin"
    android:paddingRight="@dimen/activity_horizontal_margin"
    android:paddingTop="@dimen/activity_vertical_margin"
    android:paddingBottom="@dimen/activity_vertical_margin"
    tools:context=".MainActivity">
```

同一个群组的 RadioButton 组件必须放在同一对<RadioGroup></RadioGroup>标签内，这样同一时间只有一个 RadioButton 组件可以被选取，也就是单选的意思

```
    <RadioGroup
        android:id="@+id/rgGender"
        android:layout_width="match_parent"
        android:layout_height="wrap_content"
        android:orientation="horizontal">

        <RadioButton
            android:id="@+id/rbFemale"
            android:layout_width="wrap_content"
            android:layout_height="wrap_content"
            android:checked="true"
            android:text="@string/text_rbFemale" />

        <RadioButton
            android:id="@+id/rbMale"
            android:layout_width="wrap_content"
            android:layout_height="wrap_content"
            android:text="@string/text_rbMale" />
    </RadioGroup>
```

创建 CheckBox 组件

```
    <CheckBox
        android:id="@+id/cbPlace"
        android:layout_width="wrap_content"
        android:layout_height="wrap_content"
        android:layout_marginTop="12dp"
```

单击 CheckBox 时会调用 onPlaceClick()

```
        android:onClick="onPlaceClick"
        android:text="@string/text_place" />
```

创建 ToggleButton 组件

```
    <ToggleButton
```

```
        android:id="@+id/tbVibrate"
        android:layout_width="wrap_content"
        android:layout_height="wrap_content"
        android:layout_marginTop="12dp"
单击 ToggleButton 时会调用 onVibrateClick()
        android:onClick="onVibrateClick"
ToggleButton 关闭时所显示的文字
        android:textOff="@string/textOff_tbVibrateOff"
ToggleButton 打开时所显示的文字
        android:textOn="@string/textOn_tbVibrateOn" />

创建 Switch 组件
    <Switch
        android:id="@+id/swWifi"
        android:layout_width="wrap_content"
        android:layout_height="wrap_content"
        android:layout_marginTop="12dp"
        android:padding="10dp"
        android:switchMinWidth="12sp"
        android:switchPadding="12sp"
        android:text="@string/swWifi"
Switch 关闭时所显示的文字
        android:textOff="@string/textOff_swWifiOff"
Switch 打开时所显示的文字
        android:textOn="@string/textOn_swWifiOn" />

    <TextView
        android:id="@+id/tvMessage"
        android:layout_width="match_parent"
        android:layout_height="60dp"
        android:layout_marginTop="30dp"
        android:background="#00FFFF"
        android:padding="10dp"
        android:textAppearance="?android:attr/textAppearanceMedium" />

</LinearLayout>
```

CompoundButtonDemo > java > MainActivity.java

```
public class MainActivity extends ActionBarActivity {
    private TextView tvMessage;

    @Override
    public void onCreate(Bundle savedInstanceState) {
        super.onCreate(savedInstanceState);
        setContentView(R.layout.main_activity);
        findViews();
```

```
    }

获取定义在 layout 文件内的相关组件
    private void findViews() {
        tvMessage = (TextView) findViewById(R.id.tvMessage);
        RadioGroup rgGender = (RadioGroup) findViewById(R.id.rgGender);
        Switch swWifi = (Switch) findViewById(R.id.swWifi);

RadioGroup 注册 OnCheckedChangeListener 监听器，当 RadioGroup 中的 RadioButton 选项改变
时会调用 onCheckedChanged()并传递被选取 RadioButton 的 ID(checkedId),可以调用 findViewById()
获取该组件
        rgGender.setOnCheckedChangeListener(new
RadioGroup.OnCheckedChangeListener() {
            @Override
            public void onCheckedChanged(RadioGroup group, int checkedId) {
                RadioButton radioButton = (RadioButton) group
                        .findViewById(checkedId);
                tvMessage.setText(radioButton.getText());
            }
        });

Switch 注册 OnCheckedChangeListener 监听器,当 Switch 选项改变时会调用 onCheckedChanged()
并传递是否被选取（isChecked）的信息
        swWifi.setOnCheckedChangeListener(new
CompoundButton.OnCheckedChangeListener() {
            @Override
            public void onCheckedChanged(CompoundButton buttonView,
                                         boolean isChecked) {
                Switch sw = (Switch) buttonView;
                String swName = sw.getText().toString();
                String message = "";
如果 Switch 打开/关闭，显示当初设置在 layout 文件的打开/关闭文字
                if (isChecked) {
                    message += swName + " " + sw.getTextOn();
                } else {
                    message += swName + " " + sw.getTextOff();
                }
                tvMessage.setText(message);
            }
        });
    }

当 CheckBox 被单击时调用此方法
    public void onPlaceClick(View v) {
        CheckBox checkBox = (CheckBox) v;
        String checkBoxName = checkBox.getText().toString();
        String message;
```

```
根据 CheckBox 是否被选取来显示对应的文字
        if (checkBox.isChecked())
调用 getString()搭配文字 ID（R.string.checked）可以获取文本文件内的文字
            message = getString(R.string.checked) + " " + checkBoxName;
        else {
            message = getString(R.string.unchecked) + " " + checkBoxName;
        }
        tvMessage.setText(message);

    }

当 ToggleButton 被单击时调用此方法，并显示 ToggleButton 上的文字
    public void onVibrateClick(View v) {
        ToggleButton toggleButton = (ToggleButton) v;
        tvMessage.setText(toggleButton.getText());
    }

}
```

4-7　Menu

Menu 是一个让用户可以选择的 UI 组件，Android 提供了下列 4 种 Menu 的功能。

1. Options Menu（选项菜单）：单击右上角的 Menu 按钮会显示所有选项；也可以把几个选项从 Menu 抽出来成为 Action 按钮显示在 ActionBar 上，如图 4-21 所示。

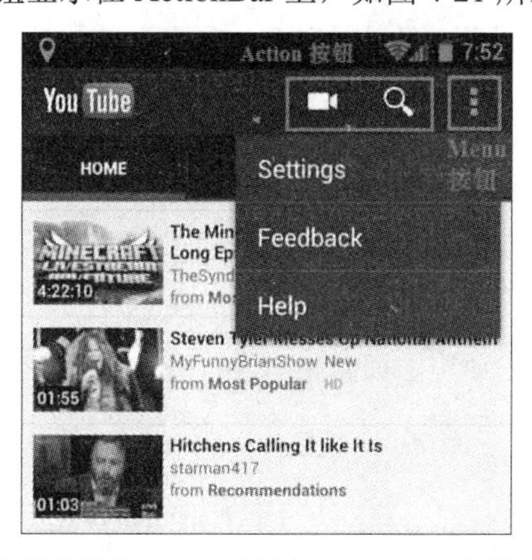

图 4-21　选项菜单的 Menu 按钮和 ActionBar 上的 Action 按钮

Options Menu 需要改写（override）下列两个方法。

- onCreateOptionsMenu()：当 Options Menu 要显示时，系统会自动调用此方法以获取要显示的 Menu 选项内容。
- onOptionsItemSelected()：Options Menu 上的选项被单击时，系统会自动调用此方法，并把被选取的选项对象传递给开发者对比与取值。

2. Context Menu（上下文菜单）：当用户在 UI 组件上长按 long-press 即会弹出 Context Menu，便于用户修改该组件的内容，类似在 PC 画面操作时按下鼠标右键弹出快捷菜单的功能，如图 4-22 所示。

图 4-22　上下文菜单示例

Context Menu 需要改写（override）下列两个方法。

- onCreateContextMenu()：当 Context Menu 要显示时，系统会自动调用此方法以获取要显示的 Menu 选项内容。
- onContextItemSelected()：Context Menu 上的选项被单击时，系统会自动调用此方法，并把被选取的选项对象传递给开发者对比与取值。

3. Popup Menu（弹出式菜单）：如果用户单击某个组件后需要从多个选项中进行操作的选择，可以提供 Popup Menu 让用户选择。如图 4-23 所示，当用户单击恢复按钮时会弹出 Reply all 与 Forward 两个选项供用户选择。

图 4-23　弹出式菜单示例

4. Sub Menu（子菜单）：上述三种菜单都属于主菜单，还可以添加子菜单（sub menu）到特定主菜单的选项内，当用户单击到该选项时可以显示出子菜单选项（submeu item）。

无论是哪一种 Menu，都可以使用下列两种方式创建选项。

- 利用 XML 文件创建 Menu 选项：用 XML 文件列出所有选项，并将该文件存放在 res/menu 目录内供程序取用。
- 调用 Menu.add()通过程序代码来动态创建所需要的 Menu 选项。

范例 MenusDemo

范例说明：

- 单击右上角的 Menu 按钮会弹出 Options Menu 共 5 个选项；单击 Exit 选项会结束该页面；其余 4 个选项会在文本框上显示选项上面的文字。

- 长按显示结果的文本框会弹出 Context Menu 共 2 个选项——Clear（清除文字）与 Change Background Color(改变背景色); 单击 Change Background Color 则会显示可以选择的颜色。
- 单击 Delete 按钮会弹出 Popup Menu 共 2 个选项——Delete Selected Item 与 Delete All the Items，并没有实质上的功能，只在文本框上显示被选取的选项文字，如图 4-24 所示。

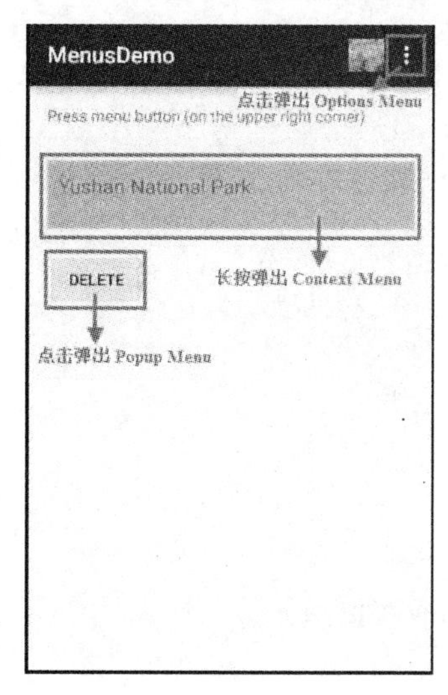

图 4-24　范例 MenusDemo 展示三种菜单

MenusDemo > res > menu > options_menu.xml

```
<?xml version="1.0" encoding="utf-8"?>
第一层<menu>为主菜单，<item>为主菜单选项
<menu xmlns:android="http://schemas.android.com/apk/res/android"
    xmlns:app="http://schemas.android.com/apk/res-auto">

    <item
        android:id="@+id/yangmingshan"
        android:title="@string/yangmingshan">
<item>中还有<menu>与<item>则为子菜单与子选项
        <menu>
            <item
                android:id="@+id/guide"
                android:icon="@drawable/guide"
                android:title="@string/guide" />
            <item
                android:id="@+id/traffic"
                android:icon="@drawable/traffic"
                android:title="@string/traffic" />
        </menu>
    </item>
<item>有 3 个重要属性：id（选项 ID，用于识别）、title（选项标题文字）、icon（选项图标）。
```

```
app:showAsAction="always"代表将选项拉出成为 Action 按钮[1]
        <item
            android:id="@+id/yushan"
            android:title="@string/yushan"
            android:icon="@drawable/yushan"
            app:showAsAction="always" />
        <item
            android:id="@+id/taroko"
            android:title="@string/taroko" />
        <item
            android:id="@+id/myloc"
            android:title="@string/myloc" />
        <item
            android:id="@+id/exit"
            android:title="@string/exit" />

    </menu>
```

MenusDemo > java > MainActivity.java

```
    public class MainActivity extends ActionBarActivity {
        private TextView tvMessage;

        @Override
        public void onCreate(Bundle savedInstanceState) {
            super.onCreate(savedInstanceState);
            setContentView(R.layout.activity_main);
            tvMessage = (TextView) findViewById(R.id.tvMessage);
    调用 registerForContextMenu()来指定长按 tvMessage 组件时会弹出 Context Menu
            registerForContextMenu(tvMessage);
        }

        @Override
    当 Options Menu 要显示时，系统会调用 onCreateOptionsMenu()并把 menu 参数传递进来让开发者提
供选项的内容。
    调用 getMenuInflater()获取 MenuInflater 对象，有了该对象才能调用 inflate()载入 XML 文件。
    开发者提供选项的方式有两种：
    1. 通过 MenuInflater 加载定义 Menu 组件的 XML 文件，并将载入内容交给 menu 参数
    2. menu 参数直接调用 add()添加选项
        public boolean onCreateOptionsMenu(Menu menu) {
            MenuInflater inflater = getMenuInflater();
            inflater.inflate(R.menu.options_menu, menu);

    //      menu.add("Yushan National Park");
    //      menu.add("Taroko National Park");
```

[1] Android 4.0 开始，Options Menu 的选项即使设置了图标（icon）也不会显示出来，只会显示标题文字（title）；若将该选项拉出成为 Action 按钮，就会显示图标，而且长按该按钮也会显示标题文字。

```
返回 true，Options Menu 才能显示在画面上；返回 false 则无法显示 Options Menu
        return true;
    }

    @Override
Options Menu 的选项被单击时，会调用此方法并将被单击的选项传递进来（参数 item），用 switch-case
对比选项 ID 以找出用户单击的选项；在此会执行显示选项文字或离开等操作
    public boolean onOptionsItemSelected(MenuItem item) {
        String message;
        switch (item.getItemId()) {
            case R.id.yangmingshan:
                message = getString(R.string.yangmingshan);
                break;
            case R.id.guide:
                message = getString(R.string.yangmingshan) + " > "
                        + getString(R.string.guide);
                break;
            case R.id.traffic:
                message = getString(R.string.yangmingshan) + " > "
                        + getString(R.string.traffic);
                break;
            case R.id.yushan:
                message = getString(R.string.yushan);
                break;
            case R.id.taroko:
                message = getString(R.string.taroko);
                break;
            case R.id.myloc:
                message = getString(R.string.myloc);
                break;
            case R.id.exit:
                finish();
            default:
                return super.onOptionsItemSelected(item);
        }
        tvMessage.setText(message);
开发者进行相应的处理即可返回 true，让 Menu 处理到此为止，不再向后传递
        return true;
    }

    @Override
当 Context Menu 要显示时，系统会调用此方法并传递 menu 参数进来让开发者提供选项内容。概念与前述
onCreateOptionsMenu()相同
    public void onCreateContextMenu(ContextMenu menu, View v,
                                    ContextMenu.ContextMenuInfo menuInfo) {
        MenuInflater inflater = getMenuInflater();
        inflater.inflate(R.menu.context_menu, menu);
```

```
    }

    @Override
```
Context Menu 的选项被单击时，会调用此方法并将被单击的选项传递进来（参数 item），用 switch-case 对比选项 ID 以找出用户单击的选项；在此会执行清除文字或设置背景色等操作
```
    public boolean onContextItemSelected(MenuItem item) {
        switch (item.getItemId()) {
            case R.id.clear:
                tvMessage.setText("");
                break;
            case R.id.yellow:
                tvMessage.setBackgroundColor(Color.YELLOW);
                break;
            case R.id.green:
                tvMessage.setBackgroundColor(Color.GREEN);
                break;
            case R.id.cyan:
                tvMessage.setBackgroundColor(Color.CYAN);
                break;
            default:
                return super.onOptionsItemSelected(item);
        }
```
开发者进行相应的处理即可返回 true，让 Menu 处理到此为止，不再向后传递
```
        return true;
    }
```

按下 Delete 按钮会弹出 PopupMenu
```
    public void onDeleteClick(View view) {
```
调用 PopupMenu 的 constructor 时要传入 view 参数，Menu 弹出时会以该 view 当作停驻点
```
        PopupMenu popupMenu = new PopupMenu(this, view);
        popupMenu.inflate(R.menu.popup_menu);
```
PopupMenu 注册 OnMenuItemClickListener 监听器，当选项被单击时会调用 onMenuItemClick()并将被单击的选项传递过来（参数 item）；在此会将该选项的标题文字显示在 tvMessage 上
```
        popupMenu.setOnMenuItemClickListener(new
PopupMenu.OnMenuItemClickListener() {
            @Override
            public boolean onMenuItemClick(MenuItem item) {
                tvMessage.setText(item.getTitle());
                return true;
            }
        });
```
别忘了调用 show()以弹出 PopupMenu
```
        popupMenu.show();
    }

}
```

第 5 章 UI 高级设计

5-1 Spinner

Spinner 是一个非常类似于下拉列表（drop-down list）的 UI 组件，其优点是节省显示空间，因为用户尚未单击时，仅显示一组数据。如同其他 UI 组件，可以通过 layout 文件创建 Spinner 组件。Spinner 与之后的 AutoCompleteTextView、ListView、GridView 都是属于使用 Adapter 来设置选项内容的 AdapterView，所以如何使用 Adapter 来完成选项内容的设置必须十分熟悉。

范例 SpinnerDemo

范例说明：

单击任何一个 Spinner 组件都会将被选取的选项文字显示出来，如图 5-1 所示。

图 5-1　范例 SpinnerDemo 将被单击的 Spinner 组件对应的选项文字显示出来

创建步骤：

步骤01 使用 layout 文件创建 Spinner，选项部分可以使用静态文本文件创建字符串数组成为选项文字。

SpinnerDemo > res > layout > main_activity.xml

```
<Spinner
    android:id="@+id/spFood"
    android:layout_width="match_parent"
    android:layout_height="wrap_content"
    android:entries="@array/food_array" />
```

SpinnerDemo > res > values > strings.xml

```
<string-array name="food_array">
    <item>spaghetti</item>
    <item>dumpling</item>
    <item>sushi</item>
</string-array>
```

步骤02 调用 findViewById()找到 layout 文件上的 Spinner，注册 OnItemSelectedListener 监听器，当用户改变选项时会调用 onItemSelected()。除了步骤 1 使用文本文件来创建选项文字外，也可以通过程序代码创建字符串数组供 ArrayAdapter 使用。

SpinnerDemo > java > MainActivity.java

```
public class MainActivity extends ActionBarActivity {
    private TextView tvMessage;

    @Override
    public void onCreate(Bundle savedInstanceState) {
        super.onCreate(savedInstanceState);
        setContentView(R.layout.main_activity);
        findViews();
    }

    private void findViews() {
        tvMessage = (TextView) findViewById(R.id.tvMessage);
        Spinner spFood = (Spinner) findViewById(R.id.spFood);
    注册 OnItemSelectedListener 监听器之前先调用 setSelection()，不仅可以设置开始的预选项目，
还可避免 Spinner 开始就执行 OnItemSelectedListener.onItemSelected()的问题
        spFood.setSelection(0, true);
    注册 OnItemSelectedListener 监听器，当用户改变选项时会调用 onItemSelected()
        spFood.setOnItemSelectedListener(listener);

        Spinner spPlace = (Spinner) findViewById(R.id.spPlace);
    调用 ArrayAdapter 构造函数以创建选项的内容与样式。选项的内容来自于 places 字符串数组；样式则套
用系统内置的 android.R.layout.simple_spinner_item;
```

```
        String[] places = {"Australia", "U.K.", "Japan", "Thailand"};
        ArrayAdapter<String> adapterPlace = new ArrayAdapter<>(this,
                android.R.layout.simple_spinner_item, places);
```

调用 setDropDownViewResource()套用系统内置的下拉菜单样式——android.R.layout.simple_spinner_dropdown_item

```
        adapterPlace
                .setDropDownViewResource(android.R.layout.simple_spinner_dropdown
_item);
```

Spinner 调用 setAdapter()套用指定的 Adapter 以加载对应的选项内容与样式。ArrayAdapter 是 Adapter 子类，如果选项只想显示文字，使用 ArrayAdapter 比较方便

```
        spPlace.setAdapter(adapterPlace);
        spPlace.setSelection(0, true);
```

spPlace 的事件处理与前面的 spFood 相同，所以可以注册相同的监听器

```
        spPlace.setOnItemSelectedListener(listener);
    }
```

实现 OnItemSelectedListener，当用户改变 Spinner 选项时会自动调用 onItemSelected()，parent 代表触发事件的 Spinner；pos 代表被选取项目的索引。调用 getItemAtPosition()搭配 pos 参数可以获取设置 Spinner 选项文字的字符串数组指定的字符串，换句话说就是可以获取选项上面的文字

```
    Spinner.OnItemSelectedListener listener = new Spinner.OnItemSelectedListener() {
        @Override
        public void onItemSelected(
                AdapterView<?> parent, View view, int pos, long id) {
            tvMessage.setText(parent.getItemAtPosition(pos).toString());
        }

        @Override
        public void onNothingSelected(AdapterView<?> parent) {
            tvMessage.setText("Nothing selected!");
        }
    };
}
```

5-2　AutoCompleteTextView

AutoCompleteTextView 非常类似于 EditText，属于文字输入框；不过 AutoCompleteTextView 会在用户输入几个文字时显示提示文字，方便用户选取而无需输入所有的文字，这是一种"体贴"用户输入的设计。

AutoCompleteTextView 的提示列表与 Spinner 的选项列表创建方式相同，需要创建字符串数组来存储要提示的文字。

范例 AutoCompleteTextViewDemo

范例说明：

输入 T，应用程序会进行对比，并自动将符合的提示文字以列表方式显示出来，以便用户选取输入，如图 5-2 所示。

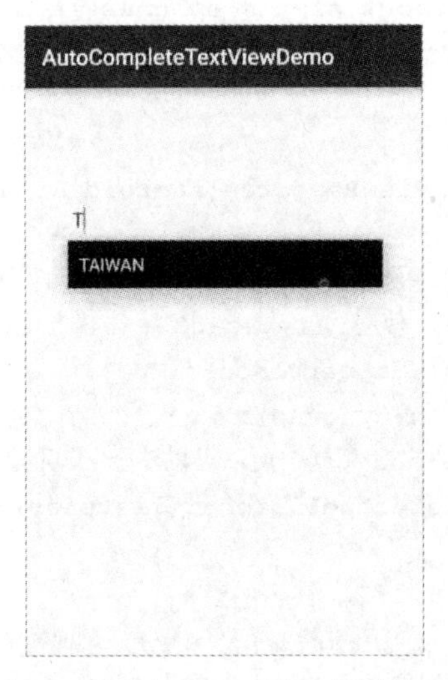

图 5-2　范例程序演示以列表方式显示符合的提示文字供用户选取输入

创建步骤：

步骤01 使用 layout 文件创建 AutoCompleteTextView，completionThreshold 属性设置输入多少个字符才会显示提示文字，如果未设置则默认为两个字符。

AutoCompleteTextViewDemo > res > layout > main_activity.xml

```
<AutoCompleteTextView
    android:layout_width="wrap_content"
    android:layout_height="wrap_content"
    android:id="@+id/actvCountry"
    android:hint="@string/text_actvCountry"
    android:completionThreshold="1"
    android:layout_alignParentTop="true"
    android:layout_centerHorizontal="true"
    android:layout_marginTop="84dp" />
```

步骤02 调用 findViewById()找到 layout 文件上的 AutoCompleteTextView。创建 ArrayAdapter 并以字符串数组存储提示列表上的文字；AutoCompleteTextView 再套用此 ArrayAdapter。最后 AutoCompleteTextView 注册 OnItemClickListener 监听器，当用户选择提示列表上的文字时会调用 onItemClick()。

AutoCompleteTextViewDemo > java > MainActivity.java

```
public class MainActivity extends ActionBarActivity {
    @Override
    protected void onCreate(Bundle savedInstanceState) {
        super.onCreate(savedInstanceState);
        setContentView(R.layout.main_activity);
```

```
        final String[] countries = {
                "CANADA", "CHINA", "FRANCE", "GERMANY",
                "ITALY", "JAPAN", "KOREA", "Greece", "UK", "US"
        };
        AutoCompleteTextView actvCountry =
                (AutoCompleteTextView) findViewById(R.id.actvCountry);
    R.layout.list_item 是自行创建的 layout 文件，当作选项内容的样式
        ArrayAdapter<String> arrayAdapter =
                new ArrayAdapter<>(this, R.layout.list_item, countries);
        actvCountry.setAdapter(arrayAdapter);
    AutoCompleteTextView 注册 OnItemClickListener 监听器，当用户选择提示列表上的文字时会调用
onItemClick()，此时调用 getItemAtPosition()获取用户选取的文字并以 Toast 消息框显示
        actvCountry.setOnItemClickListener(new AdapterView.OnItemClickListener() {
            @Override
            public void onItemClick(
                    AdapterView<?> parent, View view, int position, long id) {
                String item = parent.getItemAtPosition(position).toString();
                Toast.makeText(
                        MainActivity.this,
                        item,
                        Toast.LENGTH_SHORT)
                        .show();
            }
        });
    }
}
```

5-3　ListView

ListView 组件属于 AdapterView，以列表方式显示内容，如果内容过长，用户可以滚动画面进行浏览，此组件非常适合用来显示大量数据。ListView 的每一行数据都是一个选项，而这些选项内容是由 Adapter 动态加载 layout 文件，再将数据来源（List 或数组）的数据取出后设置在 layout 文件的各个 UI 组件上；换句话说，Adapter 负责管理 ListView 选项的内容（包含值与样式），这也是所有 AdapterView 组件的特色。当 ListView 数据内容有变时，开发者可以调用 BaseAdapter.notifyDataSetChanged()来刷新画面。

范例说明：

- 主页面有两个 UI 组件：TextView 显示会员标题文字与 ListView 显示各个会员资料。
- ListView 每一个选项，需要另外加载 layout 文件来设置图片与文字等内容。此例所载入的 layout 文件中有一个 ImageView 用来显示会员照片；两个 TextView 分别

显示会员 ID 与会员姓名，如图 5-3 所示。

- 单击选项后会以 Toast（指简易消息框）方式显示对应文字。

图 5-3　范例 ListViewDemo 演示 ListView UI 组件的功能

创建步骤：

步骤01 创建主页面的 layout 文件，并在其中创建 ListView。

ListViewDemo > res > layout > main_activity.xml

```
<LinearLayout xmlns:android="http://schemas.android.com/apk/res/android"
    xmlns:tools="http://schemas.android.com/tools"
    android:layout_width="match_parent"
    android:layout_height="match_parent"
    android:orientation="vertical"
    android:paddingLeft="@dimen/activity_horizontal_margin"
    android:paddingRight="@dimen/activity_horizontal_margin"
    android:paddingTop="@dimen/activity_vertical_margin"
    android:paddingBottom="@dimen/activity_vertical_margin"
    tools:context=".MainActivity">

    <TextView
        android:id="@+id/tvTitle"
        android:layout_width="wrap_content"
        android:layout_height="wrap_content"
        android:layout_gravity="center_horizontal"
        android:textSize="20sp"
        android:text="@string/tvTitle" />

    <ListView
```

```
        android:id="@+id/lvMember"
        android:layout_width="match_parent"
        android:layout_height="wrap_content" />
</LinearLayout>
```

步骤02 创建 ListView 各选项所需的 layout 文件。因为每一个选项的版面设置都是一样的，所以只要创建一个 layout 文件即可重复套用。在此例中，载入的 layout 文件——listview_item.xml，其父组件为 LinearLayout，所以其实加载的是 LinearLayout；而三个子组件：一个 ImageView 用来显示会员照片；两个 TextView 分别显示会员 ID 与会员姓名。

ListViewDemo > res > layout > listview_item.xml

```
<LinearLayout xmlns:android="http://schemas.android.com/apk/res/android"
    android:layout_width="match_parent"
    android:layout_height="match_parent"
    android:orientation="horizontal">

    <ImageView
        android:id="@+id/ivImage"
        android:layout_width="48dp"
        android:layout_height="48dp"
        android:layout_marginLeft="10dp"
        android:padding="6dp" />

    <TextView
        android:id="@+id/tvId"
        android:layout_width="wrap_content"
        android:layout_height="wrap_content"
        android:layout_gravity="center_vertical"
        android:padding="6dp" />

    <TextView
        android:id="@+id/tvName"
        android:layout_width="wrap_content"
        android:layout_height="wrap_content"
        android:layout_gravity="center_vertical"
        android:padding="6dp" />
</LinearLayout>
```

步骤03 创建 BaseAdapter 子类（例如 MemberAdapter），并改写下列 4 个方法以便提供选项的内容。

- public int getCount()：提供选项的总数。
- public Object getItem（int position）：根据索引位置（position）提供该选项对应的对象，这里提供 Member 对象（会员对象）。
- public long getItemId（int position）：根据索引位置提供该选项对应的 ID，这里提供 Member

ID（会员代号）。

- public view getView (int position, View convertView, parent): 根据索引位置提供该选项对应的 View 给用户查看。

ListViewDemo > java > MainActivity.java

```
... // 尚有其他程序

private class MemberAdapter extends BaseAdapter {
   private LayoutInflater layoutInflater;
   private List<Member> memberList;

   public MemberAdapter(Context context) {
获取 LayoutInflater 对象以便之后动态加载 layout 文件供选项使用
       layoutInflater = LayoutInflater.from(context);
memberList 是此 ListView 的数据来源，而 Member 类定义着会员资料如会员 ID、照片、姓名
       memberList = new ArrayList<>();
       memberList.add(new Member(23, R.drawable.p01, "John"));
       memberList.add(new Member(75, R.drawable.p02, "Jack"));
       memberList.add(new Member(65, R.drawable.p03, "Mark"));
       memberList.add(new Member(12, R.drawable.p04, "Ben"));
       memberList.add(new Member(92, R.drawable.p05, "James"));
       memberList.add(new Member(103, R.drawable.p06, "David"));
       memberList.add(new Member(45, R.drawable.p07, "Ken"));
       memberList.add(new Member(78, R.drawable.p08, "Ron"));
       memberList.add(new Member(234, R.drawable.p09, "Jerry"));
       memberList.add(new Member(35, R.drawable.p10, "Maggie"));
       memberList.add(new Member(57, R.drawable.p11, "Sue"));
       memberList.add(new Member(61, R.drawable.p12, "Cathy"));
   }

提供选项的总数，系统会按照返回值来决定调用下面 getView()的次数
   @Override
   public int getCount() {
       return memberList.size();
   }

根据 position 位置提供该选项对应的对象，在此返回代表会员的 Member 对象
   @Override
   public Object getItem(int position) {
       return memberList.get(position);
   }

根据 position 位置提供该选项对应的 ID，在此返回会员 ID
   @Override
   public long getItemId(int position) {
       return memberList.get(position).getId();
```

```
        }
```

getView()是根据 position 位置提供该选项对应的 View。

开始画面尚未显示时，converView 为 null，调用 inflate()载入 R.layout.listview_item 文件其实就是载入 LinearLayout 这个 View。

画面显示时，用户可以看到 ListView 画面，当用户向下滑动一行，原本第一行会被滑出画面，被滑出选项的 View 会自动传递给 convertView，所以不会为 null，可以重复利用该 View，只要将值替换成滑入选项的值即可。

```
    @Override
    public View getView(int position, View convertView, ViewGroup parent) {
        if (convertView == null) {
            convertView = layoutInflater.inflate(R.layout.listview_item, parent,
false);
        }
```

按照 position 获取 memberList 内的 member 对象

```
        Member member = memberList.get(position);
```

找到 convertView 子组件 imageView，并指定要显示的图片

```
        ImageView ivImage = (ImageView) convertView
                .findViewById(R.id.ivImage);
        ivImage.setImageResource(member.getImage());
```

找到 convertView 子组件 textView，并显示会员 ID 与姓名

```
        TextView tvId = (TextView) convertView
                .findViewById(R.id.tvId);
        tvId.setText(String.valueOf(member.getId()));

        TextView tvName = (TextView) convertView
                .findViewById(R.id.tvName);
        tvName.setText(member.getName());
```

在此范例，返回 convertView 其实就是返回 LinearLayout（参看 listview_item.xml）

```
        return convertView;
    }
}
```

步骤04 ListView 调用 setAdapter()套用 BaseAdapter 对象。注册 OnItemClickListener 监听器，当用户单击选项时会调用 onItemClick()。

ListViewDemo > java > MainActivity.java

```
public class MainActivity extends ActionBarActivity {
    @Override
    public void onCreate(Bundle savedInstanceState) {
        super.onCreate(savedInstanceState);
        setContentView(R.layout.main_activity);
```

ListView 调用 setAdapter()并套用创建好的 MemberAdapter

```
        ListView lvMember = (ListView) findViewById(R.id.lvMember);
        lvMember.setAdapter(new MemberAdapter(this));
```

ListView 注册 OnItemClickListener 监听器，当用户单击选项时会调用 onItemClick()。

```
Parent——被单击的 ListView
View——被单击的选项所加载的 layout 内容，在此为 listview_item.xml 内的 LinearLayout 组件
Position——被单击的索引位置
Id——实现 BaseAdapter.getItemId()所返回的 ID
        lvMember.setOnItemClickListener(new AdapterView.OnItemClickListener() {
            @Override
            public void onItemClick(AdapterView<?> parent, View view,
                                    int position, long id) {
调用 getItemAtPosition()会获取 BaseAdapter.getItem()所返回的对象，在此为会员对象，之后以
Toast 方式显示此会员的相关信息
                Member member = (Member) parent.getItemAtPosition(position);
                String text = "ID = " + member.getId() +
                        ", name = " + member.getName();
                Toast.makeText(MainActivity.this, text, Toast.LENGTH_SHORT).show();
            }
        });
    }

    ... // 尚有其他程序
}
```

5-4 GridView

GridView 以网格（grid）方式显示数据，与 ListView 以列表方式显示有所不同。除此之外，无论是使用 BaseAdapter 加载选项内容的方式，还是使用单击选项后的事件处理方式以及刷新画面的方式，则是完全相同的，所以请直接参看第 5-3 节有关 ListView 的说明，这里不再赘述。

范例 GridViewDemo

范例说明：

- 主页面有两个 UI 组件：TextView 显示会员标题文字，GridView 显示各个会员资料。
- GridView 每一个选项网格，需要另外加载 layout 文件来设置图片与文字等内容。此例所载入的 layout 文件中有一个 ImageView 是用来显示会员照片；两个 TextView 分别显示会员 ID 与会员姓名，如图 5-4 所示。
- 单击选项网格后会以 Toast 方式显示对应图片。

图 5-4 范例 GridViewDemo 演示 GridView 的功能

创建步骤：

创建方法完全与前述 ListView 相同，这里不再赘述。唯一不同的地方是单击选项网格时，在此范例中会以 Toast 方式（即简易消息框的方式）显示图片，而之前仅以 Toast 方式显示文字，说明如下。

GridViewDemo > java > MainActivity.java

```
public class MainActivity extends ActionBarActivity {
    @Override
    public void onCreate(Bundle savedInstanceState) {
        super.onCreate(savedInstanceState);
        setContentView(R.layout.main_activity);
        GridView gvMember = (GridView) findViewById(R.id.gvMember);
        gvMember.setAdapter(new MemberAdapter(this));
        gvMember.setOnItemClickListener(new AdapterView.OnItemClickListener() {
            @Override
            public void onItemClick(AdapterView<?> parent, View view,
                                    int position, long id) {
                Member member = (Member) parent.getItemAtPosition(position);
创建 ImageView 并放上会员照片；再创建 Toast 并调用 setView()套用该 ImageView 即可显示照片
                ImageView imageView = new ImageView(MainActivity.this);
                imageView.setImageResource(member.getImage());
                Toast toast = new Toast(MainActivity.this);
                toast.setView(imageView);
                toast.setDuration(Toast.LENGTH_SHORT);
                toast.show();
            }
        });
    }
  ...
}
```

5-5　CardView 与 RecyclerView

Android 5.0 时发表了两个新 UI 组件：CardView 与 RecyclerView，它们都属于 support 函数库的成员，所以可以向前兼容。换句话说，旧版的 Android 设备也可以显示这两种 UI 组件。CardView 是 FrameLayout 的子类，特色是可以设置圆角与阴影程度；而 RecyclerView 则非常类似于 ListView / GridView，以有限的窗口大小显示大量数据。可以将 CardView 置入 RecyclerView 内实现更丰富的显示样式，如图 5-5 所示。

图 5-5 CardView 可以实现更丰富的显示样式

CardView

CardView 属于 FrameLayout，但比原来的 FrameLayout 多了圆角与阴影两种设置。虽然 CardView 是最近才发布的 UI 组件，但从其完整的名称 android.support.v7.widget.CardView 可知它属于 support 函数库，所以可以向前兼容。关于 CardView 的两个重要设置说明如下。

- 圆角设置：可以设置 FrameLayout 边角的圆弧程度，在 layout 文件使用 cardCornerRadius 属性；在程序代码则调用 setRadius ()来设置。
- 阴影设置：可以设置 FrameLayout 周围的阴影程度，在 layout 文件使用 cardElevation 属性；在程序代码则调用 setMaxCardElevation()。

RecyclerView

RecyclerView 就如其英文名字的含义，它会自动重复利用选项的 View 来显示新的且相同样式的选项。例如，画面上只能显示 10 个选项，当用户滑动到第 11 个选项时，比较好的做法是将第 1 个选项的 View 放入缓存区以便腾出屏幕位置给滑进来的第 11 个选项使用，因为它们的样式一样，只不过值不同而已。这样就可以比较有效地利用内存中已存放的数据，而且可以提升执行效率。

RecyclerView 最大特色就是将 layout 设置抽离出来，可以直接调用 setLayoutManager()设置 layout 样式。如果搭配 LinearLayoutManager，显示的样子就会几乎跟 ListView 一样；如果搭配 GridLayoutManager，就会如同 GridView 一样。最有趣的是 StaggeredGridLayoutManager，其样子像 GridView，但是可以水平滑动。

RecyclerView 无法像 ListView/GridView 一样注册 OnItemClickListener。如果仍然想要监听选项是否被单击了，可以为选项的 View 注册我们熟悉的 OnClickListener 并通过 getAdapterPosition() 来获取被单击项目的位置。

当数据内容发生变化时，开发者可以调用 RecyclerView.Adapter.notifyDataSetChanged()来刷新画面。

范例 RecyclerCardViewDemo

范例说明：

- 主页面有两个 UI 组件：TextView 显示会员标题文字，RecyclerView 显示各个会员资料。
- RecyclerView 每一个选项网格，需要另外加载 layout 文件来设置图片与文字等内容。此例所载入的 layout 文件内有一个 ImageView 用来显示会员照片；两个 TextView 分别显示会员 ID 与会员姓名。
- 用户可以左右滑动 RecyclerView，单击选项网格后会以 Toast 方式显示对应图片，范例效果如图 5-6 所示。

图 5-6　范例 RecyclerCardViewDemo 演示 RecyclerView 的功能

创建步骤：

步骤01 在 build.gradle 文件内添加 cardview 与 recyclerview 套件：Android Studio 主菜单 File → Project Structure → app → Dependencies → 单击添加按钮，以便添加 com.android.support:cardview 与 com.android.support:recyclerview，如图 5-7 所示。

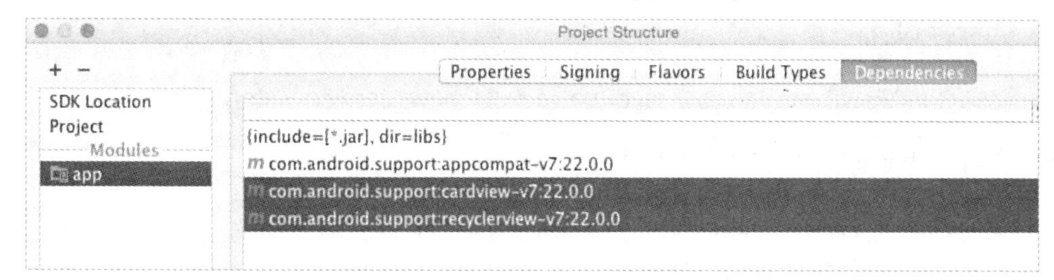

图 5-7　在 build.gradle 文件内添加 cardview 与 recyclerview 套件

步骤02 创建主页面的 layout 文件，并在其中创建 RecyclerView。因为 RecyclerView 不属于 android.widget 套件，所以必须输入完整的名称 android.support.v7.widget.RecyclerView。

RecyclerCardViewDemo > res > layout > main_activity.xml

```
<LinearLayout xmlns:android="http://schemas.android.com/apk/res/android"
    xmlns:tools="http://schemas.android.com/tools"
    android:layout_width="match_parent"
    android:layout_height="match_parent"
    android:orientation="vertical"
    android:paddingLeft="@dimen/activity_horizontal_margin"
    android:paddingRight="@dimen/activity_horizontal_margin"
    android:paddingTop="@dimen/activity_vertical_margin"
    android:paddingBottom="@dimen/activity_vertical_margin"
    tools:context=".MainActivity">

    <TextView
        android:id="@+id/tvTitle"
        android:layout_width="wrap_content"
        android:layout_height="wrap_content"
        android:layout_gravity="center_horizontal"
        android:textSize="20sp"
        android:text="@string/tvTitle" />

    <android.support.v7.widget.RecyclerView
        android:id="@+id/recyclerView"
        android:layout_width="match_parent"
        android:layout_height="wrap_content" />

</LinearLayout>
```

步骤03 创建 RecyclerView 选项所需的 layout 文件。因为每一个选项样式都相同，所以只要创建一个 layout 文件即可重复套用。在此例中为了要搭配 CardView，所以创建 CardView 组件；因为也不属于 android.widget 套件，所以也必须使用完整的名称 android.support.v7.widget.CardView。因为 CardView 使用了不同的名称空间，所以必须加入"http://schemas.android.com/apk/res-auto"，并以 card_view 名称表示。CardView 重要属性有：cardBackgroundColor 用来设置背景色，cardCornerRadius 设置圆角弧度，cardElevation 设置阴影。

RecyclerCardViewDemo > res > layout > recyclerview_cardview_item.xml

```
<android.support.v7.widget.CardView
xmlns:android="http://schemas.android.com/apk/res/android"
    xmlns:card_view="http://schemas.android.com/apk/res-auto"
    android:id="@+id/cardview"
    android:layout_width="match_parent"
    android:layout_height="match_parent"
    android:padding="6dp"
    card_view:cardBackgroundColor="#ffdddddd"
    card_view:cardCornerRadius="28dp"
```

```
    card_view:cardElevation="6dp"
    android:layout_margin="6dp">

    <LinearLayout xmlns:android="http://schemas.android.com/apk/res/android"
        android:layout_width="match_parent"
        android:layout_height="match_parent"
        android:orientation="vertical">

        <ImageView
            android:id="@+id/ivImage"
            android:layout_width="120dp"
            android:layout_height="160dp"
            android:layout_marginLeft="16dp" />

        <LinearLayout
            android:layout_width="wrap_content"
            android:layout_height="wrap_content"
            android:orientation="horizontal">

            <TextView
                android:id="@+id/tvId"
                android:layout_width="wrap_content"
                android:layout_height="wrap_content"
                android:layout_marginLeft="20dp"
                android:layout_marginBottom="12dp" />

            <TextView
                android:id="@+id/tvName"
                android:layout_width="wrap_content"
                android:layout_height="wrap_content"
                android:layout_marginLeft="24dp"
                android:layout_marginBottom="12dp" />
        </LinearLayout>

    </LinearLayout>
</android.support.v7.widget.CardView>
```

步骤04 创建 RecyclerView.Adapter 子类（例如 MemberAdapter），并在其中创建 RecyclerView.ViewHolder 子类（例如 MemberAdapter.ViewHolder），ViewHolder 目的在于暂存 RecyclerView 选项的 View，以便之后相同样式的选项重复利用。另外 RecyclerView.Adapter 子类还需要改写（override）下列 3 个方法，以便提供选项内容。

- public int getItemCount(): 提供 RecyclerView 选项的总数。
- public ViewHolder onCreateViewHolder (ViewGroup viewGroup, int viewType): 当 RecyclerView 需要一个 View 来显示特定选项内容时会调用此方法，此时要提供一个 View 给 ViewHolder 保存着，然后返回这个 ViewHolder 让 RecyclerView 使用。

- public void onBindViewHolder (ViewHolder viewHolder, int position): 要显示 RecyclerView 特定位置 (position) 的选项内容时会调用此方法，此时要将 ViewHolder 内的各个 View 设置好要显示的数据。

RecyclerCardViewDemo > java > MainActivity.java

```
...

    private class MemberAdapter extends RecyclerView.Adapter<MemberAdapter.
ViewHolder> {
        private Context context;
        private LayoutInflater layoutInflater;
        private List<Member> memberList;

        public MemberAdapter(Context context) {
            this.context = context;
            layoutInflater = LayoutInflater.from(context);

    memberList 是数据来源，而 Member 类定义着会员资料如会员 ID、照片、姓名
            memberList = new ArrayList<>();
            memberList.add(new Member(92, R.drawable.p05, "James"));
            memberList.add(new Member(103, R.drawable.p06, "David"));
            memberList.add(new Member(234, R.drawable.p09, "Jerry"));
            memberList.add(new Member(35, R.drawable.p10, "Maggie"));
            memberList.add(new Member(23, R.drawable.p01, "John"));
            memberList.add(new Member(75, R.drawable.p02, "Jack"));
            memberList.add(new Member(65, R.drawable.p03, "Mark"));
            memberList.add(new Member(12, R.drawable.p04, "Ben"));
            memberList.add(new Member(45, R.drawable.p07, "Ken"));
            memberList.add(new Member(78, R.drawable.p08, "Ron"));
            memberList.add(new Member(57, R.drawable.p11, "Sue"));
            memberList.add(new Member(61, R.drawable.p12, "Cathy"));
        }

    ViewHolder 目的在于暂存 RecyclerView 选项的 View，便于之后重复利用
        public class ViewHolder extends RecyclerView.ViewHolder {
            private ImageView ivImage;
            private TextView tvId, tvName;

    调用 ViewHolder 构造函数（constructor）必须提供 RecyclerView 选项所需要的 View
            public ViewHolder(View itemView) {
                super(itemView);
                ivImage = (ImageView) itemView.findViewById(R.id.ivImage);
                tvId = (TextView) itemView.findViewById(R.id.tvId);
                tvName = (TextView) itemView.findViewById(R.id.tvName);
    RecyclerView 无法像 ListView/GridView 同样注册 OnItemClickListener；如果仍然想要监听选项
是否被单击了，可以为选项的 View 注册 OnClickListener 并通过 getAdapterPosition()来获取被单击项
```

目的位置，不过可能返回 NO_POSITION，因此建议要检查。当开发者调用 RecyclerView.Adapter.notifyDataSetChanged()刷新画面，而选项的 View 没有实时传入就会导致 getAdapterPosition()返回 NO_POSITION

```
            itemView.setOnClickListener(new View.OnClickListener() {
                @Override
                public void onClick(View v) {
                    if (getAdapterPosition() == RecyclerView.NO_POSITION) {
                        Toast.makeText(
                                context,
                                R.string.msg_ClickAgain,
                                Toast.LENGTH_SHORT)
                                .show();
                        return;
                    }
```

单击选项会显示对应的会员照片

```
                    Member member = memberList.get(getAdapterPosition());
                    ImageView imageView = new ImageView(context);
                    imageView.setImageResource(member.getImage());
                    Toast toast = new Toast(context);
                    toast.setView(imageView);
                    toast.setDuration(Toast.LENGTH_SHORT);
                    toast.show();
                }
            });
        }

        public ImageView getIvImage() {
            return ivImage;
        }

        public TextView getTvId() {
            return tvId;
        }

        public TextView getTvName() {
            return tvName;
        }
    }
```

提供 RecyclerView 选项的总数

```
    @Override
    public int getItemCount() {
        return memberList.size();
    }
```

提供选项所需的 View，可以通过 LayoutInflater 加载，通过调用 ViewHolder 构造函数将选项的 View 传给 ViewHolder

```
        @Override
        public ViewHolder onCreateViewHolder(ViewGroup viewGroup, int viewType) {
            View itemView = layoutInflater.inflate(
                    R.layout.recyclerview_cardview_item, viewGroup, false);
            return new ViewHolder(itemView);
        }

    要显示 RecyclerView 特定 position 的数据时会调用此方法，开发者应该按照 position 提供 Member
对象，并将数据显示在 ViewHolder 指定的子 View 上
        @Override
        public void onBindViewHolder(ViewHolder viewHolder, int position) {
            Member member = memberList.get(position);
            viewHolder.getIvImage().setImageResource(member.getImage());
            viewHolder.getTvId().setText(String.valueOf(member.getId()));
            viewHolder.getTvName().setText(member.getName());
        }
    }
```

步骤05 RecyclerView 调用 setLayoutManager()套用 RecyclerView.LayoutManager 提供的版面设置样式。RecyclerView 调用 setAdapter()套用 RecyclerView.Adapter 提供的选项设置。

RecyclerCardViewDemo > java > MainActivity.java

```
public class MainActivity extends ActionBarActivity {
    @Override
    protected void onCreate(Bundle savedInstanceState) {
        super.onCreate(savedInstanceState);
        setContentView(R.layout.main_activity);
        RecyclerView recyclerView = (RecyclerView) findViewById(R.id.recyclerView);
StaggeredGridLayoutManager 样子像 GridView，但是可以设置成水平滑动
        recyclerView.setLayoutManager(
                new StaggeredGridLayoutManager(
                        2, StaggeredGridLayoutManager.HORIZONTAL));
        recyclerView.setAdapter(new MemberAdapter(this));
    }
  ...
}
```

5-6 自定义 View 组件与 2D 绘图

当函数库没有为开发者提供所需的 UI 组件时，开发者可以自行定义，但自定义的 UI 组件仍然必须继承 View 类并改写 onDraw()让 Android 系统可以绘制此自定义组件。关于绘图部分可以使用 Android API 提供的 2D 绘图功能，套件名称为 android.graphics，常用到的类为 Paint（绘图功能）与 Canvas（画布功能）。

范例说明：

按下 MOVE RIGHT 按钮会让下面的几何图形向右移动，如图 5-8 所示。

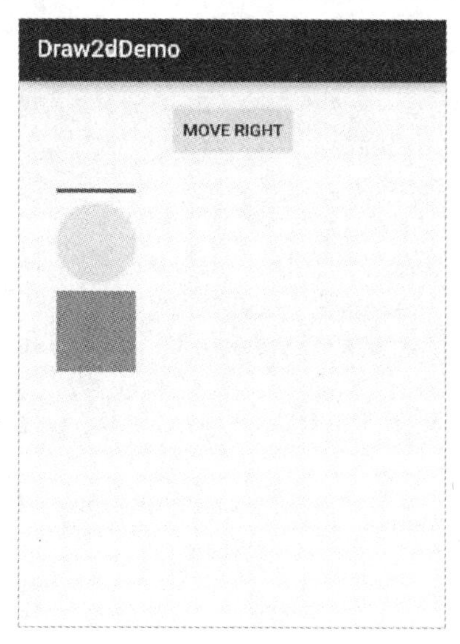

图 5-8　范例 Draw2dDemo 演示几何图形的移动

创建步骤：

步骤01 继承 View 类并改写 onDraw()：想绘图就必须有一个可显示的组件以供绘制，可以自行定义类（例如 GeometricView 类）去继承 View 类，并且改写 onDraw()，将想要绘制的图形放入 onDraw()方法内。除此之外，还需创建至少两个构造函数便于开发者可以通过程序代码或 layout 文件来创建此 UI 组件。

Draw2dDemo > java > GeometricView.java

```
public class GeometricView extends View {
    private int offset = 0;
    private Paint paint = new Paint();

此构造函数方便直接使用程序代码创建 GeometricView 组件
    public GeometricView(Context context) {
        super(context);
    }

通过 layout 文件创建 GeometricView 组件会调用此构造函数，在 layout 文件使用到的属性会传递给
attrs 参数
    public GeometricView(Context context, AttributeSet attrs) {
        super(context, attrs);
    }
```

```
调用此方法并传递偏移量给 offset 参数，会在 onDraw()绘图时用到
    public void setOffset(int offset) {
        this.offset = offset;
    }

    @Override
    protected void onDraw(Canvas canvas) {
paint 调用 setColor()设置颜色、setStrokeWidth()设置线的粗细
        paint.setColor(Color.RED);
        paint.setStrokeWidth(10);
paint 调用 drawLine()画线，需提供起点与终点的 x, y 坐标;
drawCircle()画圆，需提供圆点的 x, y 坐标与半径长度;
drawRect()画方形，需提供左、上、右、下四条边线的坐标
        canvas.drawLine(10 + offset, 10, 210 + offset, 10, paint);
        paint.setColor(Color.YELLOW);
        canvas.drawCircle(110 + offset, 140, 100, paint);
        paint.setColor(Color.GREEN);
        canvas.drawRect(10 + offset, 260, 210 + offset, 460, paint);
    }
}
```

步骤02 以 layout 文件创建自行定义的 GeometricView 组件会自动调用如前所述的 GeometricView（Context, AttributeSet）构造函数。因为不属于 android.widget 套件，所以必须输入完整的名称 idv.ron.draw2ddemo. GeometricView。

Draw2dDemo > res > layout > main_activity.xml

```
<LinearLayout xmlns:android="http://schemas.android.com/apk/res/android"
    xmlns:tools="http://schemas.android.com/tools"
    android:layout_width="match_parent"
    android:layout_height="match_parent"
    android:orientation="vertical"
    android:paddingLeft="@dimen/activity_horizontal_margin"
    android:paddingRight="@dimen/activity_horizontal_margin"
    android:paddingTop="@dimen/activity_vertical_margin"
    android:paddingBottom="@dimen/activity_vertical_margin"
    tools:context=".MainActivity">

    <Button
        android:id="@+id/btOffset"
        android:layout_width="wrap_content"
        android:layout_height="wrap_content"
        android:layout_gravity="center_horizontal"
        android:text="@string/text_btOffset"
        android:onClick="onOffsetClick" />

    <idv.ron.draw2ddemo.GeometricView
```

```
        android:id="@+id/geometricView"
        android:layout_width="match_parent"
        android:layout_height="wrap_content"
        android:layout_marginTop="24dp" />

</LinearLayout>
```

步骤03 调用 View.invalidate()重绘组件：如果想要重新绘制 UI 组件，该组件调用 invalidate()，系统会先废弃原来的画布，然后再次调用 onDraw()并提供新的画布，以重新绘制此组件的内容。

Draw2dDemo > java > MainActivity.java

```
public class MainActivity extends ActionBarActivity {
    private GeometricView geometricView;
    private int offset = 0;

    @Override
    protected void onCreate(Bundle savedInstanceState) {
        super.onCreate(savedInstanceState);
        setContentView(R.layout.main_activity);
        geometricView = (GeometricView) findViewById(R.id.geometricView);
    }

用户每按一次 Move Right 按钮时会将偏移量+10，也就是向右移动 10 像素，需要调用 invalidate()废弃原来在 GeometricView 组件上的画布；系统会自动调用 onDraw()并传送新的画布以便重新绘制
    public void onOffsetClick(View view) {
        if (geometricView != null) {
            offset += 10;
            geometricView.setOffset(offset);
            geometricView.invalidate();
        }
    }
}
```

5-7 Frame Animation

Frame Animation 动画（图框式动画）就是利用 ImageView 组件加载项目的 res/drawable 目录内的图片文件后，按照一定顺序与时间播放这一连串的图片，就像传统动画播放一样。这类动画需要通过调用 AnimationDrawable 类的相关方法完成播放设置后才能开始播放。

范例 FrameAnimationDemo

范例说明：

触击画面，ImageView 组件会播放动画，再次触击则会停止播放，如图 5-9 所示。

图 5-9 范例 FrameAnimationDemo 演示动画的播放和停止

创建步骤：

步骤01 使用 layout 文件创建 ImageView 用来装载动画的所有图片，并设置单击该 ImageView 后会调用 onPictureClick()。

FrameAnimationDemo > res > layout > main_activity.xml

```
<RelativeLayout xmlns:android="http://schemas.android.com/apk/res/android"
    xmlns:tools="http://schemas.android.com/tools"
    android:layout_width="match_parent"
    android:layout_height="match_parent"
    android:paddingLeft="@dimen/activity_horizontal_margin"
    android:paddingRight="@dimen/activity_horizontal_margin"
    android:paddingTop="@dimen/activity_vertical_margin"
    android:paddingBottom="@dimen/activity_vertical_margin"
    tools:context=".MainActivity">

    <ImageView
        android:layout_width="wrap_content"
        android:layout_height="wrap_content"
        android:id="@+id/ivPicture"
        android:layout_alignParentTop="true"
        android:layout_centerHorizontal="true"
        android:onClick="onPictureClick" />

</RelativeLayout>
```

步骤02 AnimationDrawable 加载动画所需的图片，并做好播放设置。ImageView 调用 setBackground()将 AnimationDrawable 对象放入后，动画即可在该 ImageView 上显示。最后 AnimationDrawable 调用 start()/stop()来播放/停止动画。

FrameAnimationDemo > java > MainActivity.java

```
public class MainActivity extends ActionBarActivity {
    private AnimationDrawable animationDrawable;

    @Override
    protected void onCreate(Bundle savedInstanceState) {
        super.onCreate(savedInstanceState);
        setContentView(R.layout.main_activity);
```

获取 Resource 对象后调用 getDrawable()并指定图片资源 ID 以获取对应的图片。图片数据类型必须为 Drawable 方可用于动画

```
        Resources res = getResources();
        Drawable p01 = res.getDrawable(R.drawable.p01);
        Drawable p02 = res.getDrawable(R.drawable.p02);
        Drawable p03 = res.getDrawable(R.drawable.p03);
        Drawable p04 = res.getDrawable(R.drawable.p04);
        Drawable p05 = res.getDrawable(R.drawable.p05);
        Drawable p06 = res.getDrawable(R.drawable.p06);
        Drawable p07 = res.getDrawable(R.drawable.p07);
        Drawable p08 = res.getDrawable(R.drawable.p08);
        Drawable p09 = res.getDrawable(R.drawable.p09);
        Drawable p10 = res.getDrawable(R.drawable.p10);
        Drawable p11 = res.getDrawable(R.drawable.p11);
        Drawable p12 = res.getDrawable(R.drawable.p12);
```

AnimationDrawable 对象调用 setOneShot()设置动画是否仅播放一次，true 代表仅播放一次，false 代表连续播放。调用 addFrame()可加入要播放的图片，并设置该图片持续显示的时间

```
        animationDrawable = new AnimationDrawable();
        animationDrawable.setOneShot(false);
        int duration = 200;
        animationDrawable.addFrame(p01, duration);
        animationDrawable.addFrame(p02, duration);
        animationDrawable.addFrame(p03, duration);
        animationDrawable.addFrame(p04, duration);
        animationDrawable.addFrame(p05, duration);
        animationDrawable.addFrame(p06, duration);
        animationDrawable.addFrame(p07, duration);
        animationDrawable.addFrame(p08, duration);
        animationDrawable.addFrame(p09, duration);
        animationDrawable.addFrame(p10, duration);
        animationDrawable.addFrame(p11, duration);
        animationDrawable.addFrame(p12, duration);
```

获取 ImageView 组件当作播放图片的容器，调用 setBackground()将 AnimationDrawable 对象放入后即可套用动画设置

```
        ImageView ivPicture = (ImageView) findViewById(R.id.ivPicture);
```

```
        ivPicture.setBackground(animationDrawable);
    }
```

当 ImageView 被单击后，先调用 isRunning()判断是否在播放动画。如果没有播放动画，就调用 start()播放；否则就调用 stop()停止播放

```
    public void onPictureClick(View view) {
        if (!animationDrawable.isRunning()) {
            animationDrawable.start();
        } else {
            animationDrawable.stop();
        }
    }
}
```

5-8 Tween Animation

补间动画（tweening，就是 in between 的意思）是指填补两个图形之间的变化，让第一个图形逐渐改变为第二个图形。Android 提供位移（translate）、旋转（rotate）、缩放（scale）、透明化（alpha）等补间动画的功能，甚至可以将这些动画结合在一起，成为一个动画集合（animation set）。这些动画功能可以应用在所有 View 组件[1]上，让开发者可以很简单地为 View 组件加上动画，使得画面更加丰富活泼，并提高用户与操作画面的交互性。

Android 提供的补间动画类如下（共同父类为 Animation）。

- TranslateAnimation：位移补间动画。
- RotateAnimation：旋转补间动画。
- ScaleAnimation：缩放补间动画。
- AlphaAnimation：透明化补间动画。
- AnimationSet：可以将数个补间动画集合成一个群组来一起播放。

Android 提供的特效类如下（共同父接口为 Interpolator）。

- LinearInterpolator：线性特效，如果动画没有设置特效，则默认为线性。
- AccelerateInterpolator：加速特效。
- DecelerateInterpolator：减速特效。
- AccelerateDecelerateInterpolator：先加速后减速特效。
- AnticipateInterpolator：先退后进特效。
- OvershootInterpolator：冲过头特效。
- AnticipateOvershootInterpolator：先退后进，然后冲过头特效。
- BounceInterpolator：反弹特效。
- CycleInterpolator：快速重复播放动画，可以设置重复次数。

[1] View 组件也就是 UI 组件，Android API 将 View 类定义成所有 UI 组件的根类。换句话说，View 类定义的方法，所有 UI 组件都可以调用。

范例 TweenAnimationDemo

范例说明：

- 单击任意 RadioButton，标题会左右快速摇晃
- 可以通过 RadioButton 选择主要动画，并可搭配 Spinner 所列的特效。
- 动画与特效都会反映在足球图标上。范例效果如图 5-10 所示。

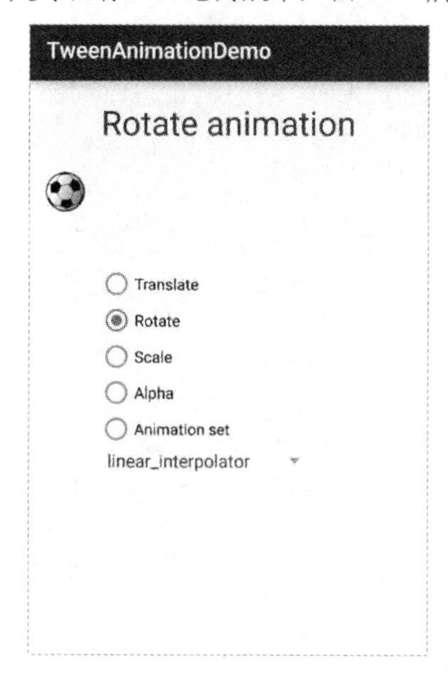

图 5-10　范例 TweenAnimationDemo 演示补间动画

创建步骤：

步骤01 使用 layout 文件创建 TextView 显示标题，并适时播放摇晃动画；ImageView 用来显示动画所需的图片。

TweenAnimationDemo > res > layout > main_activity.xml

```
<LinearLayout xmlns:android="http://schemas.android.com/apk/res/android"
   xmlns:tools="http://schemas.android.com/tools"
   android:layout_width="match_parent"
   android:layout_height="match_parent"
   android:orientation="vertical"
   android:paddingLeft="@dimen/activity_horizontal_margin"
   android:paddingRight="@dimen/activity_horizontal_margin"
   android:paddingTop="@dimen/activity_vertical_margin"
   android:paddingBottom="@dimen/activity_vertical_margin"
   tools:context=".MainActivity">

用来显示标题，单击下方任意 RadioButton，标题会左右快速摇晃
   <TextView
      android:id="@+id/tvTitle"
```

```
        android:text="@string/text_tvTitle"
        android:layout_width="wrap_content"
        android:layout_height="wrap_content"
        android:layout_gravity="center_horizontal"
        android:textSize="30sp"
        android:textColor="#0000FF" />
```

ImageView 用来显示动画所需的图片

```
    <ImageView
        android:id="@+id/ivSoccer"
        android:layout_width="35dp"
        android:layout_height="35dp"
        android:layout_marginTop="24dp"
        android:src="@drawable/soccer" />

    <LinearLayout
        android:layout_width="match_parent"
        android:layout_height="wrap_content"
        android:layout_margin="48dp"
        android:orientation="vertical">

        <RadioGroup
            android:layout_width="wrap_content"
            android:layout_height="wrap_content"
            android:orientation="vertical">
```

单击 RadioButton 会调用 onClick 指定的方法并执行对应的动画

```
            <RadioButton
                android:id="@+id/rbTranslate"
                android:layout_width="match_parent"
                android:layout_height="wrap_content"
                android:text="@string/text_rbTranslate"
                android:onClick="onTranslateClick" />

            <RadioButton
                android:id="@+id/rbRotate"
                android:layout_width="match_parent"
                android:layout_height="wrap_content"
                android:text="@string/text_rbRotate"
                android:onClick="onRotateClick" />

            <RadioButton
                android:id="@+id/rbScale"
                android:layout_width="match_parent"
                android:layout_height="wrap_content"
                android:text="@string/text_rbScale"
                android:onClick="onScaleClick" />
```

```
        <RadioButton
            android:id="@+id/rbAlpha"
            android:layout_width="match_parent"
            android:layout_height="wrap_content"
            android:text="@string/text_rbAlpha"
            android:onClick="onAlphaClick" />

        <RadioButton
            android:id="@+id/rbAnimSet"
            android:layout_width="match_parent"
            android:layout_height="wrap_content"
            android:onClick="onAnimSetClick"
            android:text="@string/text_rbAnimSet" />

    </RadioGroup>

Spinner 列出可以搭配主动画的特效，方便用户选取
    <Spinner
        android:id="@+id/spInterpolator"
        android:layout_width="wrap_content"
        android:layout_height="wrap_content" />

  </LinearLayout>
</LinearLayout>
```

步骤02 补间动画以 RadioButton 显示，特效以 Spinner 显示，方便用户选择。Animation 动画对象调用 setInterpolator（Interpolator）套用特效，最后 ImageView 调用 startAnimation（Animation）播放动画。

TweenAnimationDemo > java > MainActivity.java

```
public class MainActivity extends ActionBarActivity {
    private TextView tvTitle;
    private ImageView ivSoccer;
    private RadioButton rbTranslate, rbRotate, rbScale, rbAlpha;
    private Spinner spInterpolator;

    @Override
    protected void onCreate(Bundle savedInstanceState) {
        super.onCreate(savedInstanceState);
        setContentView(R.layout.main_activity);
        findViews();
    }

    private void findViews() {
        tvTitle = (TextView) findViewById(R.id.tvTitle);
```

```
        ivSoccer = (ImageView) findViewById(R.id.ivSoccer);
        rbTranslate = (RadioButton) findViewById(R.id.rbTranslate);
        rbRotate = (RadioButton) findViewById(R.id.rbRotate);
        rbScale = (RadioButton) findViewById(R.id.rbScale);
        rbAlpha = (RadioButton) findViewById(R.id.rbAlpha);
        spInterpolator = (Spinner) findViewById(R.id.spInterpolator);
```

以字符串数组方式准备好要显示的特效名称，供 Spinner 使用

```
        String[] interpolators = {
                "linear_interpolator",
                "accelerate",
                "decelerate",
                "accelerate_decelerate",
                "anticipate",
                "overshoot",
                "anticipate_overshoot",
                "bounce"
        };
        ArrayAdapter<String> arrayAdapter =
                new ArrayAdapter<>(this, android.R.layout.simple_spinner_item,
interpolators);

arrayAdapter.setDropDownViewResource(android.R.layout.simple_spinner_dropdown_item)
;
        spInterpolator.setAdapter(arrayAdapter);
        spInterpolator.setSelection(0, true);
        spInterpolator.setOnItemSelectedListener(new
AdapterView.OnItemSelectedListener() {
            @Override
            public void onItemSelected(AdapterView<?> parent, View view, int position,
long id) {
```

获取用户选取的特效后产生对应的特效对象，方便以后使用

```
                String item = parent.getItemAtPosition(position).toString();
                Interpolator interpolator;
                switch (item) {
                    case "linear_interpolator":
                        interpolator = new LinearInterpolator();
                        break;
                    case "accelerate":
                        interpolator = new AccelerateInterpolator();
                        break;
                    case "decelerate":
                        interpolator = new DecelerateInterpolator();
                        break;
                    case "accelerate_decelerate":
                        interpolator = new AccelerateDecelerateInterpolator();
                        break;
```

```
                case "anticipate":
                    interpolator = new AnticipateInterpolator();
                    break;
                case "overshoot":
                    interpolator = new OvershootInterpolator();
                    break;
                case "anticipate_overshoot":
                    interpolator = new AnticipateOvershootInterpolator();
                    break;
                case "bounce":
                    interpolator = new BounceInterpolator();
                    break;
                default:
                    interpolator = new LinearInterpolator();
                    break;
            }
```

检查 RadioButton 选取状态以确定用户想要的主动画种类

```
            Animation animation;
            if (rbTranslate.isChecked()) {
                animation = getTranslateAnimation();
            } else if (rbRotate.isChecked()) {
                animation = getRotateAnimation();
            } else if (rbScale.isChecked()) {
                animation = getScaleAnimation();
            } else if (rbAlpha.isChecked()) {
                animation = getAlphaAnimation();
            } else {
                animation = getAnimationSet();
            }
```

将用户选取的主动画与特效套用在 ImageView 上

```
            animation.setInterpolator(interpolator);
            ivSoccer.startAnimation(animation);
        }

        @Override
        public void onNothingSelected(AdapterView<?> parent) {

        }
    });
}
```

单击 Translate 选项后将 ImageView 套用自定义的位移动画，并将特效恢复为第一个，而且让标题文本框晃动数次

```
    public void onTranslateClick(View view) {
        ivSoccer.startAnimation(getTranslateAnimation());
        spInterpolator.setSelection(0, true);
```

```
        tvTitle.setText("Translate animation");
        tvTitle.startAnimation(getShakeAnimation());
    }
```

单击 Rotate 选项后将 ImageView 套用自定义的旋转动画，并将特效恢复为第一个，而且让标题文本框晃动数次

```
    public void onRotateClick(View view) {
        ivSoccer.startAnimation(getRotateAnimation());
        spInterpolator.setSelection(0, true);
        tvTitle.setText("Rotate animation");
        tvTitle.startAnimation(getShakeAnimation());
    }
```

单击 Scale 选项后将 ImageView 套用自定义的缩放动画，并将特效恢复为第一个，而且让标题文本框晃动数次

```
    public void onScaleClick(View view) {
        ivSoccer.startAnimation(getScaleAnimation());
        spInterpolator.setSelection(0, true);
        tvTitle.setText("Scale animation");
        tvTitle.startAnimation(getShakeAnimation());
    }
```

单击 Alpha 选项后将 ImageView 套用自定义的透明度动画，并将特效恢复为第一个，而且让标题文本框晃动数次

```
    public void onAlphaClick(View view) {
        ivSoccer.startAnimation(getAlphaAnimation());
        spInterpolator.setSelection(0, true);
        tvTitle.setText("Alpha animation");
        tvTitle.startAnimation(getShakeAnimation());
    }
```

单击 Animation Set 选项后将 ImageView 套用自定义的动画集合，并将特效恢复为第一个，而且让标题文本框晃动数次

```
    public void onAnimSetClick(View view) {
        ivSoccer.startAnimation(getAnimationSet());
        spInterpolator.setSelection(0, true);
        tvTitle.setText("Animation set");
        tvTitle.startAnimation(getShakeAnimation());
    }
```

自定义位移动画

```
    private TranslateAnimation getTranslateAnimation() {
```

计算足球图标移动的距离：“父组件的宽度 - 父组件左边填充宽度 - 父组件右边填充宽度 - 动画组件宽度”，结果值当作位移的宽度；表示足球图标位移到右边时，图标的右边线会刚好贴齐父组件的右边线，不致于位移过头而被遮蔽了。TranslateAnimation 构造函数第 3、4 个参数为 0 代表 y 轴没变化，换句话说是水平移动

```
        View parentView = (View) ivSoccer.getParent();
        float distance = parentView.getWidth() - parentView.getPaddingLeft() -
```

```
                parentView.getPaddingRight() - ivSoccer.getWidth();
        TranslateAnimation translateAnimation = new TranslateAnimation(0, distance,
0, 0);
    动画持续播放 2000 毫秒
        translateAnimation.setDuration(2000);
    设置无限重复播放动画
        translateAnimation.setRepeatMode(Animation.RESTART);
        translateAnimation.setRepeatCount(Animation.INFINITE);
        return translateAnimation;
    }
```

自定义旋转动画，设置旋转开始时为 0°，结束时为 360°，也就是转一圈；而旋转的圆心定在组件本身的中心位置。RELATIVE_TO_SELF 代表组件本身，0.5 就是 50%，也就是中点位置

```
    private RotateAnimation getRotateAnimation() {
        RotateAnimation rotateAnimation = new RotateAnimation(
                0, 360,
                Animation.RELATIVE_TO_SELF, 0.5f, 水平中心
                Animation.RELATIVE_TO_SELF, 0.5f  垂直中心
        );
        rotateAnimation.setDuration(300);
        rotateAnimation.setRepeatMode(Animation.RESTART);
        rotateAnimation.setRepeatCount(Animation.INFINITE);
        return rotateAnimation;
    }
```

自定义缩放动画，设置缩放开始时的大小为组件本身大小的 10%，结束时则为 200%，也就从 1/10 放大到 2 倍；而缩放的中心点定在组件本身的中心位置。RELATIVE_TO_SELF 代表组件本身，0.5 就是 50%，也就是中心位置

```
    private ScaleAnimation getScaleAnimation() {
        ScaleAnimation scaleAnimation = new ScaleAnimation(
                0.1f, 2,
                0.1f, 2,
                Animation.RELATIVE_TO_SELF, 0.5f,
                Animation.RELATIVE_TO_SELF, 0.5f
        );
        scaleAnimation.setDuration(2000);
        scaleAnimation.setRepeatMode(Animation.RESTART);
        scaleAnimation.setRepeatCount(Animation.INFINITE);
        return scaleAnimation;
    }
```

自定义透明度动画，设置透明度开始时的值为 0（完全透明），结束时为 1（完全不透明）

```
    private AlphaAnimation getAlphaAnimation() {
        AlphaAnimation alphaAnimation = new AlphaAnimation(0, 1);
        alphaAnimation.setDuration(2000);
        alphaAnimation.setRepeatMode(Animation.RESTART);
        alphaAnimation.setRepeatCount(Animation.INFINITE);
```

```
        return alphaAnimation;
    }

自定义动画集合，调用 addAnimation()加入动画
    private AnimationSet getAnimationSet() {
true 代表动画集合内的所有动画都套用 AnimationSet 所设置的特效；false 代表各自套用本身动画设置的特效
        AnimationSet animationSet = new AnimationSet(true);
        RotateAnimation rotateAnimation = getRotateAnimation();
RotateAnimation 最好在 TranslateAnimation 之前，否则旋转时角度会有误
        animationSet.addAnimation(rotateAnimation);
        TranslateAnimation translateAnimation = getTranslateAnimation();
        animationSet.addAnimation(translateAnimation);
        ScaleAnimation scaleAnimation = getScaleAnimation();
        animationSet.addAnimation(scaleAnimation);
        AlphaAnimation alphaAnimation = getAlphaAnimation();
        animationSet.addAnimation(alphaAnimation);
        return animationSet;
    }

自定义摇晃动画，其实就是将设置好的位移动画重复并且快速播放数次即可达到摇晃效果
    private TranslateAnimation getShakeAnimation() {
        TranslateAnimation shakeAnimation = new TranslateAnimation(0, 10, 0, 0);
        shakeAnimation.setDuration(1000);
CycleInterpolator 特效可以快速重复播放动画，并且可以设置重复次数
        CycleInterpolator cycleInterpolator = new CycleInterpolator(7);
        shakeAnimation.setInterpolator(cycleInterpolator);
        return shakeAnimation;
    }
}
```

第 6 章

Activity 与 Fragment

6-1 Activity 生命周期

一个 Android 应用程序可能有多个页面，而一个 Activity 就是代表一页。如果以 MVC（Model-View-Controller）设计模式来说，Android 应用程序的一页其实是由 layout 文件（View）与 Activity 类（Controller）组成的；Activity 扮演着控制页面流程的角色，所以说是一个页面最核心的部分。其实 Activity 主要功能就是创建一个可以让用户与移动设备交互的页面，前两章所提及的 UI 组件就是放在 Activity 所控制的页面上。

Activity 控制的页面从产生到结束，会经历 7 个阶段，这 7 个阶段就是一个页面的生命周期。Android 为了方便开发者能够轻易指定每个阶段要执行什么程序，而创建了 Activity 类，并在其中定义了与生命周期有关的 7 种方法，如表 6-1 所示，并等着开发者改写这些方法，便于开发者加入想要执行的程序内容[1]。

表 6-1　与生命周期有关的 7 种方式

方法	说明	可否删除程序[2]	下一个阶段
onCreate()	当 Activity 第一次被创建时，会调用此方法来加载必要数据到内存中，完成初始化，方便后续使用。通常会将 layout 文件与 UI 组件加载到内存： ● 载入 UI 画面：例如调用 setContentView() 以载入 layout 文件内容 ● 初始化 UI 组件：例如调用 findViewById() 以取得对应的 UI 组件	否	onStart()

1 注意，改写这 7 个方法时都必须调用父类对应被改写的方法，例如改写 onStart()时必须加上 super.onStart()，否则会弹出 Exception。

2 指 Activity 处于该阶段时，Activity 的执行程序可否被强制停止并删除。一般而言，Activity 页面从加载到显示阶段（onCreate() → onStart()→ onResume()→ 页面显示）都是重要阶段，因为此时用户正等待画面打开，如果程序被删除，画面就无法显示，用户就会不开心。Activity 页面如果处于休眠甚至结束阶段（onPause() → onStop() → onDestroy() → 页面结束）的重要性就没有那么高，因为这些阶段不仅程序已经停止，就连画面也没有显示，所以即使强制删除 Activity 程序，对用户影响也不大。

（续表）

方法	说明	可否删除程序	下一个阶段
onStart()	当 Activity 画面即将显示前会调用此方法。如果想要在画面显示前预先做一些事情，就可以放在这里来做，例如打开对文件的链接	否	onResume()
onResume()	当 Activity 画面要显示时会调用此方法。如果画面显示时所要使用的特定功能很耗电，不想太早打开，可以放在这里打开，例如打开 GPS 定位功能	否	onPause()
onPause()	当前的 Activity 画面无法完全显示时（例如半遮状态）会调用此方法进入暂停状态。应该在此阶段释放较耗电的资源（例如停止 GPS 定位功能）	是	● 当 Activity 画面完全被取代会调用 onStop() ● 如果画面在半遮状态不会调用 onStop()；恢复时会直接回到 onResume()，而不会经过 onRestart()
onStop()	当前的 Activity 画面被其他 Activity 画面完全取代，会调用此方法	是	● 如果 Activity 要结束会调用 onDestroy() ● 如果要恢复此 Activity 到可以显示画面，会先调用 onRestart()
onRestart()	当 Activity 从 onStop() 状态要恢复到 onStart() 状态时会调用此方法	否	onStart()
onDestroy()	Activity 要结束之前会调用此方法。建议此阶段释放所有尚未释放的资源	是	已经是最后阶段，所以没有下一个阶段

上述每一个方法都代表 Activity 生命周期的一个阶段。开发者可以自行创建一个类继承 Activity 类，并且按照开发上的需要而改写对应的方法；只要 Activity 执行到指定阶段，就会自动调用被改写的对应方法以达成目的。

现在的智能手机，大多具有多任务（Multi-Task）功能，可以使用手机听音乐的同时还可以运行其他多个应用程序。这种多任务功能虽然方便，但是每多运行一个应用程序，就必定多耗费系统的内存。内存是有限的，所以当同时运行的程序越多，系统整体运行就会越慢，甚至不稳定。为了兼顾应用程序的正常运行与内存的有效利用，Android 有自己的一套程序管理模式，其中最重要的部分就是前面所述 Activity 生命周期的管理。按照表 6-1 可以绘制出图 6-1[1] Activity 生命周期的示意图。

[1] 参看 http://developer.android.com/training/basics/activity-lifecycle/starting.html。

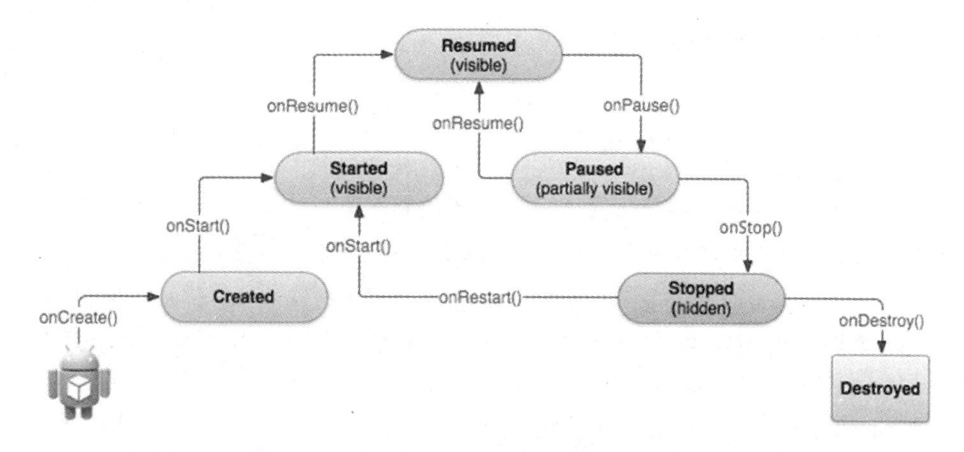

图 6-1　Activity 生命周期的示意图

其实 Activity 的 7 种方法就决定了一个 Activity 的完整生命周期，但是 Activity 不一定会运行所有方法，而有些方法不一定只运行一次[1]。一个 Activity 会经历哪些方法，大多是由 Android 系统按照用户操作与系统资源使用情况加以控制。将 Activity 经历过的方法结合起来，其实代表的就是一个完整的程序流程，也可以称作进程（process）。但如前所述，进程是由 Android 系统掌控，所以只要内存不足时，Android 系统可能会随时终止（kill）某一个 Activity 进程。当然 Android 系统不会胡乱地终止 Activity 进程，而会按照进程的重要程度（importance hierarchy）来决定要终止的进程；而最不重要的进程，最容易被终止。从重要到不重要的顺序排列如下：

- 前台进程（foreground process）：用户正在使用的进程，而且该进程的画面正显示在屏幕上；这种进程几乎不会被终止，除非现有内存空间少得可怜，而且没有其他不重要的进程可以终止，前台进程才可能被终止。Activity 的 onCreate()、onStart()、onResume() 方法被调用时，该 Activity 就会进入到前台进程。
- 可视进程（visible process）：虽然不是前台进程，但用户仍然可以看到该进程所显示的画面，例如按电源键会开启键盘锁，此时仍可看到主画面的背景图，解开键盘锁后仍然会回到该进程。进入到这个进程，Activity 的 onPause() 方法会被调用。
- 服务进程（service process）：服务进程就是 Android 的 Service 功能，与前两项进程属于 Activity 有所不同，该进程启动后会保持运行状态，以持续对用户提供服务，例如播放 MP3 音乐或从网络下载数据。
- 后台进程（background process）：此进程的画面既没有显示，对用户也没有直接影响，进入到这个进程，Activity 的 onStop() 方法会被调用。
- 空进程（empty process）：当后台进程被终止，会将所占的内存空间释放，该进程就会由后台进程进入到空进程，但 Activity 仍然存在（只要 Activity 的 onDestroy() 方法没有被调用，Activity 就不会被删除）。移到空进程目的只有一个，就是 Android 系统可以快速恢复到前台进程，而无须重新产生 Activity。

---

[1] 这就像人类的生命周期为生、老、病、死，但不是所有人都会经历这 4 个阶段，而“病”这个阶段可能重复多次。

范例 ActivityLifeDemo

范例说明：

- 程序以 Log.d()方式记录 Activity 处于生命周期的哪个阶段。
- 执行时会将当初 log 信息显示在开发工具下方的 logcat 上，如图 6-2 所示。
  - ➢ logcat 如果没出现可以单击 Android → Devices→logcat 就会显示出来。
  - ➢ logcat 如果显示太多信息，可以用 Log level 与搜索功能来过滤信息；如果当初程序是 Log.d（"MainActivity"，"onCreate"），Log level 就选择 Debug，搜索字段则输入 MainActivity，即过滤所需信息。
- 按下 Finish 按钮会结束当前的 Activity 页面。

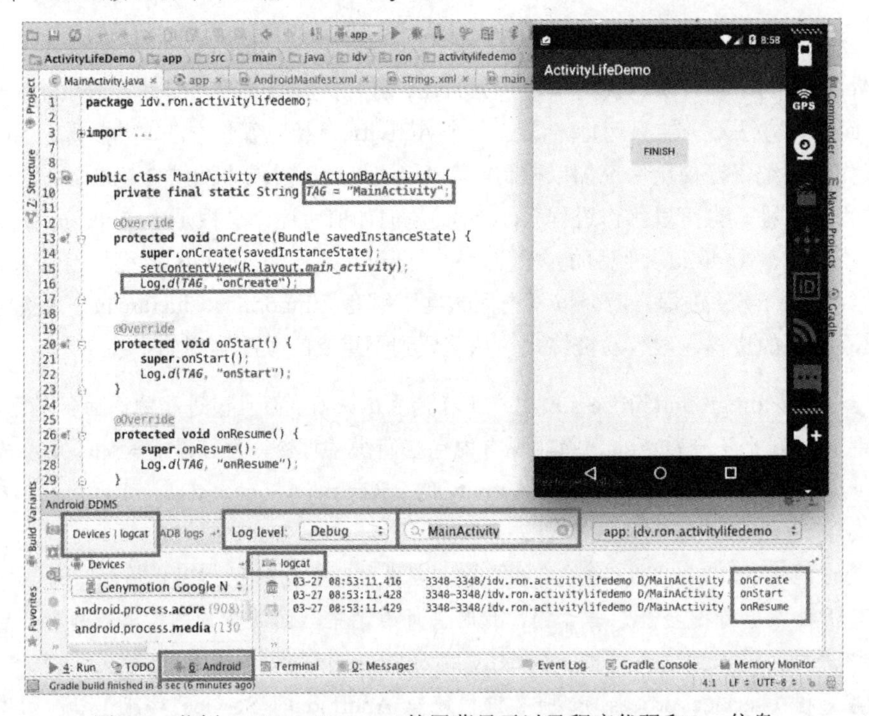

图 6-2　范例 ActivityLifeDemo 的屏幕显示以及程序代码和 log 信息

创建步骤：

步骤01 一个 Android 应用程序可能包含了一个或多个 Activity，每一个 Activity 都必须在 manifest 文件中声明，否则执行到该 Activity 时会弹出 Exception。

ActivityLifeDemo > manifests > AndroidManifest.xml

```
<?xml version="1.0" encoding="utf-8"?>
<manifest xmlns:android="http://schemas.android.com/apk/res/android"
   package="idv.ron.activitylifedemo" >

   <application
      android:allowBackup="true"
```

```
        android:icon="@drawable/ic_launcher"
        android:label="@string/app_name"
        android:theme="@style/AppTheme" >
每一个 Activity 除了要创建类外，还需要在 manifest 文件中声明。
        <activity
省略套件名称代表套用上面的套件名称 idv.ron.activitylifedemo
            android:name=".MainActivity"
Activity 标题名称，会在画面的 ActionBar 上显示出来
            android:label="@string/app_name" >
            <intent-filter>
设置此 Activity 页面为首页
                <action android:name="android.intent.action.MAIN" />
应用程序安装完毕后会自动重启
                <category android:name="android.intent.category.LAUNCHER" />
            </intent-filter>
        </activity>
    </application>

</manifest>
```

步骤02 创建 Finish 按钮，按下后会调用 onClick 属性所指定的 onFinishClick 方法。

ActivityLifeDemo > res > layout > main_activity.xml

```
<RelativeLayout xmlns:android="http://schemas.android.com/apk/res/android"
    xmlns:tools="http://schemas.android.com/tools"
    android:layout_width="match_parent"
    android:layout_height="match_parent"
    android:paddingLeft="@dimen/activity_horizontal_margin"
    android:paddingRight="@dimen/activity_horizontal_margin"
    android:paddingTop="@dimen/activity_vertical_margin"
    android:paddingBottom="@dimen/activity_vertical_margin"
    tools:context=".MainActivity">

    <Button
        android:layout_width="wrap_content"
        android:layout_height="wrap_content"
        android:text="@string/text_btFinish"
        android:id="@+id/btFinish"
        android:layout_alignParentTop="true"
        android:layout_centerHorizontal="true"
        android:layout_marginTop="46dp"
        android:onClick="onFinishClick" />

</RelativeLayout>
```

步骤03 程序以 Log.d()方式记录 Activity 处于生命周期的哪个阶段，便于开发者追踪。

ActivityLifeDemo > java > MainActivity.java

```
public class MainActivity extends ActionBarActivity {
    private final static String TAG = "MainActivity";

    @Override
    protected void onCreate(Bundle savedInstanceState) {
        super.onCreate(savedInstanceState);
        setContentView(R.layout.main_activity);
当程序执行到 Log.d()，会将指定文字显示在 logcat 上
        Log.d(TAG, "onCreate");
    }

    @Override
    protected void onStart() {
        super.onStart();
        Log.d(TAG, "onStart");
    }

    @Override
    protected void onResume() {
        super.onResume();
        Log.d(TAG, "onResume");
    }

    @Override
    protected void onPause() {
        super.onPause();
        Log.d(TAG, "onPause");
    }

    @Override
    protected void onStop() {
        super.onStop();
        Log.d(TAG, "onStop");
    }

    @Override
    protected void onRestart() {
        super.onRestart();
        Log.d(TAG, "onRestart");
    }

    @Override
    protected void onDestroy() {
        super.onDestroy();
        Log.d(TAG, "onDestroy");
```

```
    }

  按下 Finish 按钮会调用 finish()结束现行 Activity
    public void onFinishClick(View view) {
        finish();
    }
}
```

6-2　Activity 之间数据的传递

一个 Android 应用程序可能包含多个 Activity，要从一个 Activity 切换到另一个 Activity，必须通过 Intent[1]，因为 Intent 存储着切换时所需的重要信息。图 6-3 为 Activity01 通过 Intent 切换到 Activity02 的示意图。

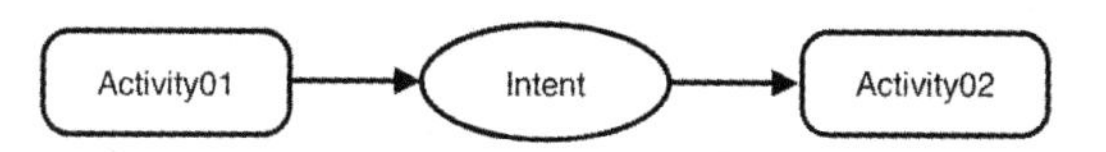

图 6-3　Activity01 通过 Intent 切换到 Activity02

如果想要在两个 Activity 切换时附带额外数据，可以将该项数据存储在 Bundle 内。Bundle 依附在 Intent 上，是一个专门用来存储附加数据的对象。Bundle 非常类似于 java.util.Map，也是使用 key-value pair 方式来存储数据，所以用起来非常方便。图 6-4 为 Bundle 示意图。

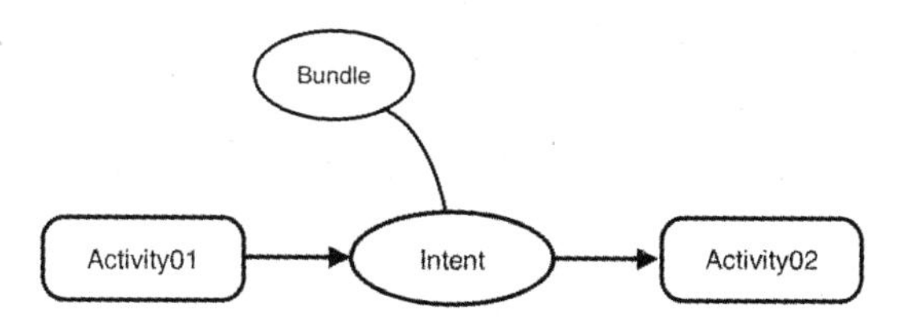

图 6-4　Bundle 作用的示意图

6-2-1　传递基本数据类型

一个 Activity 可以通过 Bundle 传递数据到下一个 Activity，而基本数据类型与其对应的数组类型和字符串（其实就是字符数组）都是经常传递的数据类型。如图 6-5 所示的示意图。

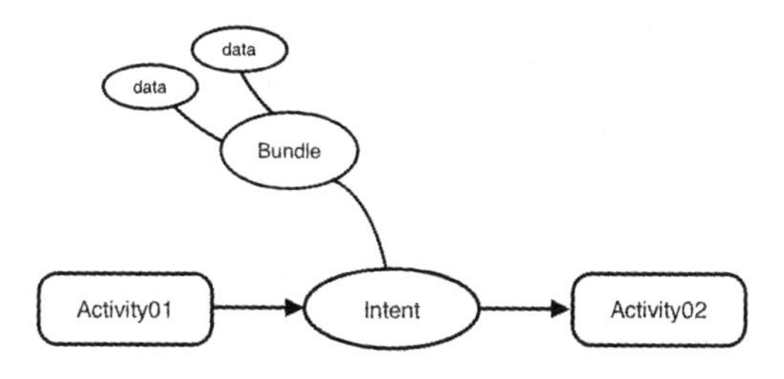

图 6-5　Activity 通过 Bundle 传递数据

[1] 若想启动一个 Activity、发送 Broadcast 给要接收的 BroadcastReceiver 或打开 Service 都需要 Intent 对象，这是因为 Intent 对象存储着发送端的重要信息，接收端则需要根据这些重要信息进行后续的处理。

范例 ActivitiesDemo

范例说明：

- 在第 1 个 Activity 页面，输入完 3 科成绩后按下 SUBMIT 按钮，会检查输入是否正确（成绩限定在 0~100 分）。如果输入错误会将信息显示在错误字段的右边，如图 6-6 所示。如果输入正确会将各科成绩带到下一个 Activity 页面。
- 各科成绩与计算出来的总分、平均分都会显示在第 2 页，如图 6-7 所示。按下第 2 页的 BACK 按钮会返回到第 1 页[1]。

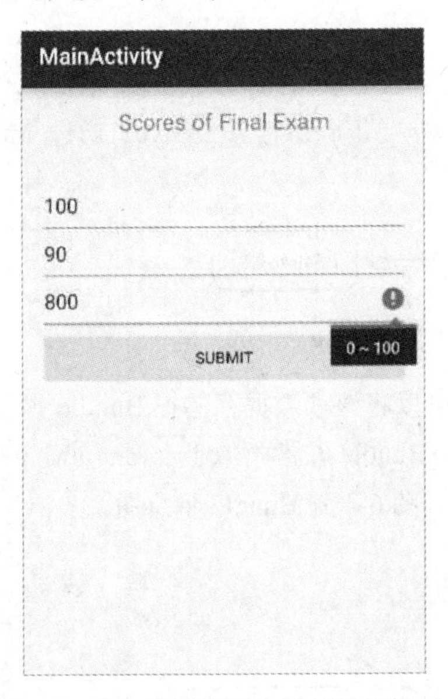

图 6-6　输入数据错误会显示错误提示

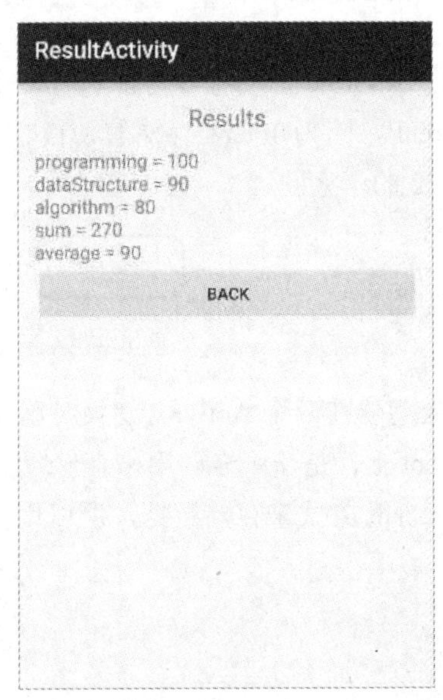

图 6-7　各科成绩、总分和平均分

创建步骤：

步骤01 每一个 Activity 都必须在 manifest 文件内声明，否则运行到该 Activity 时会弹出 Exception。

ActivitiesDemo > manifests > AndroidManifest.xml

```
<?xml version="1.0" encoding="utf-8"?>
<manifest xmlns:android="http://schemas.android.com/apk/res/android"
    package="idv.ron.activitiesdemo" >

    <application
        android:allowBackup="true"
        android:icon="@drawable/ic_launcher"
        android:label="@string/app_name"
        android:theme="@style/AppTheme" >
        <activity
```

[1] Android 系统会将显示过的 Activity 页面存储在堆栈（stack）内，便于用户按下退回键后返回上一页。

```
            android:name=".MainActivity"
            android:label="@string/title_main_activity" >
            <intent-filter>
                <action android:name="android.intent.action.MAIN" />
                <category android:name="android.intent.category.LAUNCHER" />
            </intent-filter>
        </activity>
        <activity
            android:name=".ResultActivity"
            android:label="@string/title_result_activity" >
        </activity>
    </application>

</manifest>
```

步骤02 创建首页画面与对应的 Activity 类，让用户可以输入 Programming（编程语言）、Data Structure（数据结构）与 Algorithm（算法）这 3 科成绩。输入完毕后按下 Submit 按钮即可将数据传送到第 2 页。

ActivitiesDemo > res > layout > main_activity.xml

```
<RelativeLayout xmlns:android="http://schemas.android.com/apk/res/android"
    xmlns:tools="http://schemas.android.com/tools"
    android:layout_width="match_parent"
    android:layout_height="match_parent"
    android:paddingLeft="@dimen/activity_horizontal_margin"
    android:paddingRight="@dimen/activity_horizontal_margin"
    android:paddingTop="@dimen/activity_vertical_margin"
    android:paddingBottom="@dimen/activity_vertical_margin"
    tools:context=".MainActivity">

    <TextView
        android:layout_width="wrap_content"
        android:layout_height="wrap_content"
        android:text="@string/text_tvTitle"
        android:id="@+id/textView"
        android:textSize="20sp"
        android:layout_alignParentTop="true"
        android:layout_centerHorizontal="true" />

3 个 EditText 让用户输入 3 科成绩
    <EditText
        android:layout_width="match_parent"
        android:layout_height="wrap_content"
        android:inputType="numberDecimal"
        android:ems="10"
        android:id="@+id/etProgramming"
```

```
        android:layout_below="@+id/textView"
        android:layout_marginTop="42dp"
        android:hint="@string/hint_etProgramming" />

    <EditText
        android:layout_width="match_parent"
        android:layout_height="wrap_content"
        android:inputType="numberDecimal"
        android:ems="10"
        android:id="@+id/etDataStructure"
        android:layout_below="@+id/etProgramming"
        android:hint="@string/hint_etDataStructure" />

    <EditText
        android:layout_width="match_parent"
        android:layout_height="wrap_content"
        android:inputType="numberDecimal"
        android:ems="10"
        android:id="@+id/etAlgorithm"
        android:layout_below="@+id/etDataStructure"
        android:hint="@string/hint_etAlgorithm" />

按下 Submit 按钮会调用 onSubmitClick 方法，然后进入下一页
    <Button
        android:layout_width="match_parent"
        android:layout_height="wrap_content"
        android:text="@string/text_btSubmit"
        android:id="@+id/btSubmit"
        android:layout_below="@+id/etAlgorithm"
        android:onClick="onSubmitClick" />
</RelativeLayout>
```

ActivitiesDemo > java > MainActivity.java

```
public class MainActivity extends ActionBarActivity {
    private EditText etProgramming, etDataStructure, etAlgorithm;

    @Override
    protected void onCreate(Bundle savedInstanceState) {
        super.onCreate(savedInstanceState);
        setContentView(R.layout.main_activity);
        findViews();
    }

    private void findViews() {
        etProgramming = (EditText) findViewById(R.id.etProgramming);
        etDataStructure = (EditText) findViewById(R.id.etDataStructure);
```

```
        etAlgorithm = (EditText) findViewById(R.id.etAlgorithm);
    }
```

调用 isValid()会将 EditText 传入，检查输入文字的格式是否为 0~100 的整数，如果输入不正确，则调用 setError()将错误信息显示在 EditText 右边，并返回 false

```
    private boolean isValid(EditText editText) {
        String pattern = "1[0]{2}|[0-9]{1,2}";
        String text = editText.getText().toString();
        if (!text.matches(pattern)) {
            editText.setError("0 ~ 100");
            return false;
        } else {
            return true;
        }
    }
```

输入完成绩后按下 Submit 按钮会调用此方法以检查输入是否正确，如果正确就会将成绩信息带到下一页

```
    public void onSubmitClick(View view) {
```

调用 isValid()并将 EditText 传入，以检查输入是否正确。使用&而不使用&&代表第一个字段即便输入错误（会得到 false），其他字段仍然会执行检查的操作

```
        boolean isValid =
                isValid(etProgramming) & isValid(etDataStructure) & isValid(etAlgorithm);
        if (!isValid) {
            return;
        }
        int programming = Integer.parseInt(etProgramming.getText().toString());
        int dataStructure = Integer.parseInt(etDataStructure.getText().toString());
        int algorithm = Integer.parseInt(etAlgorithm.getText().toString());
```

创建 Intent 并指定要去 ResultActivity 所代表的页面

```
        Intent intent = new Intent(this, ResultActivity.class);
```

创建 Bundle 存储各科成绩

```
        Bundle bundle = new Bundle();
        bundle.putInt("programming", programming);
        bundle.putInt("dataStructure", dataStructure);
        bundle.putInt("algorithm", algorithm);
```

将 Bundle 存储在 Intent 中便于带到下一页。调用 startActivity()打开新的页面

```
        intent.putExtras(bundle);
        startActivity(intent);
    }
}
```

步骤03 创建第 2 页画面与对应的 Activity 类，将首页传来的各科成绩计算出总分与平均分并显示出来。按下 Back 按钮会回到首页。

ActivitiesDemo > res > layout > result_activity.xml

```
<RelativeLayout xmlns:android="http://schemas.android.com/apk/res/android"
```

```
    xmlns:tools="http://schemas.android.com/tools"
    android:layout_width="match_parent"
    android:layout_height="match_parent"
    android:paddingLeft="@dimen/activity_horizontal_margin"
    android:paddingRight="@dimen/activity_horizontal_margin"
    android:paddingTop="@dimen/activity_vertical_margin"
    android:paddingBottom="@dimen/activity_vertical_margin"
    tools:context="idv.ron.activitiesdemo.ResultActivity">

    <TextView
        android:layout_width="wrap_content"
        android:layout_height="wrap_content"
        android:text="@string/text_tvResultTitle"
        android:id="@+id/tvResultTitle"
        android:layout_alignParentTop="true"
        android:layout_centerHorizontal="true"
        android:textSize="20sp" />

显示计算完毕的总分与平均分等信息
    <TextView
        android:layout_width="match_parent"
        android:layout_height="wrap_content"
        android:id="@+id/tvResult"
        android:textSize="16sp"
        android:layout_marginTop="12dp"
        android:lines="5"
        android:layout_below="@+id/tvResultTitle"
        android:layout_alignParentLeft="true"
        android:layout_alignParentStart="true" />

按下 Back 按钮会调用 onBackClick 方法而结束这一页并回到前页
    <Button
        android:layout_width="match_parent"
        android:layout_height="wrap_content"
        android:text="@string/text_btBack"
        android:id="@+id/btBack"
        android:onClick="onBackClick"
        android:layout_below="@+id/tvResult"
        android:layout_alignParentRight="true"
        android:layout_alignParentEnd="true" />
</RelativeLayout>
```

ActivitiesDemo > java > ResultActivity.java

```
public class ResultActivity extends ActionBarActivity {
    private TextView tvResult;
```

```
    @Override
    protected void onCreate(Bundle savedInstanceState) {
        super.onCreate(savedInstanceState);
        setContentView(R.layout.result_activity);
        tvResult = (TextView) findViewById(R.id.tvResult);
        showResults();
    }

    private void showResults() {
        NumberFormat nf = NumberFormat.getInstance();
调用 getIntent()会获取 Intent 对象，再调用 getExtras()会获取 Bundle 对象，
得到 Bundle 对象就可以调用 getInt()将前页放入的各科成绩提取出来
        Bundle bundle = getIntent().getExtras();
        int programming = bundle.getInt("programming");
        int dataStructure = bundle.getInt("dataStructure");
        int algorithm = bundle.getInt("algorithm");
        int sum = programming + dataStructure + algorithm;
        double average = sum / 3.0;
        String text = "programming = " + programming +
                "\ndataStructure = " + dataStructure +
                "\nalgorithm = " + algorithm +
                "\nsum = " + sum +
                "\naverage = " + nf.format(average);
        tvResult.setText(text);
    }

按下 Back 按钮会调用此方法。调用 finish()可以结束当前 Activity 页面
    public void onBackClick(View view) {
        finish();
    }
}
```

6-2-2 传递对象类型

Bundle 除了可以存储基本数据类型以外还可以存储对象，如图 6-8 所示，但必须是 Serializable 对象或 Parcelable 对象。使用 Serializable 对象比较简单，因为对象的解组（unmarshalling/marshalling）是交给执行环境处理的，不需要自行编写程序；而 Parcelable 对象需要自行编写程序来实现 Parcelable 与 Parcelable.Creator 接口以达到解组功能[1]，虽然比较麻烦但执行效率较好[2]。

---

[1] 实现方式参看 http://developer.android.com/reference/android/os/Parcelable.html。

[2] Serializable 与 Parcelable 比较可以参看
http://www.3pillarglobal.com/insights/parcelable-vs-java-serialization-in-android-app-development。

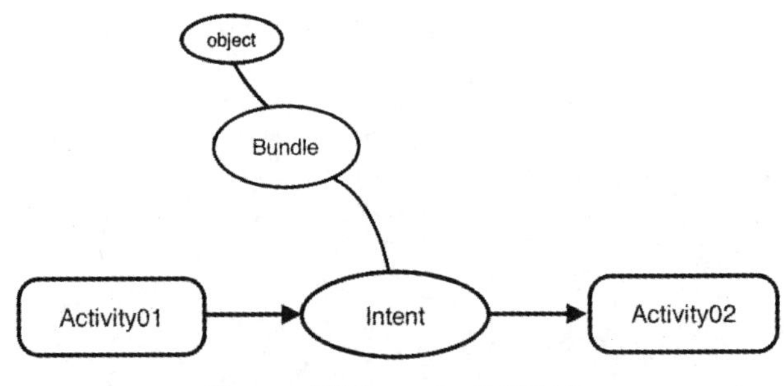

图 6-8 通过 Bundle 传递对象

范例 ActivitiesDemo_Object

范例说明：

- 第一页输入完成绩后创建 Score 对象加以存储并带到下一页，如图 6-9 所示。
- 第二页取出 Score 对象后直接调用 toString()显示各科成绩与总分、平均分等计算结果，按下 BACK 按钮会回到第一页，如图 6-10 所示。

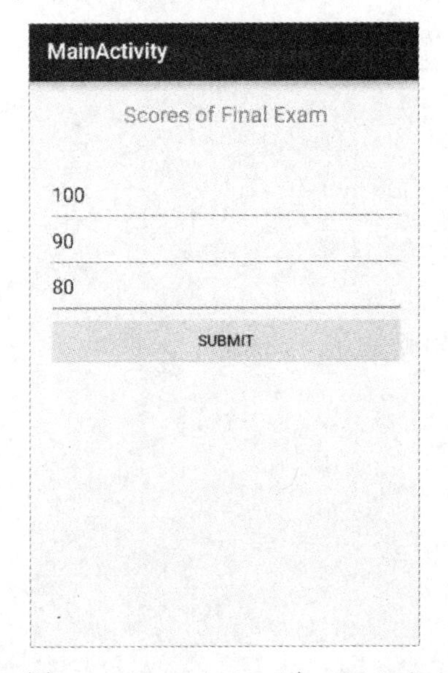

图 6-9 MainActivity（主 Activity）

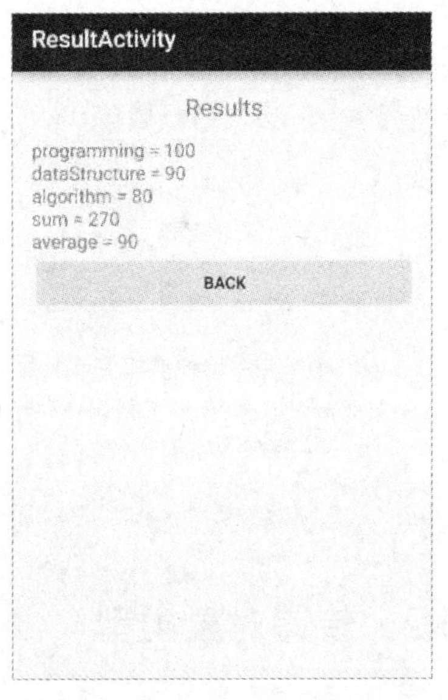

图 6-10 ResultActivity（结果 Activity）

创建步骤：

步骤01 创建 Score 成绩类，产生的对象即存储成绩信息。因为要存放在 Bundle 内，所以 Score 类必须实现 Serializable 接口。

ActivitiesDemo_Object > java > Score.java

```
public class Score implements Serializable {
    private int programming, dataStructure, algorithm;

    public Score(int programming, int dataStructure, int algorithm) {
```

```
        this.programming = programming;
        this.dataStructure = dataStructure;
        this.algorithm = algorithm;
    }
```

改写 toString()并返回各科成绩与总分、平均分等信息

```
    @Override
    public String toString() {
        NumberFormat nf = NumberFormat.getInstance();
        String text = "programming = " + programming +
                "\ndataStructure = " + dataStructure +
                "\nalgorithm = " + algorithm +
                "\nsum = " + nf.format(getSum()) +
                "\naverage = " + nf.format(getAverage());
        return text;
    }
```

getSum()返回总分

```
    public int getSum() {
        return programming + dataStructure + algorithm;
    }
```

getAverage()返回平均分

```
    public double getAverage() {
        return getSum() / 3.0;
    }

    public int getProgramming() {
        return programming;
    }

    public void setProgramming(int programming) {
        this.programming = programming;
    }

    public int getDataStructure() {
        return dataStructure;
    }

    public void setDataStructure(int dataStructure) {
        this.dataStructure = dataStructure;
    }

    public int getAlgorithm() {
        return algorithm;
    }
```

```
        public void setAlgorithm(int algorithm) {
            this.algorithm = algorithm;
        }
    }
```

步骤02 在第一页中，Bundle 对象调用 putSerializable()可以加入 Serializable 对象。

ActivitiesDemo_Object > java > MainActivity.java

```
    ...
        public void onSubmitClick(View view) {
            boolean isValid =
                    isValid(etProgramming) & isValid(etDataStructure) & isValid(etAlgorithm);
            if (!isValid) {
                return;
            }
            int programming = Integer.parseInt(etProgramming.getText().toString());
            int    dataStructure    =    Integer.parseInt(etDataStructure.getText().
toString());
            int algorithm = Integer.parseInt(etAlgorithm.getText().toString());

            Intent intent = new Intent(this, ResultActivity.class);
            Bundle bundle = new Bundle();
            Score score = new Score(programming, dataStructure, algorithm);
            bundle.putSerializable("score", score);
            intent.putExtras(bundle);
            startActivity(intent);
        }
    ...
```

步骤03 在第二页中，Bundle 对象调用 getSerializable()可以获取 Serializable 对象。

ActivitiesDemo_Object > java > ResultActivity.java

```
    ...
        private void showResults() {
            Bundle bundle = getIntent().getExtras();
            Object score = bundle.getSerializable("score");
            tvResult.setText(score.toString());
        }
    ...
```

6-3 Fragment UI 设计概念

如今 Android 设备的屏幕尺寸越来越大，设计 UI 画面时如果不善加利用屏幕空间，画面可能会单调到令人觉得有点“丑陋”，如图 6-11 所示。

图 6-11　不善加利用屏幕空间，画面就显得单调有点“丑陋”

要善于利用显示空间，需要将画面分割成好几个部分。假设将画面分割成左、中、右 3 个部分，如图 6-12 所示；这 3 个部分不仅画面各自独立，就连操作内容也各自独立，所以开发者需要一种可以粘贴在 Activity 页面上的组件，而且这个组件要有自己独立的 layout 文件、独立的事件处理甚至独立的生命周期；这种组件在 Android API 中称为 Fragment[1]。图 6-12 所示的 3 个部分，其实就是 3 个 Fragment。

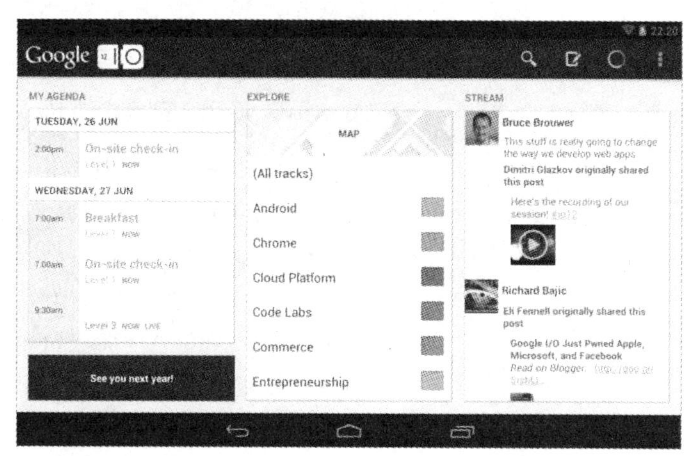

图 6-12　画面分割成左、中、右 3 个部分（Fragment）

Fragment 极具弹性，既可以是 Activity 的一部分，也可以占满整个 Activity 画面。它很独立，拥有自己的 layout 文件与生命周期，性质上非常类似于 Activity，可称它为 sub activity[2]。

6-3-1　Fragment 生命周期

创建 Fragment 非常类似于创建 Activity，只要继承 Fragment 类并改写 Fragment 生命周期的相关方法，即可让系统在特定时候调用这些方法。需要注意的是，Fragment 组件必须依附在 Activity

---

[1] Android 3.0（API level 11）开始支持 Fragment。

[2] 参看 http://developer.android.com/guide/components/fragments.html 第一段。

上，Activity 是主，而 Fragment 是从，因此 Fragment 生命周期会直接受到所依附的 Activity 生命周期的影响。当一个 Activity 进入到 onPause()状态时，所有依附在该 Activity 上的 Fragment 都会进入到 onPause()状态；当该 Activity 进入 onDestroy()状态时，所有依附的 Fragment 也都会进入 onDestroy()状态。当 Activity 正在运行时，开发者可以动态将 Fragment 加在 Activity 上，也可以删除它。

关于 Fragment 生命周期的整个流程请参看图 6-13，并请同时参看该图旁边各相关方法的说明。

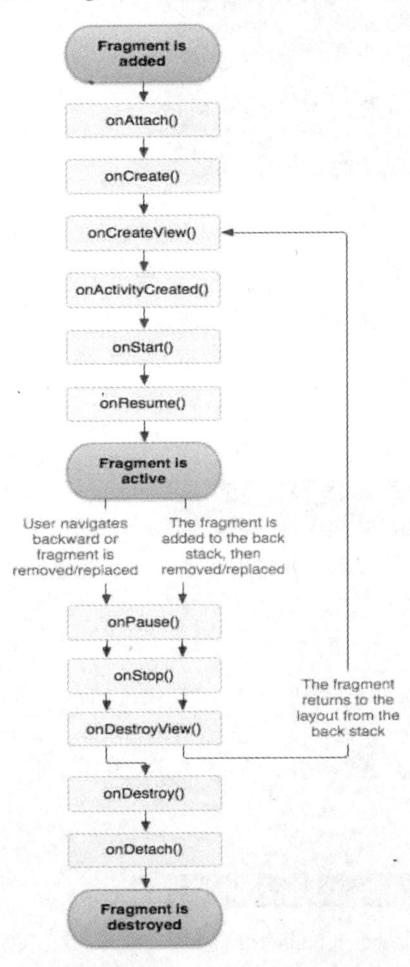

图 6-13　Fragment 生命周期的整个流程

将 Fragment 依附在 Activity 上，到画面显示会经历下列 6 个方法：

1. onAttach()：Fragment 第一次附加在 Activity 时会调用此方法。

2. onCreate()：在此初始化 Fragment。

3. onCreateView()：提供 Fragment 的 UI。

4. onActivityCreated()：Fragment 依附的 Activity 已经创建完毕（完成 Activity.onCreate()）。

5. onStart()：Fragment 画面将要显示。

6. onResume()：Fragment 画面将要与用户进行交互。

当 Fragment 画面将要离开，到脱离所依附的 Activity 会经历下列 5 个方法：

1. onPause()：Activity 进入暂停状态（Activity.onPause()）或是 Fragment 将要脱离 Activity 时调用。

2. onStop()：Activity 进入停止状态（Activity.onStop()）或是 Fragment 脱离 Activity 而停止时调用。

3. onDestroyView()：Fragment 的画面（View）确定脱离 Activity 时调用。

4. onDestroy()：Fragment 将被卸载。

5. onDetach()：Fragment 确定完全脱离 Activity 时调用。

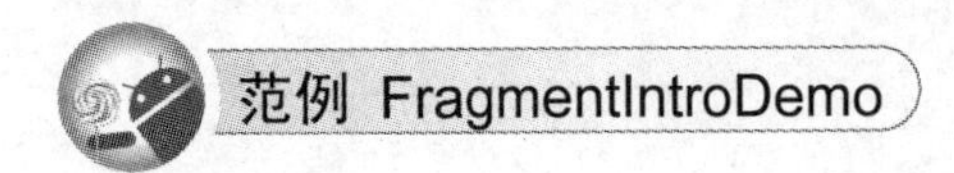

范例 FragmentIntroDemo

范例说明：

- 按下 Add Fragment 按钮会创建 Fragment A 并附加在下方的 layout 上，如图 6-14 所示。
- 按下 Replace Fragment 按钮会以 Fragment B 替换 Fragment A，如图 6-15 所示。
- 按下 Attach Fragment 按钮会贴上 Fragment 画面，如果已经贴上则会以 Toast 方式（简易消息框的方式）显示已经贴上的信息。

- 按下 Detach Fragment 按钮会暂时剥离 Fragment 画面，如果已经剥离，则会以 Toast 方式显示已经剥离的信息。
- 按下 Remove Fragment 按钮会删除 Fragment 画面，删除后就无法以 Attach Fragment 方式贴上，必须重新 Add Fragment。
- 按下 Finish Activity 按钮会结束 Activity。

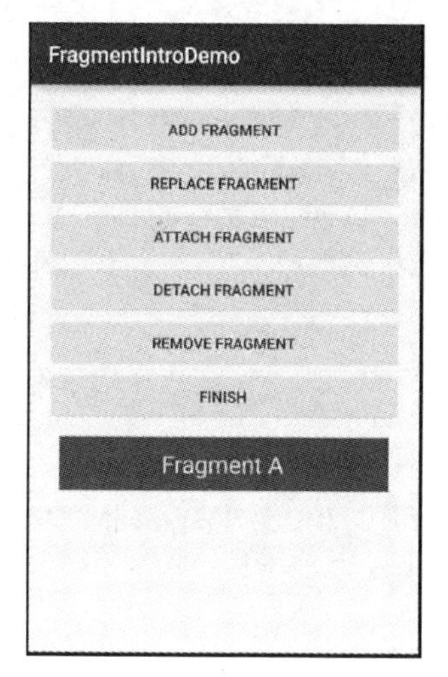

图 6-14　Fragment A

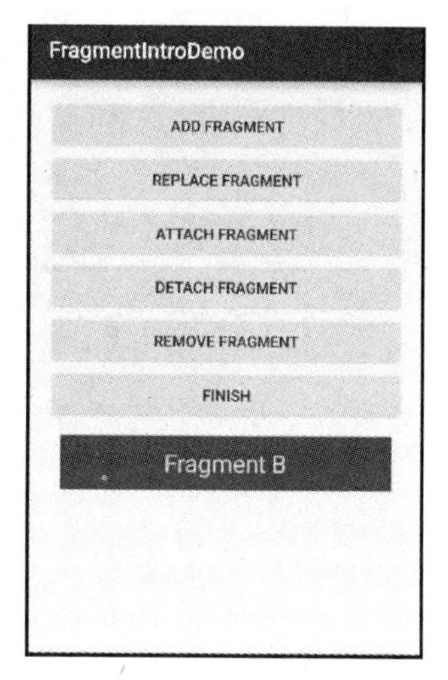

图 6-15　Fragment B

创建步骤：

步骤01 创建 Fragment 的 layout 文件，其中仅放置 TextView 来显示 Fragment 标题。

FragmentIntroDemo > res > layout > my_fragment.xml

```
<?xml version="1.0" encoding="utf-8"?>
<LinearLayout xmlns:android="http://schemas.android.com/apk/res/android"
    android:layout_width="match_parent"
    android:layout_height="match_parent"
    android:background="#005555"
    android:orientation="vertical">

    <TextView
        android:id="@+id/textView"
        android:layout_width="wrap_content"
        android:layout_height="wrap_content"
        android:layout_gravity="center"
        android:layout_margin="10dp"
        android:textColor="#FFFF00"
        android:textSize="22sp" />

</LinearLayout>
```

步骤02 继承 Fragment 并改写 onCreateView()以提供 Fragment 的 UI。

FragmentIntroDemo > java > MyFragment.java

```
public class MyFragment extends Fragment {
    @Override
    public View onCreateView(LayoutInflater inflater, ViewGroup container,
                        Bundle savedInstanceState) {
        super.onCreateView(inflater, container, savedInstanceState);
动态加载 layout 文件 my_fragment.xml 后找到子组件 textView，并将当初创建 Fragment 时所加入的参数通过调用 getArguments()取出后显示在 textView 上，最后将载入的 layout 文件返回
        View view = inflater.inflate(R.layout.my_fragment, container, false);
        TextView textView = (TextView) view.findViewById(R.id.textView);
        String title = getArguments().getString("title");
        textView.setText(title);
        return view;
    }
}
```

步骤03 创建 Activity 的 layout 文件，并创建 FrameLayout 作为之后 Fragment 附加上来时停驻的位置。

FragmentIntroDemo > res > layout > main_activity.xml

```
...
    <FrameLayout
        android:id="@+id/frameLayout"
        android:layout_width="match_parent"
        android:layout_height="wrap_content"
        android:layout_margin="12dp" />
...
```

步骤04 创建 Activity 类，用户可以通过按钮来创建、替换、贴上、剥离或删除 Fragment。

FragmentIntroDemo > java > MainActivity.java

```
public class MainActivity extends ActionBarActivity {
    private static String TAG = "fragment";

    @Override
    protected void onCreate(Bundle savedInstanceState) {
        super.onCreate(savedInstanceState);
        setContentView(R.layout.main_activity);
    }

按下 Add Fragment 按钮创建新的 Fragment，但必须先获取 FragmentManager 与 FragmentTransaction 对象
    public void onAddClick(View view) {
        FragmentManager manager = getSupportFragmentManager();
```

```
        FragmentTransaction transaction = manager.beginTransaction();
```
寻找指定 FrameLayout 上是否有 Fragment 停驻
```
        Fragment fragment = manager.findFragmentById(R.id.frameLayout);
```
得到 null 代表没有 Fragment，立即创建并调用 setArguments()将存好数据的 Bundle 对象加入
```
        if (fragment == null) {
            String title = "Fragment A";
            MyFragment fragmentA = new MyFragment();
            Bundle bundle = new Bundle();
            bundle.putString("title", title);
            fragmentA.setArguments(bundle);
```
将 Fragment 添加到指定的 FrameLayout 上，并给予标签，便于以后调用 findFragmentByTag()找回
```
            transaction.add(R.id.frameLayout, fragmentA, TAG);
```
确定执行 FragmentTransaction 指定的操作
```
            transaction.commit();
        } else {
            showToast("fragment exists");
        }
    }
```

按下 Replace Fragment 按钮会创建一个新的 Fragment 并替换原来 FrameLayout 上面的 Fragment，所以原来的 Fragment 会被删除

```
    public void onReplaceClick(View view) {
        FragmentManager manager = getSupportFragmentManager();
        FragmentTransaction transaction = manager.beginTransaction();

        String title = "Fragment B";
        MyFragment fragmentB = new MyFragment();
        Bundle bundle = new Bundle();
        bundle.putString("title", title);
        fragmentB.setArguments(bundle);

        transaction.replace(R.id.frameLayout, fragmentB, TAG);
        transaction.commit();
    }
```

按下 Attach Fragment 按钮会贴上 Fragment
```
    public void onAttachClick(View view) {
        FragmentManager manager = getSupportFragmentManager();
        FragmentTransaction transaction = manager.beginTransaction();
```
当初把 Fragment 添加到 FrameLayout 时会创建链接，即使已经被剥离（detach），调用 findFragmentById()仍然会找到该 Fragment，除非被删除（remove）才无法找到
```
        Fragment fragment = manager.findFragmentById(R.id.frameLayout);
        if (fragment == null) {
            showToast("fragment doesn't exists");
        } else {
```
如果 Fragment 处于被剥离状态，可以调用 attach()贴上来
```
            if (fragment.isDetached()) {
```

```
                **transaction.attach(fragment);**
                transaction.commit();
            } else {
                showToast("fragment attached");
            }
        }
    }
```

按下 Detach Fragment 按钮会剥离 Fragment

```
    public void onDetachClick(View view) {
        FragmentManager manager = getSupportFragmentManager();
        FragmentTransaction transaction = manager.beginTransaction();
```

当初添加 Fragment 给予了标签，现在可以调用 findFragmentByTag()找回 Fragment

```
        Fragment fragment = manager.findFragmentByTag(TAG);
        if (fragment == null) {
            showToast("fragment doesn't exists");
        } else {
```

如果 Fragment 不是处于被剥离状态，可以调用 detach()将其剥离

```
            if (!fragment.isDetached()) {
                transaction.detach(fragment);
                transaction.commit();
            } else {
                showToast("fragment detached");
            }
        }
    }
```

按下 Remove Fragment 按钮会删除 Fragment，删除后就不能再被贴上

```
    public void onRemoveClick(View view) {
        FragmentManager manager = getSupportFragmentManager();
        FragmentTransaction transaction = manager.beginTransaction();
        Fragment fragment = manager.findFragmentByTag(TAG);
        if (fragment != null) {
            transaction.remove(fragment);
            transaction.commit();
        } else {
            showToast("fragment doesn't exists");
        }
    }
```

按下 Finish 按钮会结束 Activity

```
    public void onFinishClick(View view) {
        finish();
    }

    private void showToast(String message) {
        Toast.makeText(this, message, Toast.LENGTH_SHORT).show();
```

```
        }
    }
```

6-3-2　页面分割

用户操作平板电脑时，一般都是横排（landscape 模式），所以画面较宽。如果整个 Activity 页面仅显示单个画面会显得十分单调且不美观，所以最好将 Activity 页面分割成两个以上的画面。这种设计称作多窗格（multi-pane）模式，每一个画面就像一个窗格，由一个 Fragment 负责，如图 6-16 的左图部分[1]；当单击左半部选项，会在右半部显示对应的内容，而且这两个 Fragment 都归属于同一个 Activity 控制。

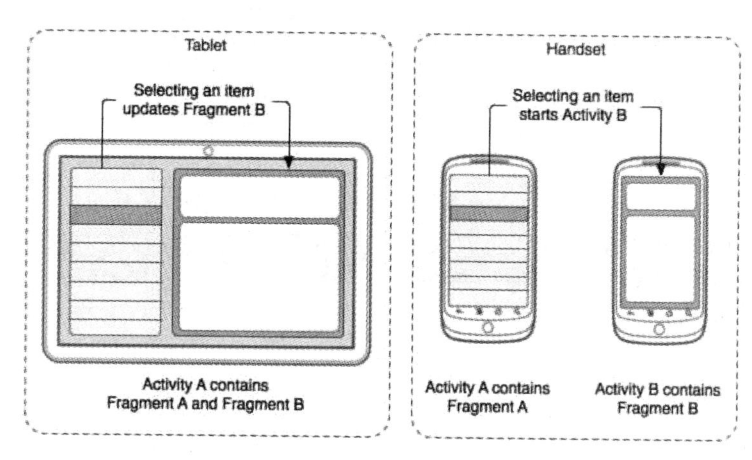

图 6-16　平板电脑横排时采用两个 Fragment 对页面进行分割，而在智能手机上不分割

智能手机大多采用竖排（portrait）模式，手机屏幕已经比平板电脑小，再采用竖排模式时，能显示的画面就更窄了。如果将画面分割成左右两块，可以显示文字、图片的空间会被进一步压缩，所以这种情况下不妨采取单一窗格模式，此时有两种设计方式：

1. 直接使用 Activity 来控制画面。
2. 使用 Fragment 来设计整页画面，然后将该 Fragment 附加在 Activity 上，如图 6-16 的右图部分，Activity A 上附加 Fragment A，单击 Fragment A 上的选项后会打开新的 Activity B 并附加 Fragment B，在 Fragment B 上显示对应的内容。

方式 2 的设计模式更具弹性，因为 Fragment 可以附加在任何指定的 Activity 上，更容易达到重复利用与模块化，这也是 Android 官网开发者所建议的设计模式。

范例说明：

- 移动设备横排模式时（仿真器按 Ctrl-F11 可以改变横排/竖排模式），导航栏在左侧，单击

---

[1] 参看 http://developer.android.com/guide/topics/fundamentals/fragments.html#Design。

导航栏的项目会将对应的详细内容显示在右侧，也就是双窗格（dual-pane）模式，如图 6-17 所示。

- 移动设备竖排模式时，整个画面只显示导航栏，单击导航栏的项目会将对应的内容显示在下一页，如图 6-18 所示。

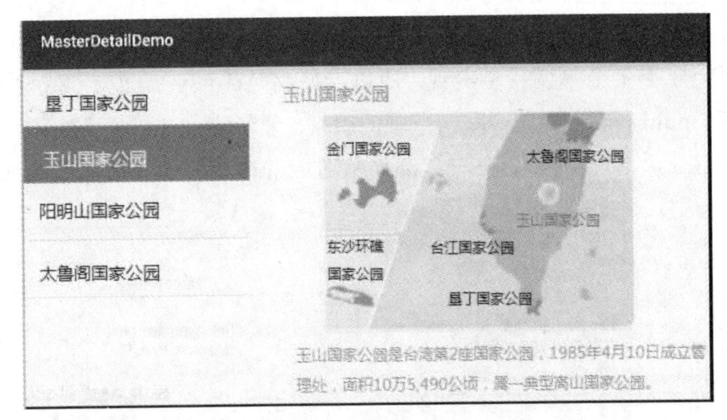

图 6-17　范例 MasterDetailDemo 演示双窗格显示方式

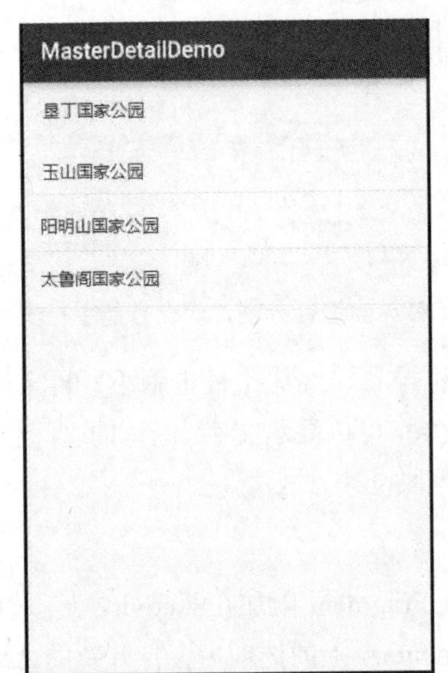

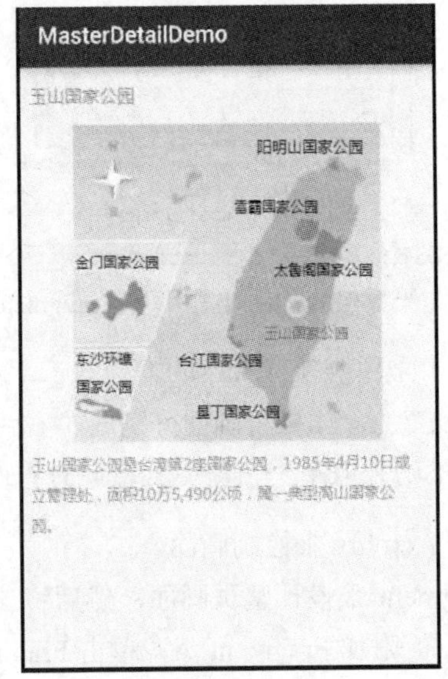

图 6-18　移动设备竖排采用单一窗格的显示方式

创建步骤：

步骤01 如果要考虑竖排与横排两种模式，至少要创建两个 layout 文件：

- master_activity_onepane.xml 给竖排模式使用，文件内容只有一个 Fragment，采用单一窗格进行设计。
- master_activity_twopanes.xml 给横排模式使用，文件内容除了有一个 Fragment 之外，还有一个 FrameLayout 用来显示另一个画面，采用双窗格设计。

MasterDetailDemo > res > layout > master_activity_**onepane**.xml

```
<?xml version="1.0" encoding="utf-8"?>
<FrameLayout xmlns:android="http://schemas.android.com/apk/res/android"
    android:layout_width="match_parent"
    android:layout_height="match_parent" >

    <fragment
        android:id="@+id/master"
        android:layout_width="match_parent"
        android:layout_height="match_parent"
执行时会直接创建 MasterFragment 实例
        class="idv.ron.masterdetaildemo.MasterFragment" />

</FrameLayout>
```

MasterDetailDemo > res > layout > master_activity_**twopanes**.xml

```
<?xml version="1.0" encoding="utf-8"?>
<LinearLayout xmlns:android="http://schemas.android.com/apk/res/android"
    android:layout_width="match_parent"
    android:layout_height="match_parent"
    android:orientation="horizontal" >

    <fragment
        android:id="@+id/master"
        android:layout_width="0px"
        android:layout_height="match_parent"
        android:layout_weight="1"
        class="idv.ron.masterdetaildemo.MasterFragment" />

    <FrameLayout
        android:id="@+id/detail"
        android:layout_width="0px"
        android:layout_height="match_parent"
        android:layout_weight="2"
        android:background="?android:attr/detailsElementBackground" />

</LinearLayout>
```

步骤02 如果要考虑竖排与横排两种模式，可以在 res/values 目录内创建 layouts.xml（竖排模式会套用）与 layouts.xml（land）（横排模式会套用）两种文件。Android 操作系统会在设备为横排模式时动态套用 layouts.xml（land），因为有后缀单词 land。在设备为竖排模式时找不到后缀单词为 port 的文件，就会找没有后缀单词的 layouts.xml，因为没有后缀单词的代表默认值。

MasterDetailDemo > res > values > layouts.xml

```
<?xml version="1.0" encoding="utf-8"?>
<resources>

竖排模式时,如果指定的layout名称是master_activity,就会指向master_activity_onepane.xml
文件，采用单一窗格模式
    <item name="master_activity" type="layout">@layout/master_activity_onepane</item>
    <item name="detail_fragment" type="layout">@layout/detail_fragment_normal</item>

</resources>
```

MasterDetailDemo > res > values > layouts.xml (land)

```
<?xml version="1.0" encoding="utf-8"?>
<resources>

横排模式时，如果指定的 layout 名称是 master_activity，就会指向
master_activity_twopanes.xml 文件，采用双窗格模式
    <item    name="master_activity"    type="layout">@layout/master_activity_twopanes
</item>
    <item name="detail_fragment" type="layout">@layout/detail_fragment_normal</item>

</resources>
```

步骤03 创建首页 Activity-MasterActivity，调用 setContentView()加载 master_activity 时会按照设备是竖排或横排，找到步骤 2 的 layouts.xml/layouts.xml (land)文件；再引用步骤 1 的 master_activity_onepane.xml 或 master_activity_twopanes.xml 文件，来决定显示的是单一窗格模式还是双窗格模式。

MasterDetailDemo > java > MasterActivity.java

```
public class MasterActivity extends ActionBarActivity {

    @Override
    protected void onCreate(Bundle savedInstanceState) {
        super.onCreate(savedInstanceState);
        setContentView(R.layout.master_activity);
    }
}
```

步骤04 因为首页 MasterActivity 加载的 layout 文件中有 MasterFragment，所以会在载入 MasterActivity 之后就会加载 MasterFragment。MasterFragment 继承 ListFragment，直接就有 ListView 功能，用来当作导航栏。

MasterDetailDemo > java > MasterFragment.java

```
public class MasterFragment extends ListFragment {
    private boolean isDualPane;
```

```
    private int position;

    @Override
    public void onActivityCreated(Bundle savedInstanceState) {
        super.onActivityCreated(savedInstanceState);
```

PARKS 存储了多个 Park（公园）对象，用循环获取各公园名称后存入 List 当作之后导航栏的项目文字

```
        ArrayList<String> parkNames = new ArrayList<>();
        for (MyData.Park park : MyData.PARKS) {
            parkNames.add(park.getName());
        }
```

Fragment 可以调用 getActivity()获取依附的 Activity

R.id.detail 存放在 master_activity_**twopanes**.xml，会加载此 layout 文件代表设备是横排模式，采用双窗格设计。如果设备是竖排模式会加载 master_activity_**onepane**.xml，findViewById(R.id.detail)会得到 null 值；换句话说不是 null 就代表是横排模式，采用双窗格设计

```
        View detailFrame = getActivity().findViewById(R.id.detail);
        isDualPane = detailFrame != null
                && detailFrame.getVisibility() == View.VISIBLE;
```

设备翻转后将 onSaveInstanceState()存储的导航栏被单击的选项位置取出

```
        if (savedInstanceState != null) {
            position = savedInstanceState.getInt("position");
        }

        getListView().setChoiceMode(ListView.CHOICE_MODE_SINGLE);
        if (isDualPane) {
```

设置导航栏 ListView 的选项内容。simple_list_item_activated_1 会显示选取状态

```
            setListAdapter(new ArrayAdapter<>(getActivity(),
                    android.R.layout.simple_list_item_activated_1, parkNames));
            getListView().setItemChecked(position, true);
            showDetail();
        } else {
```

单一窗格模式不需要显示选取状态，所以设为 simple_list_item_1

```
            setListAdapter(new ArrayAdapter<>(getActivity(),
                    android.R.layout.simple_list_item_1, parkNames));
        }
    }
```

设备翻转前先将导航栏单击的选项位置保存

```
    @Override
    public void onSaveInstanceState(Bundle outState) {
        super.onSaveInstanceState(outState);
        outState.putInt("position", position);
    }

    @Override
    public void onListItemClick(ListView l, View v, int position, long id) {
```

```
        this.position = position;
        showDetail();
    }
```

如果是双窗格模式，直接在另一个 Fragment 显示对应的详细(detail)内容；如果是单一窗格模式，打开新的 Activity 并在之后附加 Fragment 显示对应的内容

```
    void showDetail() {
        if (isDualPane) {
            DetailFragment detailFragment = (DetailFragment) getFragmentManager()
                    .findFragmentById(R.id.detail);
```

detail 的 Fragment 不存在或即使存在，但 position 与被选取选项的位置不符合，就会创建新的 DetailFragment 来显示 detail 内容

```
            if (detailFragment == null || detailFragment.getIndex() != position) {
                detailFragment = new DetailFragment();
                Bundle bundle = new Bundle();
                bundle.putInt("position", position);
                detailFragment.setArguments(bundle);
                FragmentTransaction ft = getFragmentManager()
                        .beginTransaction();
                ft.replace(R.id.detail, detailFragment);
```

设置换页的动画为淡入淡出模式

```
                ft.setTransition(FragmentTransaction.TRANSIT_FRAGMENT_FADE);
                ft.commit();
            } else {
```

将被选取的选项位置存入 DetailFragment 参数中

```
                Bundle bundle = detailFragment.getArguments();
                bundle.putInt("position", position);
            }
        } else {
            Intent intent = new Intent(getActivity(), DetailActivity.class);
            Bundle bundle = new Bundle();
            bundle.putInt("position", position);
            intent.putExtras(bundle);
            startActivity(intent);
        }
    }
}
```

步骤05 如果是单一窗格设计，就创建 DetailActivity，并在其上附加 DetailFragment 来显示 detail 内容。

MasterDetailDemo > java > DetailActivity.java

```
public class DetailActivity extends ActionBarActivity {

    @Override
    protected void onCreate(Bundle savedInstanceState) {
        super.onCreate(savedInstanceState);
```

```
        setContentView(R.layout.detail_activity);
如果是横排模式，不会采用单一窗格设计，就结束此 Activity
        Configuration configuration = getResources().getConfiguration();
        if (configuration.orientation == Configuration.ORIENTATION_LANDSCAPE) {
            finish();
            return;
        }

将 MasterFragment 传来的被选取的选项位置转给新创建的 DetailFragment，并将 DetailFragment
加在此 Activity 上
        int position = getIntent().getExtras().getInt("position");
        DetailFragment detailFragment = new DetailFragment();
        Bundle bundle = new Bundle();
        bundle.putInt("position", position);
        detailFragment.setArguments(bundle);
        FragmentTransaction ft = getFragmentManager().beginTransaction();
        ft.add(R.id.frameLayout, detailFragment).commit();
    }
}
```

步骤06 DetailFragment 专门用来显示公园的 detail 内容。

MasterDetailDemo > java > DetailFragment.java

```
public class DetailFragment extends Fragment {
    private int position;

    public int getIndex() {
        return position;
    }

返回的 View 会成为 DetailFragment 的画面，container 是 DetailFragment 中的父组件
    @Override
    public View onCreateView(LayoutInflater inflater, ViewGroup container,
                             Bundle savedInstanceState) {
        super.onCreateView(inflater, container, savedInstanceState);
单一窗格时不会有 FrameLayout 作为 container（参看 master_activity_onepane.xml），所以不需
要 DetailFragment，因此返回 null
        if (container == null) {
            return null;
        }
        Bundle bundle = this.getArguments();
        position = bundle.getInt("position");
获取对应的 Park 对象，将信息显示在各个 UI 组件上
        MyData.Park park = MyData.PARKS[position];
        View view = inflater.inflate(R.layout.detail_fragment, container, false);
        TextView tvHeadline = (TextView) view.findViewById(R.id.tvHeadline);
        tvHeadline.setText(park.getName());
```

```
        ImageView ivImage = (ImageView) view.findViewById(R.id.ivImage);
        ivImage.setImageResource(park.getImageId());
        TextView tvDescription = (TextView) view.findViewById(R.id.tvDescription);
        tvDescription.setText(park.getDescription());
        return view;
    }
}
```

6-4 DialogFragment

Android 3.0（API Level 11）开始支持 DialogFragment。可以将对话框—— Dialog 对象放在 DialogFragment 上。通过继承 DialogFragment 并改写 onCreateDialog()来创建想要的 Dialog，例如 AlertDialog、DatePickerDialog 与 TimePickerDialog。

6-4-1 AlertDialog

AlertDialog 是 Dialog 的子类，可能是最常见的对话框，用来提醒用户或是要用户做决定。创建 AlertDialog 时可以使用 AlertDialog.Builder 类来设置 4 个部分：

- 标题文字
- 图标
- 消息正文
- 对话框的按钮，上面的文字与 OnClickListener 监听器

范例 AlertDialogDemo

范例说明：

- 按下 Exit 按钮后会弹出 AlertDialog 并显示对应的标题、图标、信息与按钮。
- 按下 Yes 按钮会结束并离开此应用程序。
- 按下 No 按钮会回到主窗口。范例效果如图 6-19 所示。

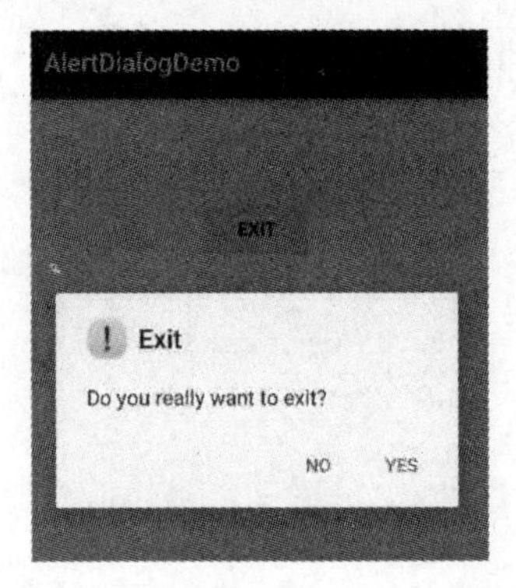

图 6-19 范例 AlertDialogDemo 演示预警对话框

创建步骤：

步骤01 AlertDialog 不像一般 UI 组件一样使用 layout 文件来创建，而是使用程序代码来动态创建，所以此页的 layout 文件内容并没有 AlertDialog 组件，只有一个触发 AlertDialog 弹出的 Exit 按钮。

AlertDialogDemo > res > layout > main_activity.xml

```
<RelativeLayout xmlns:android="http://schemas.android.com/apk/res/android"
    xmlns:tools="http://schemas.android.com/tools"
    android:layout_width="match_parent"
    android:layout_height="match_parent"
    android:paddingLeft="@dimen/activity_horizontal_margin"
    android:paddingRight="@dimen/activity_horizontal_margin"
    android:paddingTop="@dimen/activity_vertical_margin"
    android:paddingBottom="@dimen/activity_vertical_margin"
    tools:context=".MainActivity">

    <Button
        android:layout_width="wrap_content"
        android:layout_height="wrap_content"
        android:text="@string/text_btExit"
        android:id="@+id/btExit"
        android:onClick="onExitClick"
        android:layout_alignParentTop="true"
        android:layout_centerHorizontal="true"
        android:layout_marginTop="58dp" />
</RelativeLayout>
```

步骤02 继承 DialogFragment 并改写 onCreateDialog()以提供想要显示的对话框。

AlertDialogDemo > java > MainActivity.java

```
public class MainActivity extends ActionBarActivity {
    @Override
    protected void onCreate(Bundle savedInstanceState) {
        super.onCreate(savedInstanceState);
        setContentView(R.layout.main_activity);
    }

    AlertDialogFragment 继承 DialogFragment 并改写 onCreateDialog()以提供想要显示的对话框。
实现 DialogInterface.OnClickListener 并改写 onClick()以处理对话框上的按钮单击事件。当 Fragment
为内部类时，必须声明为 static
    public static class AlertDialogFragment
            extends DialogFragment implements DialogInterface.OnClickListener {
        @Override
        public Dialog onCreateDialog(Bundle savedInstanceState) {
            return new AlertDialog.Builder(getActivity())
```

设置对话框的标题文字、图标、消息正文、positive 与 negative 按钮上面的文字与单击事件监听器

```
                .setTitle(R.string.title)
                .setIcon(R.drawable.alert)
                .setMessage(R.string.msg_Alert)
                .setPositiveButton(R.string.text_btYes, this)
                .setNegativeButton(R.string.text_btNo, this)
                .create();
    }
```

实现 DialogInterface.OnClickListener 后，单击对话框上的按钮会调用 onClick()方法，此时会将被按下的按钮属于 positive 还是 negative 按钮的代号传给 which 参数，可以借此判断是什么按钮被按下

```
    @Override
    public void onClick(DialogInterface dialog, int which) {
        switch (which) {
            case DialogInterface.BUTTON_POSITIVE:
                getActivity().finish();
                break;
            case DialogInterface.BUTTON_NEGATIVE:
                dialog.cancel();
                break;
            default:
                break;
        }
    }
}
```

按下 Exit 按钮时创建 AlertDialogFragment，调用 show()会将 AlertDialogFragment.onCreateDialog()返回的 AlertDialog 显示出来

```
    public void onExitClick(View view) {
        AlertDialogFragment alertFragment = new AlertDialogFragment();
        FragmentManager fragmentManager = getSupportFragmentManager();
        alertFragment.show(fragmentManager, "alert");
    }
}
```

6-4-2 DatePickerDialog 与 TimePickerDialog

为了让用户能够更直观并且正确地挑选日期/时间，开发者可以使用 DatePickerDialog/TimePickerDialog 以可视的方式选取组件以达到此目的。在此也会以 DialogFragment 来装载 DatePickerDialog/TimePickerDialog。

范例说明：

- 按下如图 6-20-1 所示中的 Date Picker 按钮会弹出 DatePickerDialog 让用户选择日期，如图

6-20-2 所示。选完日期再按下 OK 按钮，就会将选择的日期显示在图 6-20-1 的文本框上。

- 按下如图 6-20-1 所示的 Time Picker 按钮会弹出 TimePickerDialog 让用户选择时间，如图 6-20-3 所示。选完时间再按下 OK 按钮，会将选择的时间显示在图 6-20-1 的文本框上。

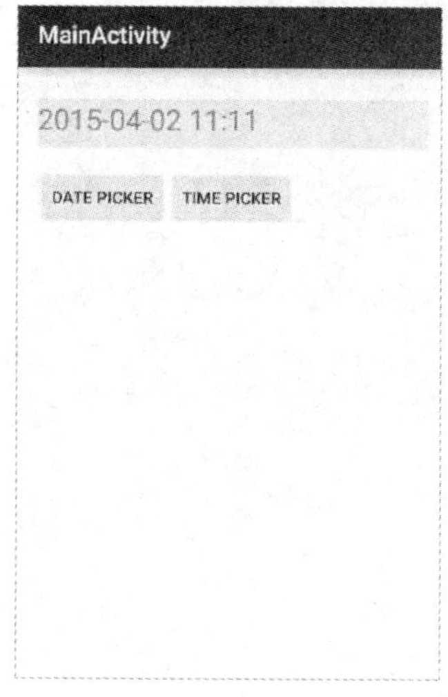

图 6-20-1　范例效果

图 6-20-2　选择日期

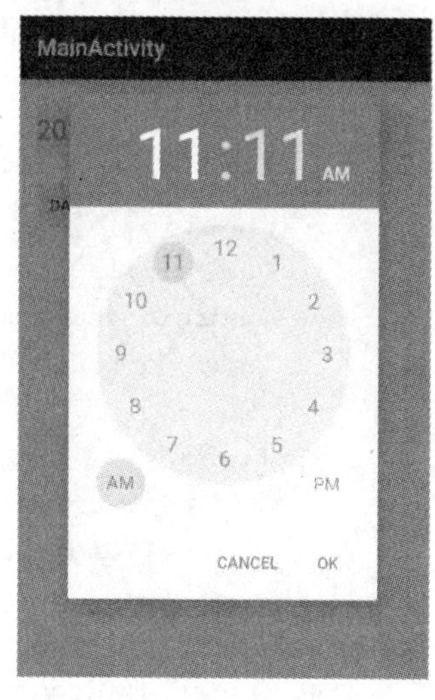

图 6-20-3　选择时间

创建步骤：

步骤01 DatePickerDialog/TimePickerDialog 不像一般 UI 组件使用 layout 文件来创建，而是使用程序代码来动态创建，所以此页的 layout 文件内容并没有 DatePickerDialog/TimePickerDialog 组件，只有一个触发 DatePickerDialog 的 DatePicker 按钮与一个触发 TimePickerDialog 的 TimePicker 按钮。

DateTimePickerDemo > res > layout > main_activity.xml

```
<RelativeLayout xmlns:android="http://schemas.android.com/apk/res/android"
    xmlns:tools="http://schemas.android.com/tools"
    android:layout_width="match_parent"
    android:layout_height="match_parent"
    android:paddingLeft="@dimen/activity_horizontal_margin"
    android:paddingRight="@dimen/activity_horizontal_margin"
    android:paddingTop="@dimen/activity_vertical_margin"
    android:paddingBottom="@dimen/activity_vertical_margin"
    tools:context=".MainActivity">

    <TextView
        android:id="@+id/tvDateTime"
        android:layout_width="match_parent"
        android:layout_height="40dp"
        android:layout_marginTop="10dp"
        android:background="#FFFF00"
        android:text="@string/text_tvDateTime"
```

```
        android:textSize="24sp" />

    <Button
        android:id="@+id/btDatePicker"
        style="?android:attr/buttonStyleSmall"
        android:layout_width="wrap_content"
        android:layout_height="wrap_content"
        android:layout_alignLeft="@+id/tvDateTime"
        android:layout_below="@+id/tvDateTime"
        android:layout_marginTop="17dp"
        android:onClick="onDateClick"
        android:text="@string/text_btDatePicker" />

    <Button
        android:id="@+id/btTime"
        style="?android:attr/buttonStyleSmall"
        android:layout_width="wrap_content"
        android:layout_height="wrap_content"
        android:layout_alignBaseline="@+id/btDatePicker"
        android:layout_alignBottom="@+id/btDatePicker"
        android:layout_toRightOf="@+id/btDatePicker"
        android:onClick="onTimeClick"
        android:text="@string/text_btTimePicker" />

</RelativeLayout>
```

步骤02 继承 DialogFragment 并改写 onCreateDialog()以提供想要显示的日期/时间挑选器。

DateTimePickerDemo > java > MainActivity.java

```
public class MainActivity extends ActionBarActivity {
    private static TextView tvDateTime;
    private static int mYear, mMonth, mDay, mHour, mMinute;

    @Override
    protected void onCreate(Bundle savedInstanceState) {
        super.onCreate(savedInstanceState);
        setContentView(R.layout.main_activity);
        tvDateTime = (TextView) findViewById(R.id.tvDateTime);
        showNow();
    }

 获取当前的日期和时间并调用 updateDisplay()显示在 TextView 上
    private static void showNow() {
        Calendar calendar = Calendar.getInstance();
        mYear = calendar.get(Calendar.YEAR);
        mMonth = calendar.get(Calendar.MONTH);
        mDay = calendar.get(Calendar.DAY_OF_MONTH);
```

```
        mHour = calendar.get(Calendar.HOUR_OF_DAY);
        mMinute = calendar.get(Calendar.MINUTE);
        updateDisplay();
    }
```

将指定的日期显示在 TextView 上。一月的值是 0 而非 1，所以“mMonth + 1”后才显示

```
    private static void updateDisplay() {
        tvDateTime.setText(new StringBuilder().append(mYear).append("-")
                .append(pad(mMonth + 1)).append("-").append(pad(mDay))
                .append(" ").append(pad(mHour)).append(":")
                .append(pad(mMinute)));
    }
```

若数字有十位数，直接显示；若只有个位数则补 0 后再显示。例如 7 会改成 07 后再显示

```
    private static String pad(int number) {
        if (number >= 10)
            return String.valueOf(number);
        else
            return "0" + String.valueOf(number);
    }
```

DatePickerDialogFragment 继承 DialogFragment 并改写 onCreateDialog()以提供想要显示的日期挑选器。实现 DatePickerDialog.OnDateSetListener 并改写 onDateSet()以处理日期挑选完成事件。当 Fragment 为内部类时，必须声明为 static

```
    public static class DatePickerDialogFragment extends DialogFragment implements
            DatePickerDialog.OnDateSetListener {
        @Override
        public Dialog onCreateDialog(Bundle savedInstanceState) {
```

this 为 OnDateSetListener 对象；mYear、mMonth、mDay 会成为日期挑选器预选的年、月、日

```
            DatePickerDialog datePickerDialog = new DatePickerDialog(
                    getActivity(), this, mYear, mMonth, mDay);
            return datePickerDialog;
        }

        @Override
```

日期挑选完成后就会调用此方法，并传入选取的年、月、日

```
        public void onDateSet(DatePicker view, int year, int month, int day) {
            mYear = year;
            mMonth = month;
            mDay = day;
            updateDisplay();
        }
    }
```

TimePickerDialogFragment 继承 DialogFragment 并改写 onCreateDialog()以提供想要显示的时间挑选器。实现 TimePickerDialog.OnTimeSetListener 并改写 onTimeSet()以处理时间挑选完成事件。当 Fragment 为内部类时，必须声明为 static

```
    public static class TimePickerDialogFragment extends DialogFragment implements
            TimePickerDialog.OnTimeSetListener {
        @Override
        public Dialog onCreateDialog(Bundle savedInstanceState) {
    this 为 OnTimeSetListener 对象；mHour、mMinute 会成为时间挑选器预选的时与分，false 代表 12 时制
            TimePickerDialog timePickerDialog = new TimePickerDialog(
                    getActivity(), this, mHour, mMinute, false);
            return timePickerDialog;
        }

        @Override
    时间挑选完成后就会调用此方法，并传入选取的时与分
        public void onTimeSet(TimePicker view, int hourOfDay, int minute) {
            mHour = hourOfDay;
            mMinute = minute;
            updateDisplay();
        }
    }

    按下 DatePicker 按钮时创建 DatePickerDialogFragment，调用 show() 会将
DatePickerDialogFragment.onCreateDialog()返回的 DatePickerDialog 显示出来
    public void onDateClick(View view) {
        DatePickerDialogFragment datePickerFragment = new DatePickerDialogFragment();
        FragmentManager fm = getSupportFragmentManager();
        datePickerFragment.show(fm, "datePicker");
    }

    按下 TimePicker 按钮时创建 TimePickerDialogFragment，调用 show() 会将
TimePickerDialogFragment.onCreateDialog()返回的 TimePickerDialog 显示出来
    public void onTimeClick(View view) {
        TimePickerDialogFragment timePickerFragment = new TimePickerDialogFragment();
        FragmentManager fm = getSupportFragmentManager();
        timePickerFragment.show(fm, "timePicker");
    }
}
```

6-5 ViewPager

ViewPager 使用 Fragment 来显示一页，允许用户以左滑或右滑方式换页；属于 support 函数库，所以可以向前兼容。开发者需要实现 PagerAdapter 来提供每页的内容[1]；不过一般而言，继承其子类 FragmentPagerAdapter 或 FragmentStatePagerAdapter 会比较简便。

如果页面数量少，而且内容都固定无变化，建议采用 FragmentPagerAdapter，因为它会将页面

---

1 其实 ViewPager 概念上非常类似 ListView，只不过 ViewPager 是将一页当作一个选项，而且是以一个 Fragment 来装载一页内容；而 ListView 是将一行当作一个选项。

信息保存在内存中便于之后重复使用，所以用户在这些页面切换时会很流畅。如果页面数量大或内容变化也大，则建议采用 FragmentStatePagerAdapter，因为这样才能在每次换页时，把被换掉而无法显示的页面从内存中清除，以避免占用过多的内存空间[1]。

范例 ViewPagerDemo

范例说明：

- ViewPager 可以让用户以左滑或右滑方式换页，而换一页就是换一个会员资料。
- 按下 First 按钮会切换到 ViewPager 第一页。
- 按下 Last 按钮会切换到 ViewPager 最后一页。范例效果如图 6-21 所示。

图 6-21　范例 ViewPagerDemo 演示换页功能

创建步骤：

步骤01 创建 Member 类，产生的对象用于存储会员的相关资料：id 代表会员 ID、image 代表会员照片的资源 ID，name 代表会员名称。实现 Serializable 是因为 Member 对象要存储在 Bundle 内。

ViewPagerDemo > java > Member.java

```
public class Member implements Serializable {
    private int id;
    private int image;
    private String name;

    public Member(int id, int image, String name) {
        super();
        this.id = id;
        this.image = image;
        this.name = name;
    }

    public int getImage() {
```

[1] 参看 http://developer.android.com/reference/android/support/v4/app/FragmentPagerAdapter.html。

```
        return image;
    }

    public void setImage(int image) {
        this.image = image;
    }

    public String getName() {
        return name;
    }

    public void setName(String name) {
        this.name = name;
    }

    public int getId() {
        return id;
    }

    public void setId(int id) {
        this.id = id;
    }
}
```

步骤02 ViewPager 的每一页都是 Fragment，需要创建 Fragment 的 layout 文件。在此每一页都代表一个会员，所以需要 ImageView、TextView 来显示会员照片与姓名等信息。

ViewPagerDemo > res > layout > member_fragment.xml

```
<LinearLayout xmlns:android="http://schemas.android.com/apk/res/android"
    android:layout_width="match_parent"
    android:layout_height="match_parent"
    android:orientation="vertical">

    <ImageView
        android:id="@+id/ivImage"
        android:layout_width="wrap_content"
        android:layout_height="wrap_content"
        android:padding="6dp"
        android:layout_gravity="center" />

    <LinearLayout
        android:layout_width="wrap_content"
        android:layout_height="wrap_content"
        android:layout_gravity="center"
        android:orientation="horizontal">

        <TextView
```

```
        android:id="@+id/tvId"
        android:layout_width="wrap_content"
        android:layout_height="wrap_content"
        android:textSize="20sp" />

    <TextView
        android:id="@+id/tvName"
        android:layout_width="wrap_content"
        android:layout_height="wrap_content"
        android:layout_marginLeft="6dp"
        android:textSize="20sp" />
  </LinearLayout>

</LinearLayout>
```

步骤03 继承 Fragment 并改写 onCreateView()以提供 Fragment 的 UI。创建可以实例化 Fragment 的 newInstance()，便于 ViewPager 产生 Fragment 时可以将 member 会员对象传递过来。

ViewPagerDemo > java > MemberFragment.java

```
public class MemberFragment extends Fragment {
    private Member member;

调用此方法可以实例化 Fragment 并将会员对象传递过来，以 setArguments()方式将该对象加在
Fragment 上，方便以后在 onCreate()取得
    public static MemberFragment newInstance(Member member) {
        MemberFragment fragment = new MemberFragment();
        Bundle args = new Bundle();
        args.putSerializable("member", member);
        fragment.setArguments(args);
        return fragment;
    }

    public MemberFragment() {
        // Required empty public constructor
    }

获取会员对象后赋值给实例变量，便于 onCreateView()时使用
    @Override
    public void onCreate(Bundle savedInstanceState) {
        super.onCreate(savedInstanceState);
        if (getArguments() != null) {
            member = (Member) getArguments().getSerializable("member");
        }
    }

将会员对象 member 的相关数据取出后并显示在 ImageView 与 TextView 上
    @Override
```

```
    public View onCreateView(LayoutInflater inflater, ViewGroup container,
                             Bundle savedInstanceState) {
        View view = inflater.inflate(R.layout.member_fragment, container, false);
        ImageView ivImage = (ImageView) view
                .findViewById(R.id.ivImage);
        ivImage.setImageResource(member.getImage());

        TextView tvId = (TextView) view
                .findViewById(R.id.tvId);
        tvId.setText(Integer.toString(member.getId()));

        TextView tvName = (TextView) view
                .findViewById(R.id.tvName);
        tvName.setText(member.getName());
        return view;
    }
}
```

步骤04 在首页的 layout 文件中创建 ViewPager。

ViewPagerDemo > res > layout > main_activity.xml

```
<LinearLayout xmlns:android="http://schemas.android.com/apk/res/android"
    xmlns:tools="http://schemas.android.com/tools"
    android:layout_width="match_parent"
    android:layout_height="match_parent"
    android:orientation="vertical"
    android:paddingLeft="@dimen/activity_horizontal_margin"
    android:paddingRight="@dimen/activity_horizontal_margin"
    android:paddingTop="@dimen/activity_vertical_margin"
    android:paddingBottom="@dimen/activity_vertical_margin"
    tools:context=".MainActivity">

    <android.support.v4.view.ViewPager
        android:id="@+id/vpMember"
        android:layout_width="match_parent"
        android:layout_height="wrap_content"
        android:layout_weight="1" />
```

如果要去除按钮的框线，按钮的父组件增加 style="?android:buttonBarStyle"属性，按钮则加上 style="?android:buttonBarButtonStyle"属性

```
    <LinearLayout
        android:layout_width="match_parent"
        android:layout_height="wrap_content"
        android:layout_weight="0"
        android:gravity="center"
        style="?android:buttonBarStyle">
```

```
        <Button
            android:id="@+id/btFirst"
            android:layout_width="wrap_content"
            android:layout_height="wrap_content"
            android:onClick="onFirstClick"
            android:text="@string/text_btFirst"
            style="?android:buttonBarButtonStyle" />

        <Button
            android:id="@+id/btLast"
            android:layout_width="wrap_content"
            android:layout_height="wrap_content"
            android:onClick="onLastClick"
            android:text="@string/text_btLast"
            style="?android:buttonBarButtonStyle" />

    </LinearLayout>
</LinearLayout>
```

步骤05 继承 FragmentStatePagerAdapter 并改写 getCount()与 getItem()，以创建 ViewPager 每一页的内容。

ViewPagerDemo > java > MainActivity.java

```
public class MainActivity extends ActionBarActivity {
    private List<Member> memberList;
    private ViewPager vpMember;

    @Override
    protected void onCreate(Bundle savedInstanceState) {
        super.onCreate(savedInstanceState);
        setContentView(R.layout.main_activity);
获取会员列表后传至 MemberAdapter 的构造函数，ViewPager 再套用该 MemberAdapter 即可显示所有
会员信息
        List<Member> memberList = getMemberList();
        MemberAdapter memberAdapter = new MemberAdapter(getSupportFragmentManager(),
memberList);
        vpMember = (ViewPager) findViewById(R.id.vpMember);
        vpMember.setAdapter(memberAdapter);
    }

创建会员列表
    private List<Member> getMemberList() {
        memberList = new ArrayList<>();
        memberList.add(new Member(23, R.drawable.p01, "John"));
        memberList.add(new Member(75, R.drawable.p02, "Jack"));
        memberList.add(new Member(65, R.drawable.p03, "Mark"));
        memberList.add(new Member(12, R.drawable.p04, "Ben"));
```

```
        memberList.add(new Member(92, R.drawable.p05, "James"));
        memberList.add(new Member(103, R.drawable.p06, "David"));
        memberList.add(new Member(45, R.drawable.p07, "Ken"));
        memberList.add(new Member(78, R.drawable.p08, "Ron"));
        memberList.add(new Member(234, R.drawable.p09, "Jerry"));
        memberList.add(new Member(35, R.drawable.p10, "Maggie"));
        memberList.add(new Member(57, R.drawable.p11, "Sue"));
        memberList.add(new Member(61, R.drawable.p12, "Cathy"));
        return memberList;
    }
```

MemberAdapter 继承 FragmentStatePagerAdapter 后改写 getCount()与 getItem()，以提供 ViewPager 各页内容

```
    private class MemberAdapter extends FragmentStatePagerAdapter {
        List<Member> memberList;
```

MemberAdapter 构造函数接到 memberList 会员列表后赋值给实例变量，便于之后使用

```
        private MemberAdapter(FragmentManager fm, List<Member> memberList) {
            super(fm);
            this.memberList = memberList;
        }
```

改写 getCount()提供总页数，在此返回总会员数，代表一页显示一个会员信息

```
        @Override
        public int getCount() {
            return memberList.size();
        }
```

改写 getItem()并按照 position 位置获取对应 Member 对象后调用 MemberFragment.newInstance()将该 Member 对象当作参数传递，让产生的 MemberFragment 有 Member 对象可以显示内容

```
        @Override
        public Fragment getItem(int position) {
            return MemberFragment.newInstance(memberList.get(position));
        }
    }
```

按下 First 按钮后调用 setCurrentItem(0)指定 ViewPager 显示第一页内容

```
    public void onFirstClick(View view) {
        vpMember.setCurrentItem(0);
    }
```

按下 Last 按钮后调用 setCurrentItem(memberList.size() - 1)，指定 ViewPager 显示最后一页内容

```
    public void onLastClick(View view) {
        vpMember.setCurrentItem(memberList.size() - 1);
    }
}
```

第7章 Notification, Broadcast, Service

7-1 Notification（通知信息）

应用程序通常会利用 Notification（通知信息）来告知用户重要信息或警示信息。为了不干扰用户当前的操作画面，Notification 利用状态栏来显示简易的图标与消息正文[1]，待用户向下拖动时才会更进一步显示详细的内容，单击该内容更可以打开其他 Activity，功能非常丰富。如果想要将 Notification 显示在状态栏（status bar）上，具体步骤如下：

步骤01 获取 NotificationManager 对象：必须获取 NotificationManager 对象才能在状态栏上发送 Notification。调用 Activity 的 getSystemService() 并指定 NOTIFICATION_SERVICE 即可获取 NotificationManager 对象。

```
NotificationManager notificationManager =
(NotificationManager) getSystemService(NOTIFICATION_SERVICE);
```

步骤02 创建 Notification 对象并设置 Notification 标题、图标与内容：调用 Notification.Builder 构造函数来创建 Notification.Builder 对象；接下来调用一连串方法来设置 Notification 标题、图标与内容，最后调用 build()即可创建 Notification 对象。

```
Notification notification = new Notification.Builder(this)
// Notification 在状态栏的文字（Android 5.0 开始将不再显示，参看注 1）
.setTicker("You got a mail")
// Notification 在消息面板的标题
.setContentTitle("Hello Android")
// Notification 在消息面板的内容文字
.setContentText("Welcome to the Android world!")
// Notification 的图标
.setSmallIcon(android.R.drawable.ic_dialog_email)
// 用户单击消息面板后会自动删除状态栏上的 Notification
.setAutoCancel(true)
.build();
```

---

[1] Android 5.0 (API levle 21)开始，Notification 在消息栏上的文字（ticker text）不再显示，只剩下图标，参看 http://developer.android.com/reference/android/app/Notification.html#tickerText。

步骤03 build()在 Android 4.1（API Level 16）才开始支持，所以必须在 Gradle Scripts → build.gradle （Module:app）文件加上 “minSdkVersion 16” 设置。执行发送操作，最后调用 NotificationManager 的 notify()发送消息。

```
// id代表Notification的ID
notification.notify(id, notification);
```

步骤04 删除 Notification: 如果想删除指定的 Notification，可以调用 NotificationManager.cancel()执行删除操作；cancelAll()则会在删除此应用程序之前发出所有 Notification。

```
notification.cancel(id);
```

范例 NotificationDemo

范例说明：

- 按下 Send Notification 按钮会发送 Notification，图标会显示在状态栏上，如图 7-1 所示。
- 向下拖动状态栏会显示消息面板，指定的 Notification 会显示在该面板上，如图 7-2 所示。
- 按下 Cancel Notification 按钮会将 Notification 删除。

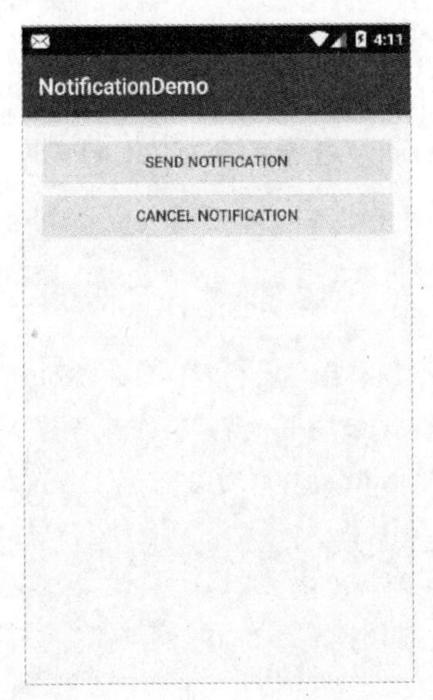

图 7-1 发送或取消消息

图 7-2 拖动状态栏显示消息面板

创建步骤：

步骤01 Notification 要用程序代码来创建与发送，无法使用 layout 来创建；所以仅在 layout 文件中创建发送与取消 Notification 的按钮。

NotificationDemo > res > layout > main_activity.xml

```
<LinearLayout xmlns:android="http://schemas.android.com/apk/res/android"
    xmlns:tools="http://schemas.android.com/tools"
    android:layout_width="match_parent"
```

```
    android:layout_height="match_parent"
    android:orientation="vertical"
    android:paddingLeft="@dimen/activity_horizontal_margin"
    android:paddingRight="@dimen/activity_horizontal_margin"
    android:paddingTop="@dimen/activity_vertical_margin"
    android:paddingBottom="@dimen/activity_vertical_margin"
    tools:context=".MainActivity">

    <Button
        android:id="@+id/btSend"
        android:layout_width="match_parent"
        android:layout_height="wrap_content"
        android:text="@string/text_btSend"
        android:onClick="onSendClick" />

    <Button
        android:id="@+id/btCancel"
        android:layout_width="match_parent"
        android:layout_height="wrap_content"
        android:text="@string/text_btCancel"
        android:onClick="onCancelClick" />

</LinearLayout>
```

步骤02 创建 Email 类，Email 对象存储 email 的相关信息；title 为标题，content 为内容。当用户向下拖动状态栏上的 Notification 并单击时会启动新的 Activity，Email 对象会存储在 Bundle 中传给 Activity。因为需要存储在 Bundle 内，所以要实现 Serializable。

NotificationDemo > java > Email.java

```
public class Email implements Serializable {
    private String title, content;

    public Email(String title, String content) {
        this.title = title;
        this.content = content;
    }

    public String getTitle() {
        return title;
    }

    public void setTitle(String title) {
        this.title = title;
    }

    public String getContent() {
```

```
        return content;
    }

    public void setContent(String content) {
        this.content = content;
    }
}
```

步骤03 创建首页 Activity，并在其中创建、发送 Notification。单击 Notification 后会打开新的一页来显示消息的详细内容。

NotificationDemo > java > MainActivity.java

```
public class MainActivity extends ActionBarActivity {
NOTIFICATION_ID 是自定义常数，代表 Notification 的 ID
    private final static int NOTIFICATION_ID = 0;
    private NotificationManager notificationManager;

    @Override
    protected void onCreate(Bundle savedInstanceState) {
        super.onCreate(savedInstanceState);
        setContentView(R.layout.main_activity);
调用 getSystemService()并指定 NOTIFICATION_SERVICE，可获取 NotificationManager 对象，为了之后发送 Notification
        notificationManager = (NotificationManager) getSystemService(NOTIFICATION_
SERVICE);
    }

按下 Send Notification 按钮会创建 Notification 并发送
    public void onSendClick(View view) {
        String title = "Hello Android";
        String content = "Welcome to the Android world!";
        Email email = new Email(title, content);
        Intent intent = new Intent(this, EmailActivity.class);
        Bundle bundle = new Bundle();
        bundle.putSerializable("email", email);
        intent.putExtras(bundle);

创建 Notification 对象需要 PendingIntent，调用 getActivity()就是要获取 PendingIntent。PendingIntent 代表不会立即打开 Intent 所指定的画面，而是等待符合一定条件后才打开
        PendingIntent pendingIntent =
                PendingIntent.getActivity(this, 0, intent, PendingIntent.FLAG_
UPDATE_CURRENT);
创建 Notification 对象需要调用 Notification.Builder 构造函数，之后调用一连串设置的方法：
setTicker()设置状态栏的消息正文，setContentTitle()设置消息面板的标题，setContentText()设置消息面板的文字，setSmallIcon()设置图标，setAutoCancel()设置单击消息面板后会自动删除 Notification，setContentIntent()设置用户单击消息面板上的消息会打开指定 Activity 的画面
        Notification notification = new Notification.Builder(this)
```

```
            .setTicker("You got a mail")
            .setContentTitle(email.getTitle())
            .setContentText(email.getContent())
            .setSmallIcon(android.R.drawable.ic_dialog_email)
            .setAutoCancel(true)
            .setContentIntent(pendingIntent)
            .build();
调用 notify()指定信息 ID 与信息内容并发出 Notification
        notificationManager.notify(NOTIFICATION_ID, notification);
    }

按下 Cancel Notification 按钮删除指定 ID 的 Notification
    public void onCancelClick(View view) {
        notificationManager.cancel(NOTIFICATION_ID);
    }
}
```

步骤04 创建 EmailActivity 作为第 2 页。在此接收前一页传来的 Email 对象，并将信息显示在 UI 组件上。

NotificationDemo > java > EmailActivity.java

```
public class EmailActivity extends ActionBarActivity {
    private TextView tvTitle, tvContent;

    @Override
    protected void onCreate(Bundle savedInstanceState) {
        super.onCreate(savedInstanceState);
        setContentView(R.layout.email_activity);
        findViews();
        showEmail();
    }

    private void findViews() {
        tvTitle = (TextView) findViewById(R.id.tvTitle);
        tvContent = (TextView) findViewById(R.id.tvContent);
    }

获取前页传来的 Intent 对象，并取出其中的 Email 对象后将信息显示在 TextView 上
    private void showEmail() {
        Bundle bundle = getIntent().getExtras();
        if (bundle == null) {
            return;
        }
        Email email = (Email) bundle.getSerializable("email");
        if (email != null) {
            tvTitle.setText(email.getTitle());
            tvContent.setText(email.getContent());
```

```
            }


        }
    }
```

7-2 Broadcast（广播）

7-2-1 拦截 Broadcast

有重大事件发生时 Android 系统会发出 Broadcast（广播）通知所有应用程序，例如 Android 设备快没电了、收到短信或来电、开机完成等。如果开发者想要在发生特定重大事件时立即作出响应（例如手机快没电时自动将用户输入的数据存盘），就必须注册 BroadcastReceiver（广播接收器）来拦截系统发出的 Broadcast，并且在 BroadcastReceiver 内编写好相应处置的程序，具体步骤如下：

步骤01 自定义类继承 BroadcastReceiver，并改写 onReceive()。

```
public class MyReceiver extends BroadcastReceiver {
    @Override
    public void onReceive(Context context, Intent intent){
        // 改写内容
    }
}
```

步骤02 在 manifest 文件设置要拦截带有何种 action 消息的 Broadcast，并注册指定的 BroadcastReceiver，例如步骤 1 的 MyReceiver。当系统发出的 Broadcast 被拦截时，会自动调用被改写的 onReceive()，以作相应处理。

```
<receiver android:name="MyReceiver">
  <intent-filter>
    <action android:name="要拦截的 action" />
  </intent-filter>
</receiver>
```

范例 BroadcastReceiverDemo

范例说明：

- 注册好的接收器一旦拦截到手机的来信[1]，就会显示发信者、时间与短信内容，如图 7-3 所示。
- 如果手机有来电就会显示手机状态与来电号码，如图 7-4 所示。

[1] 可以使用 DDMS 向仿真器发送短信或拨打电话，参看前面第 3-2-4 节有关 DDMS 使用的模拟来电、来信功能。

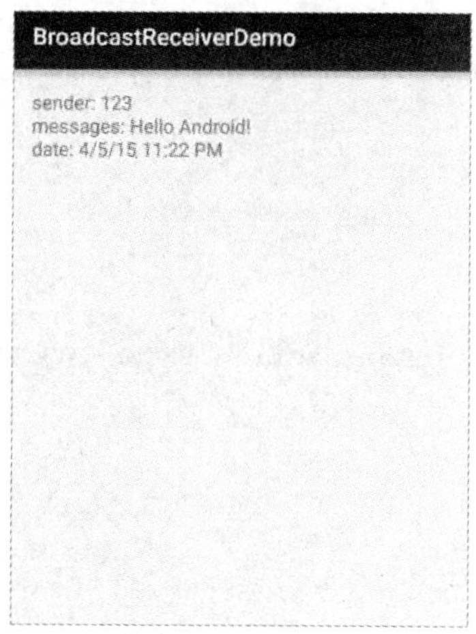

图 7-3 收到来信

图 7-4 收到来电

创建步骤：

步骤01 要拦截手机的来信与来电，必须加上<uses-permission android:name= "android.permission. RECEIVE_SMS" />与<uses-permission android:name="android.permission. READ_PHONE_ STATE" />这两个 uses-permission 设置，也必须注册来信与手机状态改变的 BroadcastReceiver。

BroadcastReceiverDemo > manifests > AndroidManifest.xml

```
<?xml version="1.0" encoding="utf-8"?>
<manifest xmlns:android="http://schemas.android.com/apk/res/android"
    package="idv.ron.broadcastreceiverdemo">

    <uses-permission android:name="android.permission.RECEIVE_SMS" />
    <uses-permission android:name="android.permission.READ_PHONE_STATE" />

    <application
        android:allowBackup="true"
        android:icon="@drawable/ic_launcher"
        android:label="@string/app_name"
        android:theme="@style/AppTheme">
        <activity
            android:name=".MainActivity"
            android:label="@string/app_name">
            <intent-filter>
                <action android:name="android.intent.action.MAIN" />
                <category android:name="android.intent.category.LAUNCHER" />
            </intent-filter>
        </activity>

指定拦截来信的接收器为 SmsReceiver
        <receiver android:name=".SmsReceiver">
```

```
            <intent-filter>
                <action android:name="android.provider.Telephony.SMS_RECEIVED" />
            </intent-filter>
        </receiver>
要拦截来电必须拦截手机状态，当手机状态改变时，接收器 PhoneReceiver 会拦截到
        <receiver android:name=".PhoneReceiver">
            <intent-filter>
                <action android:name="android.intent.action.PHONE_STATE" />
            </intent-filter>
        </receiver>
    </application>

</manifest>
```

步骤02 创建 SmsReceiver 继承 BroadcastReceiver 并改写 onReceive()，拦截到手机来信时 onReceive()会被调用，显示来信者、时间与信息内容。

BroadcastReceiverDemo > java > SmsReceiver.java

```
public class SmsReceiver extends BroadcastReceiver {
    @Override
来信 Broadcast 的 Intent 存有来信的相关信息，可通过 Intent 内的 Bundle 来获取
    public void onReceive(Context context, Intent intent) {
        Bundle bundle = intent.getExtras();
        String messages = "";
        String sender = "";
        Date date = new Date(0);

        if (bundle != null) {
获取 bundle 对象内存储的 PDU 短信数据[1]，如果短信过长，可能会拆成多个短信内容(但仍属于同一个短信)，所以声明数组来存储
            Object[] pdus = (Object[]) bundle.get("pdus");
            SmsMessage[] smsMessages = new SmsMessage[pdus.length];
            for (int i = 0; i < pdus.length; i++) {
调用 SmsMessage.createFromPdu()将 PDU 数据转成 SmsMessage 对象方便获取短信内容
                smsMessages[i] = SmsMessage.createFromPdu((byte[]) pdus[i]);
获取短信内容
                messages += smsMessages[i].getDisplayMessageBody();
            }
获取发信者电话号码
            sender = smsMessages[0].getDisplayOriginatingAddress();
获取发信时间
            date = new Date(smsMessages[0].getTimestampMillis());
        }

创建 Sms 对象以存储短信的相关信息后送到下一页显示出来
```

[1] 参看 http://en.wikipedia.org/wiki/Protocol_data_unit。

```
        Sms sms = new Sms(sender, messages, date);
        Intent i = new Intent(context, MainActivity.class);
        Bundle b = new Bundle();
        b.putString("text", sms.toString());
        i.putExtras(b);
BroadcastReceiver 要打开 Activity 必须加上 FLAG_ACTIVITY_NEW_TASK 标志
        i.addFlags(Intent.FLAG_ACTIVITY_NEW_TASK);
        context.startActivity(i);
    }
}
```

步骤03 创建 PhoneReceiver 继承 BroadcastReceiver 并改写 onReceive()，手机状态改变时 onReceive()会被调用，更进一步判断是否为来电状态。

BroadcastReceiverDemo > java > PhoneReceiver.java

```
public class PhoneReceiver extends BroadcastReceiver {
    @Override
    public void onReceive(Context context, Intent intent) {
        Bundle bundle = intent.getExtras();
        String incomingNumber;
        String phoneState = "";
        if (bundle != null) {
获取手机状态
            phoneState = bundle.getString(TelephonyManager.EXTRA_STATE);
如果手机状态为“来电中”，获取来电号码
            if (phoneState.equals(TelephonyManager.EXTRA_STATE_RINGING)) {
                incomingNumber = bundle.getString(TelephonyManager.EXTRA_INCOMING_
NUMBER);
                String text = "Phone state: " + phoneState + "\nIncoming number: "
+ incomingNumber;
将来电的相关信息存储在 Bundle 对象内，传送到下一页
                Intent i = new Intent(context, MainActivity.class);
                Bundle b = new Bundle();
                b.putString("text", text);
                i.putExtras(b);
                i.addFlags(Intent.FLAG_ACTIVITY_NEW_TASK);
                context.startActivity(i);
            }
        }
    }
}
```

步骤04 创建 Activity 显示来信接收器或手机状态接收器转来的相关信息。

BroadcastReceiverDemo > java > MainActivity.java

```
public class MainActivity extends ActionBarActivity {
    @Override
```

```
    protected void onCreate(Bundle savedInstanceState) {
        super.onCreate(savedInstanceState);
        setContentView(R.layout.main_activity);
        TextView tvSms = (TextView) findViewById(R.id.tvText);
        Bundle bundle = getIntent().getExtras();
        if (bundle == null) {
            return;
        }
        String text = bundle.getString("text");
        if (text != null && text.trim().length() > 0) {
            tvSms.setText(text);
        }
    }
}
```

7-2-2 自行发送与拦截 Broadcast

前面主要说明拦截 Android 系统发出的 Broadcast，其实开发者也可以按照需求自行发出 Broadcast，然后拦截 Broadcast 进行相应的处理。除了前面讲述在 manifest 文件设置要拦截的 Broadcast 与注册 BroadcastReceiver 之外，还可以直接在程序代码内完成这些工作，说明如下：

- 自定义类继承 BroadcastReceiver，并改写 onReceive()。
- 调用 Context 的 registerReceiver()直接注册 BroadcastReceiver。

```
IntentFilter filter = new IntentFilter(action);
BroadcastReceiver receiver = new MyReceiver();
registerReceiver(receiver, filter);
```

- 准备好 Intent 对象[1]后，调用 Context 的 sendBroadcast()，自行发出 Broadcast。

```
sendBroadcast(intent);
```

- 系统自动调用已注册的 BroadcastReceiver 的 onReceive()。
- 调用 Context 的 unregisterReceiver()解除 BroadcastReceiver 的注册[2]。

```
unregisterReceiver(receiver);
```

范例 BroadcastSendDemo

范例说明：

- 按下 Send Broadcast 按钮会发出 Broadcast，对应的 BroadcastReceiver 会接收到并以 Toast 消息框显示 Broadcast received，如图 7-5 所示。
- 按下 Unregister BroadcastReceiver 按钮，会以 Toast 消息框显示 BroadcastReceiver

---

[1] 只要有 Intent 对象，就可以夹带 Bundle 数据，让接收端可以取得发送端传来的数据。

[2] 如果已经解除 BroadcastReceiver 的注册，之后再调用 unregisterReceiver() 会产生 IllegalArgumentException。

unregistered。再按下 Send Broadcast 按钮则不再显示 Broadcast received。如果再按下 Unregister BroadcastReceiver 按钮，则会以 Toast 消息框显示 No Broadcast Receiver any more!!，如图 7-6 所示。

图 7-5　发送广播

图 7-6　解除广播接收器的注册

创建步骤：

步骤01 在 layout 文件内创建 Send Broadcast 与 Unregister BroadcastReceiver 两个按钮，并以 onClick 属性指定单击后要调用的方法。

BroadcastSendDemo > res > layout > main_activity.xml

```
<LinearLayout xmlns:android="http://schemas.android.com/apk/res/android"
    xmlns:tools="http://schemas.android.com/tools"
    android:layout_width="match_parent"
    android:layout_height="match_parent"
    android:orientation="vertical"
    android:paddingLeft="@dimen/activity_horizontal_margin"
    android:paddingRight="@dimen/activity_horizontal_margin"
    android:paddingTop="@dimen/activity_vertical_margin"
    android:paddingBottom="@dimen/activity_vertical_margin"
    tools:context=".MainActivity">

    <Button
        android:id="@+id/btSend"
        android:layout_width="match_parent"
        android:layout_height="wrap_content"
        android:onClick="onSendClick"
        android:text="@string/text_btSend" />

    <Button
        android:id="@+id/btUnregister"
        android:layout_width="match_parent"
        android:layout_height="wrap_content"
```

```
        android:onClick="onUnregisterClick"
        android:text="@string/text_btUnregister" />

</LinearLayout>
```

步骤02 创建 Activity，准备 Send Broadcast 按钮以发出 Broadcast，实现并注册好的 BroadcastReceiver.onReceive()会自动被系统调用。准备好 Unregister BroadcastReceiver 按钮以解除 BroadcastReceiver 的注册，之后即使再发出 Broadcast，BroadcastReceiver.onReceive()也不会被调用。

BroadcastSendDemo > java > MainActivity.java

```
public class MainActivity extends ActionBarActivity {
自定义 BROADCAST_ACTION 字符串常数，可视为 BroadCast 的 ID
    private static final String BROADCAST_ACTION =
            "idv.ron.broadcastsenddemo.TEST_BROADCAST";
    private MyReceiver myReceiver;

MyReceiver 继承 BroadcastReceiver 并改写 onReceive()。拦截到对应的 Broadcast 时，系统会自动调用 onReceive()
    private class MyReceiver extends BroadcastReceiver {
        @Override
        public void onReceive(Context context, Intent intent) {
            showToast("Broadcast received");
        }
    }

    @Override
    protected void onCreate(Bundle savedInstanceState) {
        super.onCreate(savedInstanceState);
        setContentView(R.layout.main_activity);
        registerMyReceiver();
    }

自定义 registerMyReceiver()来注册 BroadcastReceiver
    private void registerMyReceiver() {
创建 IntentFilter 对象，并指定拦截带有 BROADCAST_ACTION 消息的 Broadcast
        IntentFilter filter = new IntentFilter(BROADCAST_ACTION);
        myReceiver = new MyReceiver();
注册指定的 BroadcastReceiver-MyReceiver 与要拦截的 Broadcast
        registerReceiver(myReceiver, filter);
        showToast("Broadcast registered");
    }

    private void showToast(String text) {
        Toast.makeText(
                MainActivity.this,
```

```
                text,
                Toast.LENGTH_SHORT)
                .show();
    }

自定义 registerMyReceiver()来发送 Broadcast
    public void onSendClick(View view) {
发出带有 BROADCAST_ACTION 消息的 Broadcast
        Intent intent = new Intent(BROADCAST_ACTION);
        sendBroadcast(intent);
        showToast("Broadcast sent");
    }

自定义 onUnregisterClick()来解除 BroadcastReceiver 的注册
    public void onUnregisterClick(View view) {
        try {
解除对 BroadcastReceiver 的注册。如果之后再发出对应的 Broadcast，便无法接收
            unregisterReceiver(myReceiver);
            showToast("BroadcastReceiver unregistered");
解除 BroadcastReceiver 注册后，若再调用 unregisterReceiver()对相同的 BroadcastReceiver
进行解除的操作便会产生 IllegalArgumentException
        } catch (IllegalArgumentException e) {
            showToast("No BroadcastReceiver any more!!");
        }
    }

    @Override
    protected void onDestroy() {
        try {
            unregisterReceiver(myReceiver);
        } catch (IllegalArgumentException e) {
            showToast("No BroadcastReceiver any more!!");
        }
        super.onDestroy();
    }
}
```

7-3　Service 生命周期

Service（服务）虽然与 Activity 都属于 MVC 架构中的 Controller，也都是使用主线程（main thread）在运行[1]，但最大的不同点就是 Activity 有 UI（用户界面）供用户操作，而 Service 却没有

[1] 如果 Service 要提供的服务需要密集地使用 CPU（例如播放 MP3），或是可能需要长时间等待（例如截取网络数据），就需要启动新的线程去执行这些任务，以减轻主线程的负担与避免主线程长时间耗费在这而无法做其他更重要的事情，如只有主线程才能做的事情（例如显示 UI 画面只有主线程才能做，所以主线程又被称作 UI 线程）。

UI 画面，所以用户无法直接与 Service 互动，只能通过 Activity 的 UI 间接与 Service 互动（例如打开或关闭 Service）。如果想要在后台持续执行程序（例如播放音乐、扫描病毒、下载文件等），Service 是最好的选择。Service 可以说是 Android 应用程序背后的无名英雄。

虽然 Service 在后台执行着，但是设备一旦进入到休眠状态，Service 也会停止。如果希望 Service 执行时，设备不要进入休眠状态，必须使用 powerManager 让 CPU 继续运行，manifest 文件也必须加上<uses-permission android:name="android.permission.WAKE_LOCK" />。

想在应用程序中使用 Service 功能，就如同使用 Activity 一样，必须在项目的 manifest 文件内进行声明，使用的标签为 <service>，说明如下：

```
<service android:enabled="true" android:name=".MyService" />
```

- android:enabled：是否启动此 Service，也就是系统是否产生 Service 对象实例。
- android:name：Service 类名称。

可以通过下列两种方式启动 Service：

1. 直接调用 Context.startService()，启动指定的 Service。
2. 调用 Context.bindService()绑定 Service，若 Service 尚未启动，此时会自动启动。

7-3-1 调用 startService()启动 Service

从调用 Context.startService()启动指定的 Service 到该 Service 结束会经历下列过程，如图 7-7 所示：

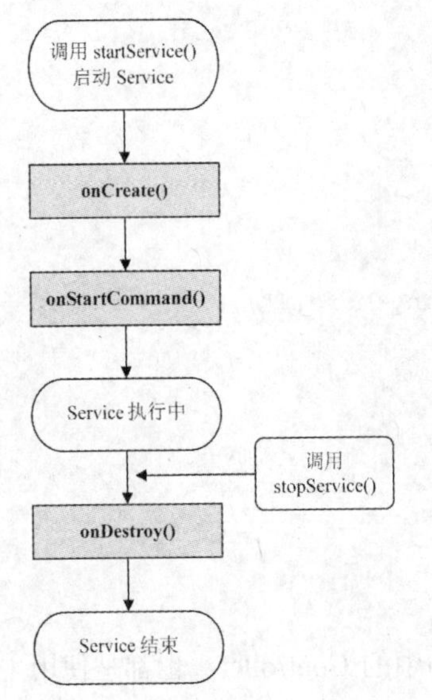

图 7-7 调用 startService()启动 Service 到该 Service 结束的整个流程

1. 如果 Activity 想要启动 Service，可以直接调用 Context.startService() 以明确启动 Service。

2. 系统启动 Service 后会自动调用 Service.onCreate()。

3. 接下来系统会调用 Service.onStartCommand()。

4. Activity 调用 Context.stopService()[1]，会终止该 Service；如果想要 Service 自我终止，可以调用 stopSelf()。上述两种终止都会导致系统调用 Service.onDestroy()并关闭 Service。

---

1 无论调用多少次 startService()来启动 Service，只要调用一次 stopService()即可停止 Service，参看 http://developer.android.com/reference/android/content/Context.html#stopService(android.content.Intent)。

建议在范例 ServiceDemo 生命周期的方法加入断点后使用 debug 模式来观察 Service 的生命周期。

范例说明：

- 按下 Start Service 按钮，如图 7-8 所示，会启动 Service，并以 Toast 方式（即简易消息框的方式）显示 Service starting；此时隐藏 Start Service 按钮，而是显示 Stop Service 按钮。
- 按下 Stop Service 按钮，如图 7-9 所示，会停止 Service，并使用 Notification 显示 Service Stopped。

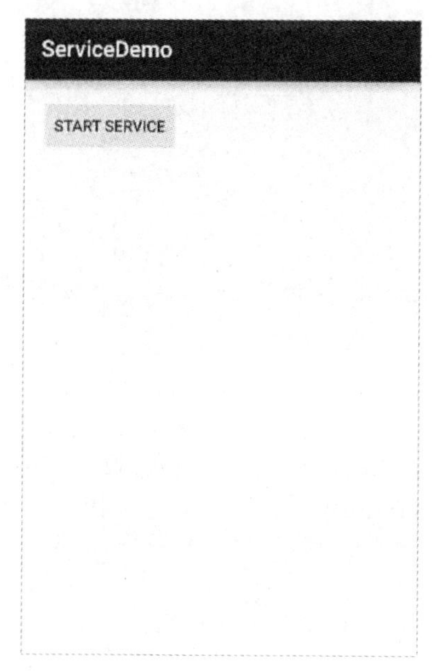

图 7-8　启动服务

图 7-9　停止服务

创建步骤：

步骤01 Service 执行时不希望设备进入休眠状态，必须加上权限设置<uses-permission android:name="android.permission.WAKE_LOCK" />。Service 也跟 Activity 一样必须在 manifest 文件声明。

ServiceDemo > manifests > AndroidManifest.xml

```
<?xml version="1.0" encoding="utf-8"?>
<manifest xmlns:android="http://schemas.android.com/apk/res/android"
    package="idv.ron.servicedemo">

    <uses-permission android:name="android.permission.WAKE_LOCK" />

    <application
        android:allowBackup="true"
```

```
        android:icon="@mipmap/ic_launcher"
        android:label="@string/app_name"
        android:theme="@style/AppTheme">
        <activity
            android:name=".MainActivity"
            android:label="@string/app_name"
            android:launchMode="singleTop">
            <intent-filter>
                <action android:name="android.intent.action.MAIN" />
                <category android:name="android.intent.category.LAUNCHER" />
            </intent-filter>
        </activity>

        <service
            android:name=".MainService"
            android:enabled="true" />
    </application>

</manifest>
```

步骤02 在 layout 文件中增加 Start Service 与 Stop Service 这两个按钮，并指定按下后调用的方法。

ServiceDemo > res> layout > main_activity.xml

```
<LinearLayout xmlns:android="http://schemas.android.com/apk/res/android"
    xmlns:tools="http://schemas.android.com/tools"
    android:layout_width="match_parent"
    android:layout_height="match_parent"
    android:paddingLeft="@dimen/activity_horizontal_margin"
    android:paddingRight="@dimen/activity_horizontal_margin"
    android:paddingTop="@dimen/activity_vertical_margin"
    android:paddingBottom="@dimen/activity_vertical_margin"
    tools:context=".MainActivity">

    <Button
        android:id="@+id/btStart"
        android:onClick="onStartClick"
        android:layout_width="wrap_content"
        android:layout_height="wrap_content"
        android:text="@string/btStart" />

    <Button
        android:id="@+id/btStop"
        android:onClick="onStopClick"
        android:layout_width="wrap_content"
        android:layout_height="wrap_content"
        android:text="@string/btStop" />
```

```
</LinearLayout>
```

步骤03 创建 Activity，按下 Start Service 按钮会启动指定的 Service；按下 Stop Service 按钮会停止指定的 Service。

ServiceDemo > java > MainActivity.java

```
public class MainActivity extends ActionBarActivity {
    private Button btStart, btStop;
    private MyReceiver myReceiver;

    @Override
    public void onCreate(Bundle savedInstanceState) {
        super.onCreate(savedInstanceState);
        setContentView(R.layout.main_activity);
        findViews();
开始 Service 尚未启动，调用 resetLayout()传入 false，显示 Start Service 按钮
        resetLayout(false);
注册 BroadcastReceiver
        registerMyReceiver();
    }

    private void findViews() {
        btStart = (Button) findViewById(R.id.btStart);
        btStop = (Button) findViewById(R.id.btStop);
    }

    private class MyReceiver extends BroadcastReceiver {
        @Override
        public void onReceive(Context context, Intent intent) {
            showToast("Service starting");
        }
    }

    private void registerMyReceiver() {
拦截指定的 Broadcast
        IntentFilter filter = new IntentFilter(MainService.ACTION_SERVICE_START);
        myReceiver = new MyReceiver();
注册 BroadcastReceiver，当要拦截的 Broadcast 发送时，会调用对应的 onReceive()
        registerReceiver(myReceiver, filter);
    }

按下 Start Service 按钮启动 Service，调用 resetLayout(true)改而显示 Stop Service 按钮
    public void onStartClick(View view) {
        Intent intent = new Intent(this, MainService.class);
        startService(intent);
        resetLayout(true);
```

```
    }

按下 Stop Service 按钮停止 Service，调用 resetLayout(false)改而显示 Start Service 按钮
    public void onStopClick(View view) {
        Intent intent = new Intent(this, MainService.class);
        stopService(intent);
        resetLayout(false);
    }

检查 Service 是否启动；如果已经启动，显示 Stop Service 按钮，让用户可以停止 Service；否则显示
Start Service 按钮，让用户可以启动 Service
    private void resetLayout(boolean isActive) {
        if (isActive) {
            btStart.setVisibility(View.GONE);
            btStop.setVisibility(View.VISIBLE);
        } else {
            btStart.setVisibility(View.VISIBLE);
            btStop.setVisibility(View.GONE);
        }
    }


    public void onDestroy() {
        try {
            unregisterReceiver(myReceiver);
        } catch (IllegalArgumentException e) {
            showToast("No BroadcastReceiver any more!!");
        }
        super.onDestroy();
    }

    private void showToast(String text) {
        Toast.makeText(
                MainActivity.this,
                text,
                Toast.LENGTH_SHORT)
                .show();
    }
}
```

步骤04 创建 Service。为了让 Service 持续执行而不进入休眠状态，必须使用 powerManager 类的功能让 CPU 继续运行。

ServiceDemo > java > MainService.java

```
public class MainService extends Service {
    private final static int NOTIFICATION_ID = 0;
    public final static String ACTION_SERVICE_START = "idv.ron.servicedemo.service.
```

```
start";
    private PowerManager.WakeLock wakeLock;
    NotificationManager notificationManager;

    @Override
    public void onCreate() {
        super.onCreate();
```

获取 PowerManager 对象后调用 newWakeLock()获取 WakeLock 对象，再调用 acquire()代表希望设备能够持续运行而不要进入休眠状态

```
        PowerManager powerManager = (PowerManager) getSystemService(Context.POWER_
SERVICE);
        wakeLock = powerManager.newWakeLock(PowerManager.PARTIAL_WAKE_LOCK,
"MyWakeLock");
        wakeLock.acquire();

        notificationManager =
                (NotificationManager) getSystemService(NOTIFICATION_SERVICE);
        notificationManager.cancelAll();
    }
```

以 startService()方式启动 Service，系统会调用 onStartCommand()

```
    @Override
    public int onStartCommand(Intent intent, int flags, int startId) {
        super.onStartCommand(intent, flags, startId);
```

发送 Broadcast

```
        sendBroadcast(new Intent(ACTION_SERVICE_START));
```

返回 START_STICKY 可以保证再次创建新的 Service 时仍会调用 onStartCommand()

```
        return START_STICKY;
    }
```

发出 Notification。可参看之前 NotificationDemo 范例的说明，这里不再赘述

```
    private void showNotification() {
        Intent intent = new Intent(this, MainActivity.class);
        PendingIntent pendingIntent = PendingIntent.getActivity(this, 0,
                intent, 0);
        Notification notification = new Notification.Builder(this)
                .setTicker("Service Stopped")
                .setContentTitle("Service Stopped")
                .setContentText("Service stopped!!")
                .setSmallIcon(android.R.drawable.ic_menu_info_details)
                .setAutoCancel(true)
                .setContentIntent(pendingIntent)
                .build();
        notificationManager.notify(NOTIFICATION_ID, notification);
    }
```

Service 结束前会调用此方法。可以发出 Notification 通知此 Service 将要结束；释放 wake lock，

```
让设备可以进入休眠状态
        @Override
        public void onDestroy() {
            showNotification();
            wakeLock.release();
            super.onDestroy();
        }

        @Override
    onBind()将于之后的 ServiceBindDemo 范例说明
        public IBinder onBind(Intent intent) {
            return null;
        }
    }
```

如果要显示 Android 设备上正在执行的 Service，可以通过下列步骤（以 Android 5.0 仿真器为例）：Settings → Apps → RUNNING，列表中会显示正在执行的 Service，如图 7-10 所示。

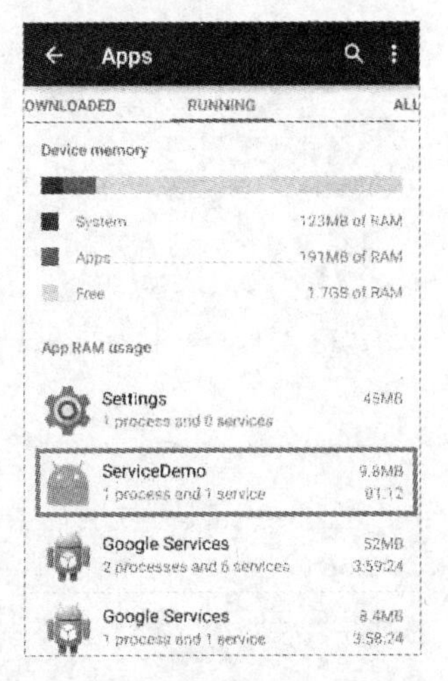

图 7-10 显示正在执行的 Service

7-3-2 调用 bindService()绑定 Service

从调用 Context.bindService() 绑定 Service 开始到该 Service 结束会经历下列过程，如图 7-11 所示。绑定到 Service 的组件被称为 client，可以有很多个 client 绑定到同一个 Service。当所有绑定的 client 都不再绑定到这个 Service 时，Service 就会结束[1]。

1 参看 http://developer.android.com/guide/components/services.html。

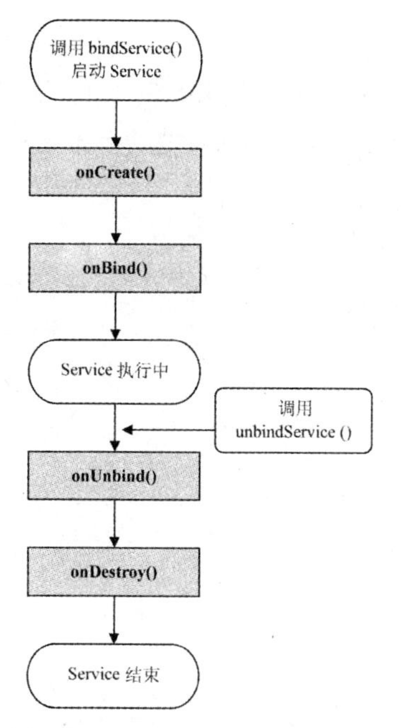

图 7-11　调用 Context.bindService()绑定 Service 开始到该 Service 结束的整个流程

1. client 调用 bindService()会绑定 Service，若 Service 尚未启动，则会自动启动。

2. 系统会调用 Service.onCreate()，但是不会调用 onStartCommand()。

3. 系统调用 onBind()并返回 IBinder 对象。

4. 系统调用 ServiceConnection.onServiceConnected()，并将步骤 3 返回的 IBinder 对象当作参数传递给 onServiceConnected()。client 通过 IBinder 可以获取与 Service 的联系及其资源。

5. 若调用 unbindService()，系统会调用 Service.onUnbind()以解除与 Service 的绑定。

范例 ServiceBindDemo

范例说明：

- 按下 Connect Service 按钮，会绑定 Service 并显示 service connected 信息，而且会显示 Play Music、Stop Music 按钮，如图 7-12 所示。
- 按下 Disconnect Service 按钮，会结束 Service 绑定并显示 service disconnected 信息，而且会隐藏 Play Music、Stop Music 按钮，如图 7-13 所示。

图 7-12　绑定服务

图 7-13　取消服务绑定（断开）

创建步骤：

步骤01 layout 文件创建 Connect Service/Disconnect Service 按钮来绑定/取消绑定 Service。Play Music 与 Stop Music 按钮开始先隐藏，client 与 Service 绑定成功后才显示出来。

ServiceBindDemo > res > layout > main_activity.xml

```
<RelativeLayout xmlns:android="http://schemas.android.com/apk/res/android"
    xmlns:tools="http://schemas.android.com/tools"
    android:layout_width="match_parent"
    android:layout_height="match_parent"
    android:paddingLeft="@dimen/activity_horizontal_margin"
    android:paddingRight="@dimen/activity_horizontal_margin"
    android:paddingTop="@dimen/activity_vertical_margin"
    android:paddingBottom="@dimen/activity_vertical_margin"
    tools:context=".MainActivity">

    <Button
        android:id="@+id/btConnect"
        android:layout_width="wrap_content"
        android:layout_height="wrap_content"
        android:layout_alignParentLeft="true"
        android:layout_alignParentTop="true"
        android:text="@string/text_btConnect"
        android:onClick="onConnectClick" />

    <Button
        android:id="@+id/btDisconnect"
        android:layout_width="wrap_content"
        android:layout_height="wrap_content"
        android:layout_alignParentTop="true"
        android:layout_toRightOf="@+id/btConnect"
        android:text="@string/text_btDisconnect"
        android:onClick="onDisconnectClick" />

    <Button
        android:id="@+id/btPlay"
        android:layout_width="wrap_content"
        android:layout_height="wrap_content"
        android:layout_alignParentLeft="true"
        android:layout_below="@+id/btConnect"
        android:layout_marginTop="54dp"
        android:text="@string/text_btPlay"
        android:onClick="onPlayClick" />

    <Button
        android:id="@+id/btStop"
```

```
        android:layout_width="wrap_content"
        android:layout_height="wrap_content"
        android:layout_alignBaseline="@+id/btPlay"
        android:layout_alignBottom="@+id/btPlay"
        android:layout_toRightOf="@+id/btPlay"
        android:text="@string/text_btStop"
        android:onClick="onStopClick" />

    <TextView
        android:id="@+id/tvMessage"
        android:layout_width="match_parent"
        android:layout_height="wrap_content"
        android:layout_above="@+id/btStop"
        android:padding="16dp"
        android:textSize="18sp" />

</RelativeLayout>
```

步骤02 创建 Activity 并设置按下 Connect Service/Disconnect Service 按钮来绑定/取消绑定 Service。Service 绑定成功后会显示 Play Music 与 Stop Music 按钮，按下 Play Music 按钮来仿真可以享用 Service 提供音乐播放的服务。

ServiceBindDemo > java > MainActivity.java

```
public class MainActivity extends ActionBarActivity {
    private TextView tvMessage;
    private Button btPlay, btStop;
    private boolean isBound;
    private MusicService musicService;

    @Override
    protected void onCreate(Bundle savedInstanceState) {
        super.onCreate(savedInstanceState);
        setContentView(R.layout.main_activity);
        findViews();
    }

    private void findViews() {
        tvMessage = (TextView) findViewById(R.id.tvMessage);
        btPlay = (Button) findViewById(R.id.btPlay);
        btStop = (Button) findViewById(R.id.btStop);
开始隐藏 Play Music 与 Stop Music 按钮
        btPlay.setVisibility(View.INVISIBLE);
        btStop.setVisibility(View.INVISIBLE);
    }

按下 Connect Service 按钮后调用自定义 doBindService()绑定 Service
```

```
    public void onConnectClick(View view) {
        doBindService();
    }

按下 Disconnect Service 按钮后调用自定义 doUnbindService()取消绑定 Service
    public void onDisconnectClick(View view) {
        doUnbindService();
    }

按下 Play Music 按钮来仿真可以享用 Service 提供音乐播放的服务
    public void onPlayClick(View view) {
        String message = musicService.play();
        tvMessage.setText(message);
    }

按下 Stop Music 按钮仿真停止音乐播放的服务
    public void onStopClick(View view) {
        String message = musicService.stop();
        tvMessage.setText(message);
    }

调用此自定义方法会绑定 Service
    void doBindService() {
        if (!isBound) {
            Intent intent = new Intent(this, MusicService.class);
调用 bindService()绑定 intent 所指定的 Service,
serviceCon 是实现 ServiceConnection 接口的对象,
Context.BIND_AUTO_CREATE 代表如果要绑定的 Service 未创建,就会自动创建该 Servive,
isBound 是自定义状态变量,代表是否与 Service 绑定,一旦绑定就设置为 true
            bindService(intent, serviceCon, Context.BIND_AUTO_CREATE);
            isBound = true;
        }
    }

调用此自定义方法会取消绑定 Service
    void doUnbindService() {
先检查 isBound 状态是否为 true(代表与 Service 绑定),如果是则调用 unbindService(),解除与该
Service 之间的绑定,将 isBound 设为 false;并且将 Play Music 与 Stop Music 按钮隐藏
        if (isBound) {
            unbindService(serviceCon);
            isBound = false;
            btPlay.setVisibility(View.INVISIBLE);
            btStop.setVisibility(View.INVISIBLE);
            tvMessage.setText(R.string.msg_serviceDisconnected);
        }
    }
```

```
创建 ServiceConnection 对象用于 bindService()的参数上
    private ServiceConnection serviceCon = new ServiceConnection() {
        @Override
成功创建与 Service 之间的绑定时系统会调用此方法并传入 IBinder 对象，client 有了 Ibinder 对象就可以绑定 Service 所提供的服务
        public void onServiceConnected(ComponentName className, IBinder binder) {
            musicService = ((MusicService.ServiceBinder) binder).getService();
            tvMessage.setText(R.string.msg_serviceConnected);
            btPlay.setVisibility(View.VISIBLE);
            btStop.setVisibility(View.VISIBLE);
        }

        @Override
当 Service 意外被关闭而造成与 Service 的绑定中断时才会调用此方法，不过此时不会删除 ServicConnection；所以再次绑定 Service 时，ServiceConnection.onServiceConnected()会再次被调用
        public void onServiceDisconnected(ComponentName className) {
            musicService = null;
            tvMessage.setText(R.string.msg_serviceLostConnection);
        }
    };

    @Override
    public void onDestroy() {
        super.onDestroy();
        doUnbindService();
    }
}
```

步骤03 创建 Service 让 client 绑定以提供服务，并改写 onBind()让绑定 Service 的 client 可以获取 IBinder 对象。

ServiceBindDemo > java > MusicService.java

```
public class MusicService extends Service {
binder 对象会传递给绑定到此 Service 的 client，便于 client 获取服务
    private final IBinder binder = new ServiceBinder();

假设 MusicService 提供音乐播放服务
    public String play() {
        return getString(R.string.msg_musicPlay);
    }

    public String stop() {
        return getString(R.string.msg_musicStop);
    }

    @Override
```

```
    public void onCreate() {
        super.onCreate();
    }

为了让绑定 Service 的 client 可以获取 IBinder 对象，需要改写 onBind()
    @Override
    public IBinder onBind(Intent intent) {
        Toast.makeText(this, "onBind", Toast.LENGTH_SHORT).show();
        return binder;
    }

ServiceBinder 对象会经过 onBind()传递给 client，所以 client 可调用 getService()以获取
Service，这样一来 client 就可以享用 Service 提供的服务
    public class ServiceBinder extends Binder {
        MusicService getService() {
            return MusicService.this;
        }
    }

没有任何 client 绑定 Service 时会调用此方法
    @Override
    public boolean onUnbind(Intent intent) {
        Toast.makeText(this, "onUnbind", Toast.LENGTH_SHORT).show();
        return false;
    }

    @Override
    public void onDestroy() {
        super.onDestroy();

    }
}
```

7-3-3 IntentService

IntentService 是 Service 的子类，启动一个 IntentService 就会自动启动一个新的工作线程（worker thread）来处理一个请求，以减少主线程的负荷。如果开发者需要同时处理许多请求，建议使用 Service；如果一次只要处理一个请求，则建议使用 IntentService。

要使用 IntentService 功能必须先继承它，然后改写 onHandleIntent（Intent intent）方法。当 client 端发送请求 Intent 给 IntentService 时，IntentService 会接收到这个请求 Intent 会自动启动工作线程来执行任务，并在执行完毕后自动关闭，所以 IntentService 不需要调用 stopSelf()来自我关闭。

BroadcastReceiver 端要启动 IntentService，可以使用 startService()；但若希望获取 wake lock，即在设备进入休眠状态下仍然可以正常运行，就必须改调用 WakefulBroadcastReceiver（BroadcastReceiver 的子类）的 startWakefulService()来启动 IntentService；而在 IntentService 也必

须适时地调用 completeWakefulIntent()释放 wake lock。

范例 IntentServiceDemo

范例说明：

- 此应用程序会拦截系统开机成功的 Broadcast。
- 一旦拦截到系统开机成功的 Broadcast 就会启动 IntentService，而且该 IntentService 还会再启动 Activity 显示如图 7-14 所示的结果。

图 7-14　IntentService 启动 Activity 显示的结果

创建步骤：

步骤01 要拦截设备开机成功的 Broadcast，manifest 文件必须加上：

- 权限设置：<uses-permission android:name="android.permission.RECEIVE_BOOT_COMPLETED" />。
- 指定 BroadcastReceiver：<receiver android:name=".BootReceiver">。
- 要拦截的 action：<action android:name="android.intent.action.BOOT_COMPLETED" />。

IntentService 就是 Service，必须在 mainfest 文件中声明；如需要 Service 持续执行而不会进入休眠状态，还必须加上权限设置：

- Service 声明：<service android:name=".MyIntentService" />。
- 权限设置：<uses-permission android:name="android.permission. WAKE_LOCK" />。

IntentServiceDemo > manifests > AndroidManifest.xml

```
<?xml version="1.0" encoding="utf-8"?>
<manifest xmlns:android="http://schemas.android.com/apk/res/android"
    package="idv.ron.intentservicedemo">
```

```
    <uses-permission android:name="android.permission.RECEIVE_BOOT_COMPLETED" />
    <uses-permission android:name="android.permission.WAKE_LOCK" />

    <application
        android:allowBackup="true"
        android:icon="@drawable/ic_launcher"
        android:label="@string/app_name"
        android:theme="@style/AppTheme">
        <activity
            android:name=".MainActivity"
            android:label="@string/app_name">
            <intent-filter>
                <action android:name="android.intent.action.MAIN" />
                <category android:name="android.intent.category.LAUNCHER" />
            </intent-filter>
        </activity>

        <service android:name=".MyIntentService" />

        <receiver android:name=".BootReceiver">
            <intent-filter>
                <action android:name="android.intent.action.BOOT_COMPLETED" />
            </intent-filter>
        </receiver>
    </application>

</manifest>
```

步骤02 创建 WakefulBroadcastReceiver，该类是 BroadcastReceiver 的子类，除了具备拦截指定 Broadcast 的功能外，还可以调用 startWakefulService()以确保设备不会进入休眠状态而顺利启动并执行 Service。

IntentServiceDemo > java > BootReceiver.java

```
public class BootReceiver extends WakefulBroadcastReceiver {
    private final static String TAG = "BootReceiver";

    @Override
    public void onReceive(Context context, Intent intent) {
        Log.d(TAG, "Boot completed and starts MyIntentService");
        intent.setClass(context, MyIntentService.class);
        startWakefulService(context, intent);
    }
}
```

步骤03 创建 IntentService 并改写 onHandleIntent()，当 WakefulBroadcastReceiver 调用

startWakefulService()发送请求给 IntentService，IntentService 会自动启动工作线程来执行任务，并在执行完毕后自动关闭。因为之前调用 startWakefulService()获取 wake lock 以保持设备清醒状态，所以 IntentService 任务结束时最好调用 completeWakefulIntent()释放 wake lock。

IntentServiceDemo > java > MyIntentService.java

```
public class MyIntentService extends IntentService {
    public MyIntentService() {
        super("MyIntentService");
    }

    @Override
    protected void onHandleIntent(Intent intent) {
在 Service 启动 Activity 必须加上 FLAG_ACTIVITY_NEW_TASK 标志才能正确启动
        intent.setClass(this, MainActivity.class);
        intent.addFlags(Intent.FLAG_ACTIVITY_NEW_TASK);
        startActivity(intent);
释放 wake lock，让设备可以进入休眠状态
        BootReceiver.completeWakefulIntent(intent);
    }
}
```

第 8 章

数据存取

8-1 Android 数据存取概论

应用程序在执行过程中往往需要长久存储数据便于以后取出并应用，这种长久存储数据的机制其实就是存盘，即使设备重新启动，数据也不会丢失。Android 提供的数据访问机制有下列几种：

- resources：存取项目本身 res 目录内的资源文件。请参看前面第 4-1-2 节的“非程序资源”，这里不再赘述。
- assets：存取应用程序项目本身 assets 目录中的资源。assets 目录与 res 目录十分相似，都存放着应用程序所需的资源，差别在于 assets 提供比较低级（lower-level）的资源取用方式，必须通过 I/O（Input/Output，输入/输出）方式才能获取 assets 资源，所以不提供多国语言设置。开发者应该尽量将应用程序所需的资源置于 res 目录中，不适合置于 res 目录的才放到 assets 目录中。
- shared preferences：存取偏好文件的内容，该文件存储在内部存储器中。
- internal storage：存取内部存储器数据。
- external storage：存取外部存储器数据。
- 应用程序执行时，resources 和 assets 资源文件都会处于只读状态，只能读取，不能存入；而其他 3 种机制在应用程序执行时都是处于可以存取的状态。

8-2 Assets

应用程序常用的资源一般都会置于项目的 res 目录中，当有些资源不适合放在 res 目录中管理时，建议放在 assets 目录中。例如有一篇几万字内容的小说，若将这篇小说内容复制到 strings.xml 中会不好管理，strings.xml 这种文本文件应该存放信息、标题等较短内容的文字会比较好管理。有些文件放在 res 目录中无法被解析成可以直接使用的资源，这些文件就不适合放在 res 目录中，而应该放在 assets 目录中，例如 Excel 文件，这时候需要直接取用源数据文件（raw data），再搭配第三方的 API 来解析内容。

在 assets 目录中的文件不是通过资源 ID 来获取，而是通过较低级的 I/O 方式来获取。要获取 assets 目录中的资源，则会用到 AssetManager 类与 Java I/O 套件的功能。

范例 AssetDemo

范例说明：

- 获取 assets 目录中的 txt 文件后，将其内容显示在画面上，如图 8-1 所示。

图 8-1　显示 assets 目录内 txt 文件的内容

创建步骤：

步骤01 项目创建 assets 目录并将文件复制进去：用鼠标右键单击 app 目录，选择 New → Folder → Assets Folder 来创建 assets 目录，如图 8-2 所示，并将指定的文本文件复制进去，便于以后使用该项目。

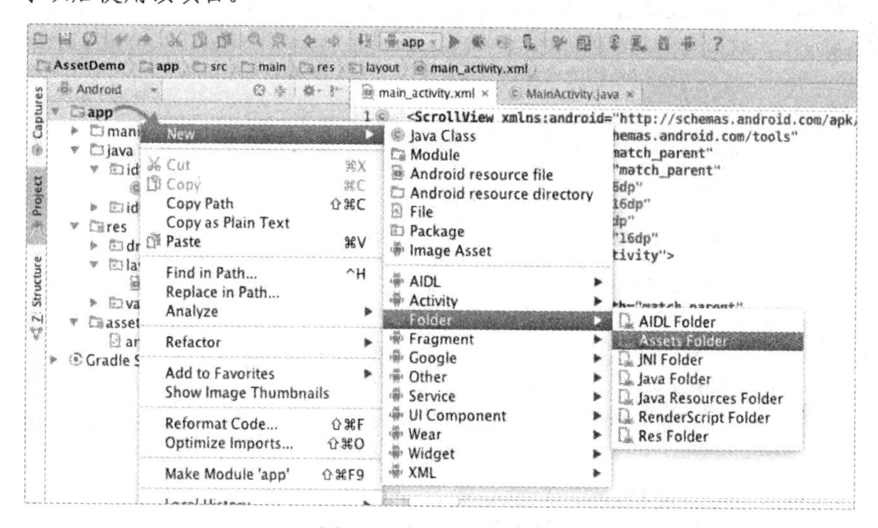

图 8-2　创建 assets 目录

步骤02 layout 文件创建 TextView 用来显示加载文本文件的内容。内容可能过长，所以在最外层加上 ScrollView。

AssetDemo > res > layout > main_activity.xml

```
<ScrollView xmlns:android="http://schemas.android.com/apk/res/android"
    xmlns:tools="http://schemas.android.com/tools"
    android:layout_width="match_parent"
    android:layout_height="match_parent"
    android:paddingLeft="@dimen/activity_horizontal_margin"
    android:paddingRight="@dimen/activity_horizontal_margin"
    android:paddingTop="@dimen/activity_vertical_margin"
    android:paddingBottom="@dimen/activity_vertical_margin"
    tools:context=".MainActivity">

    <LinearLayout
        android:layout_width="match_parent"
        android:layout_height="wrap_content">

        <TextView
            android:id="@+id/tvAsset"
            android:layout_width="match_parent"
            android:layout_height="wrap_content" />
    </LinearLayout>

</ScrollView>
```

步骤03 创建 Activity，获取 assets 目录中的文本文件后显示在 TextView 上。

AssetDemo > java > MainActivity.java

```
public class MainActivity extends ActionBarActivity {
    private final static String TAG = "MainActivity";

    @Override
    protected void onCreate(Bundle savedInstanceState) {
        super.onCreate(savedInstanceState);
        setContentView(R.layout.main_activity);
        TextView tvAsset = (TextView) findViewById(R.id.tvAsset);
        BufferedReader br = null;
        try {
```

调用 Context.getAssets()可以获取 AssetManager 对象，再调用 AssetManager.open()并指定文件名，可以获取 InputStream 对象，接下来就属于 Java I/O 的概念了；InputStreamReader 会将 byte 形式转换成文字，BufferedReader 读取数据效率高，最后将读取的内容显示在 TextView 组件上

```
            InputStream is = getAssets().open("android_intro.txt");
            br = new BufferedReader(new InputStreamReader(is));
            StringBuilder sb = new StringBuilder();
            String text;
            while ((text = br.readLine()) != null) {
                sb.append(text);
                sb.append("\n");
```

```
            }
            tvAsset.setText(sb);
        } catch (IOException e) {
            Log.e(TAG, e.toString());
        } finally {
            try {
                if (br != null) {
                    br.close();
                }
            } catch (IOException e) {
                Log.e(TAG, e.toString());
            }
        }
    }
}
```

8-3　Shared Preferences

SharedPreferences 类为开发者提供了一个可以通过 key-value pairs（键值组）来存取数据的功能，但数据仅限于基本数据类型与字符串。数据会被存储在一个文件内，称为偏好设置文件[1]。想要将数据存储在偏好设置文件内，可以按照下列步骤操作：

步骤01 获取 SharedPreferences 对象：SharedPreferences 对象代表的就是偏好设置文件，要获取该对象必须调用 Context.getSharedPreferences()并指定偏好设置文件的名称与模式。

```
SharedPreferences sharedPreferences = getSharedPreferences(name, mode);
```

步骤02 获取 SharedPreferences.Editor 对象：要编辑偏好设置文件内的数据，必须调用 SharedPreferences.edit()以获取 SharedPreferences.Editor 对象方可编辑数据内容；通过该对象可以调用 putBoolean()、putInt()、putLong()、putFloat()、putString()以存储布尔值、整数、浮点数以及文字等类型的数据，最后必须调用 SharedPreferences.Editor.apply()将修改结果存回 SharedPreferences 对象。

```
sharedPreferences.edit()
.putString(key1, stringValue)
.putBoolean(key2, booleanValue)
.putInt(key3, intValue)
.apply();
```

步骤03 想将数据从偏好设置文件中取出，可以调用 SharedPreferences 对应的 getter 方法并搭配 key。另外必须提供默认值（default value），如果根据 key 却无法取出数据时，就会返回默认值，可以避免 null 值问题。

---

[1] 即使应用程序被关闭甚至设备关机，再启动时，仍可存取存储在偏好设置文件内的数据；除非将数据删除或将该应用程序删除，数据才会被删除。

```
String string = sharedPreferences.getString(key, defaultValue);
```

步骤04 已经存储的数据也可以调用 SharedPreferences.Editor.remove()将其删除。

```
sharedPreferences.edit()
.remove(key)
.apply();
```

范例 PreferencesDemo

范例说明：

- 输入完对应值后按下 Save Preferences 按钮，即可将输入的值存储在偏好设置文件中。
- 按下 Load Preferences 按钮，即可将当初存储的偏好设置值还原。
- 按下 Default Values 按钮，即可恢复成原始默认值。范例效果如图 8-3 所示。

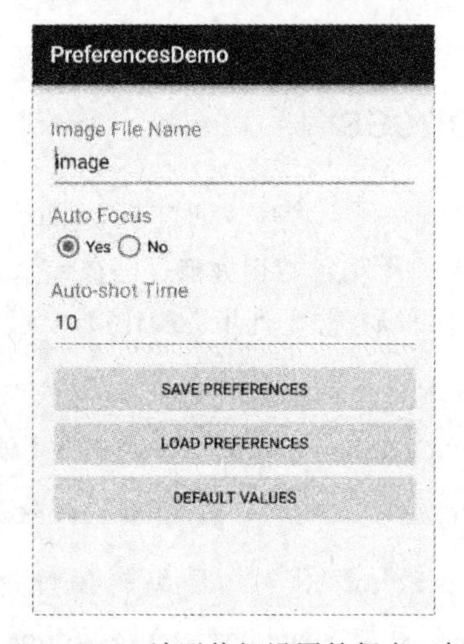

图 8-3 范例 PreferencesDemo 演示偏好设置的保存、加载和恢复成默认值

创建步骤：

步骤01 layout 文件内创建 UI 组件让用户可以编辑偏好设置内容。另外创建 Save Preferences、Load Preferences 与 Default Values 等 3 个按钮，让用户可以存储、加载偏好设置值与恢复成原始默认值。

PreferencesDemo > res > layout > main_activity.xml

```
<LinearLayout xmlns:android="http://schemas.android.com/apk/res/android"
    xmlns:tools="http://schemas.android.com/tools"
    android:layout_width="match_parent"
    android:layout_height="match_parent"
    android:orientation="vertical"
    android:paddingLeft="@dimen/activity_horizontal_margin"
    android:paddingRight="@dimen/activity_horizontal_margin"
    android:paddingTop="@dimen/activity_vertical_margin"
```

```
android:paddingBottom="@dimen/activity_vertical_margin"
tools:context=".MainActivity">

<TextView
    android:layout_width="wrap_content"
    android:layout_height="wrap_content"
    android:layout_marginTop="10dp"
    android:textSize="18sp"
    android:text="@string/text_tvFileName"
    android:id="@+id/tvFileName" />

<EditText
    android:id="@+id/etFileName"
    android:layout_width="match_parent"
    android:layout_height="wrap_content"
    android:inputType="text" />


<TextView
    android:layout_width="wrap_content"
    android:layout_height="wrap_content"
    android:layout_marginTop="10dp"
    android:textSize="18sp"
    android:text="@string/text_tvAutoFocus"
    android:id="@+id/tvAutoFocus" />

<RadioGroup
    android:layout_width="match_parent"
    android:layout_height="wrap_content"
    android:orientation="horizontal">

    <RadioButton
        android:id="@+id/rbYes"
        android:layout_width="wrap_content"
        android:layout_height="wrap_content"
        android:checked="true"
        android:text="@string/text_rbYes" />

    <RadioButton
        android:id="@+id/rbNo"
        android:layout_width="wrap_content"
        android:layout_height="wrap_content"
        android:text="@string/text_rbNo" />
</RadioGroup>

<TextView
    android:layout_width="wrap_content"
```

```
        android:layout_height="wrap_content"
        android:layout_marginTop="10dp"
        android:textSize="18sp"
        android:text="@string/text_tvAutoShot"
        android:id="@+id/tvAutoShot" />

    <EditText
        android:id="@+id/etAutoShotTime"
        android:layout_width="match_parent"
        android:layout_height="wrap_content"
        android:inputType="number" />

    <LinearLayout
        android:layout_width="match_parent"
        android:layout_height="wrap_content"
        android:orientation="vertical"
        android:layout_marginTop="10dp">

        <Button
            android:id="@+id/btPrefSave"
            android:onClick="onPrefSaveClick"
            android:layout_width="match_parent"
            android:layout_height="wrap_content"
            android:text="@string/text_btPrefSave" />

        <Button
            android:id="@+id/btPrefLoad"
            android:onClick="onPrefLoadClick"
            android:layout_width="match_parent"
            android:layout_height="wrap_content"
            android:text="@string/text_btPrefLoad" />

        <Button
            android:id="@+id/btDefault"
            android:onClick="onDefaultClick"
            android:layout_width="match_parent"
            android:layout_height="wrap_content"
            android:text="@string/text_btDefault" />
    </LinearLayout>

</LinearLayout>
```

步骤02 创建 Activity，调用 SharedPreferences.edit()以获取 SharedPreferences.Editor 对象用以编辑偏好设置内容，并且调用 SharedPreferences.Editor.apply()将修改结果存回 SharedPreferences 对象。调用 SharedPreferences 对应的 getter 方法并搭配 key 将偏好设置取出后显示。

PreferencesDemo > java > MainActivity.java

```
public class MainActivity extends ActionBarActivity {
偏好设置文件名
    private final static String PREFERENCES_NAME = "preferences";
默认值
    private final static String DEFAULT_FILE_NAME = "image";
    private final static boolean DEFAULT_AUTO_FOCUS = true;
    private final static int DEFAULT_AUTO_SHOT_TIME = 10;

    private EditText etFileName, etAutoShotTime;
    private RadioButton rbYes, rbNo;

    @Override
    protected void onCreate(Bundle savedInstanceState) {
        super.onCreate(savedInstanceState);
        setContentView(R.layout.main_activity);
        findViews();
加载偏好设置内容
        loadPreferences();
    }

    private void findViews() {
        etFileName = (EditText) findViewById(R.id.etFileName);
        etAutoShotTime = (EditText) findViewById(R.id.etAutoShotTime);
        rbYes = (RadioButton) findViewById(R.id.rbYes);
        rbNo = (RadioButton) findViewById(R.id.rbNo);
    }

调用此自定义方法会将偏好设置内容取出，并将结果显示在各个对应的 UI 组件上
    private void loadPreferences() {
调用 getSharedPreferences()并指定偏好设置文件的名称以获取对应的 SharedPreferences 对象。
MODE_PRIVATE 代表只有应用程序本身可以存取，其他应用程序则无法存取此偏好设置文件
        SharedPreferences preferences =
                getSharedPreferences(PREFERENCES_NAME, MODE_PRIVATE);
调用 SharedPreferences 对应的 getter 方法并搭配 key 将偏好设置取出
        String fileName = preferences.getString("fileName", DEFAULT_FILE_NAME);
        boolean autoFocus = preferences.getBoolean("autoFocus", DEFAULT_AUTO_FOCUS);
        int autoShotTime = preferences.getInt("autoShotTime", DEFAULT_AUTO_SHOT_
TIME);

        etFileName.setText(fileName);
        if (autoFocus) {
            rbYes.setChecked(true);
        } else {
            rbNo.setChecked(true);
        }
```

```
        etAutoShotTime.setText(String.valueOf(autoShotTime));
    }
```

调用此自定义方法会在画面上显示各个偏好设置的默认值

```
    private void restoreDefaults() {
        etFileName.setText(DEFAULT_FILE_NAME);
        rbYes.setChecked(DEFAULT_AUTO_FOCUS);
        etAutoShotTime.setText(String.valueOf(DEFAULT_AUTO_SHOT_TIME));
    }
```

按下 Save Preferences 按钮可以存储偏好设置值

```
    public void onPrefSaveClick(View view) {
        SharedPreferences preferences =
                getSharedPreferences(PREFERENCES_NAME, MODE_PRIVATE);

        String fileName = etFileName.getText().toString();

        boolean autoFocus = rbYes.isChecked();

        int autoShotTime;
        try {
            autoShotTime = Integer.parseInt(etAutoShotTime.getText().toString());
        } catch (NumberFormatException e) {
            showToast(R.string.msg_RequireNumber);
            return;
        }
```

调用 SharedPreferences.edit()以获取 SharedPreferences.Editor 对象用以编辑偏好设置内容，并且调用 SharedPreferences.Editor.apply()将修改结果存回 SharedPreferences 对象

```
        preferences.edit()
                .putString("fileName", fileName)
                .putBoolean("autoFocus", autoFocus)
                .putInt("autoShotTime", autoShotTime)
                .apply();
        showToast(R.string.msg_preferencesSaved);
    }
```

按下 Load Preferences 按钮可以加载偏好设置值

```
    public void onPrefLoadClick(View view) {
        loadPreferences();
        showToast(R.string.msg_preferencesLoaded);
    }
```

按下 Default Values 按钮可以恢复成原始默认值

```
    public void onDefaultClick(View view) {
        restoreDefaults();
        showToast(R.string.msg_DefaultsRestored);
```

```
    }

    private void showToast(int messageResId) {
        Toast.makeText(this, messageResId, Toast.LENGTH_SHORT).show();
    }
}
```

8-4 Internal Storage

应用程序可以指定将数据直接存储在设备的内部存储器，这种方式被称为内部存储（internal storage）；这种文件默认为私有文件（private file），只有创建该文件的应用程序可以存取，其他的应用程序一概不能存取（用户也无法直接存取）；当用户删除应用程序后，这些私有文件也会一并被删除。

如要将数据存储在设备的内部存储器，可以调用 Context.openFileOutput()打开指定名称的文件。如果该文件不存在，系统会自动创建对应的文件并返回 FileOutputStream 对象供数据写入之用。

```
FileOutputStream fos = openFileOutput(fileName, mode);
```

如果要读取内部存储的文件，可以调用 Context.openFileInput()打开指定名称的文件，并返回 FileInputStream 对象供数据读取之用。

```
FileInputStream fis = openFileInput(fileName);
```

范例 InternalStorageDemo

范例说明：

- 输入完文字后按下 Save 按钮，即可将输入的文字存储在指定的文件内。
- 按下 Append and Save 按钮，即可将新输入的文字附加在原存储文字的后面。
- 按下 Open 按钮，即可获取文件中的文字并显示。
- 按下 Clear 按钮会清空所有文本框内容。此范例效果如图 8-4 所示：

图 8-4 范例 InternalStorageDemo 演示如何使用内部存储器

创建步骤：

步骤01 layout 文件创建 Save、Append and Save、Open 与 Clear 等 4 个按钮让用户可以将数据保存、附加后保存、取用与清空文本框。

InternalStorageDemo > res > layout > main_activity.xml

```
<LinearLayout xmlns:android="http://schemas.android.com/apk/res/android"
```

```
xmlns:tools="http://schemas.android.com/tools"
android:layout_width="match_parent"
android:layout_height="match_parent"
android:orientation="vertical"
android:paddingLeft="@dimen/activity_horizontal_margin"
android:paddingRight="@dimen/activity_horizontal_margin"
android:paddingTop="@dimen/activity_vertical_margin"
android:paddingBottom="@dimen/activity_vertical_margin"
tools:context=".MainActivity">

<EditText
    android:id="@+id/etInput"
    android:layout_width="match_parent"
    android:layout_height="wrap_content"
    android:layout_marginTop="10dp"
    android:hint="@string/hint_etInput" />

<Button
    android:id="@+id/btSave"
    android:onClick="onSaveClick"
    android:layout_width="match_parent"
    android:layout_height="wrap_content"
    android:text="@string/text_btSave" />

<Button
    android:id="@+id/btAppend"
    android:onClick="onAppendClick"
    android:layout_width="match_parent"
    android:layout_height="wrap_content"
    android:text="@string/text_btAppend" />

<Button
    android:id="@+id/btOpen"
    android:onClick="onOpenClick"
    android:layout_width="match_parent"
    android:layout_height="wrap_content"
    android:text="@string/text_btOpen" />

<Button
    android:id="@+id/btClear"
    android:onClick="onClearClick"
    android:layout_width="match_parent"
    android:layout_height="wrap_content"
    android:text="@string/text_btClear" />

<TextView
    android:id="@+id/tvInput"
```

```
        android:layout_width="match_parent"
        android:layout_height="wrap_content"
        android:layout_margin="12dp" />

</LinearLayout>
```

步骤02 创建 Activity，编写程序代码实现步骤 1 所创建的 Save、Append and Save、Open 与 Clear 等 4 个按钮的功能。

InternalStorageDemo > java > MainActivity.java

```
public class MainActivity extends ActionBarActivity {
    private final static String TAG = "MainActivity";
    private final static String FILE_NAME = "input.txt";
    private EditText etInput;
    private TextView tvInput;

    @Override
    protected void onCreate(Bundle savedInstanceState) {
        super.onCreate(savedInstanceState);
        setContentView(R.layout.main_activity);
        findViews();
    }

    private void findViews() {
        etInput = (EditText) findViewById(R.id.etInput);
        tvInput = (TextView) findViewById(R.id.tvInput);
    }
按下 Save 按钮，即可将输入的文字存储在指定的文件内
    public void onSaveClick(View view) {
        BufferedWriter bw = null;
        try {
启动指定名称的文件准备存储数据。模式为 MODE_PRIVATE 代表打开为私有文件
            FileOutputStream fos = openFileOutput(FILE_NAME, Context.MODE_PRIVATE);
BufferedWriter 输出数据的效率高，OutputStreamWriter 会将文字转成 byte 形式
            bw = new BufferedWriter(new OutputStreamWriter(fos));
截取用户输入的文字后将其输出
            bw.write(etInput.getText().toString());
        } catch (IOException e) {
            Log.e(TAG, e.toString());
        } finally {
            try {
                if (bw != null) {
                    bw.close();
                }
            } catch (IOException e) {
                Log.e(TAG, e.toString());
            }
```

```
        }
        showToast(R.string.fileSaved);
    }
```

按下 Append and Save 按钮，即可将新输入的文字附加在原存储文字的后面

```
    public void onAppendClick(View view) {
        BufferedWriter bw = null;
        try {
```

模式为 MODE_APPEND 可将新输入的文字附加在原存储文字的后面

```
            FileOutputStream fos = openFileOutput(FILE_NAME, Context.MODE_APPEND);
            bw = new BufferedWriter(new OutputStreamWriter(fos));
            bw.write(etInput.getText().toString());
        } catch (IOException e) {
            Log.e(TAG, e.toString());
        } finally {
            try {
                if (bw != null) {
                    bw.close();
                }
            } catch (IOException e) {
                Log.e(TAG, e.toString());
            }
        }
        showToast(R.string.wordsAppended);
    }
```

按下 Open 按钮，即可获取文件中的文字并显示

```
    public void onOpenClick(View view) {
        StringBuilder sb = new StringBuilder();
        BufferedReader br = null;
        try {
```

打开指定名称的文件准备读取数据

```
            FileInputStream fis = openFileInput(FILE_NAME);
```

InputStreamReader 会将 byte 形式转成文字，BufferedReader 读取数据效率高，最后将读取的内容显示在 TextView 组件上

```
            br = new BufferedReader(new InputStreamReader(fis));
            String text;
            while ((text = br.readLine()) != null) {
                sb.append(text);
                sb.append("\n");
            }
        } catch (IOException e) {
            Log.e(TAG, e.toString());
        } finally {
            try {
                if (br != null) {
                    br.close();
```

```
                }
            } catch (IOException e) {
                Log.e(TAG, e.toString());
            }
        }
        tvInput.setText(sb);
    }
```

按下 Clear 按钮会清空所有文本框内容

```
    public void onClearClick(View view) {
        etInput.setText(null);
        tvInput.setText(null);
    }

    private void showToast(int messageResId) {
        Toast.makeText(this, messageResId, Toast.LENGTH_SHORT).show();
    }
}
```

不可不知

内部存储的文件大多属于私有文件，存储在 data/data/[项目套件名称]/files 内，以 InternalStorageDemo 范例运行时所产生的 input.txt 文件为例，会存放在 data/data/idv.ron.internalstoragedemo/files 目录内；之前 PreferencesDemo 范例所产生的 preferences.xml 偏好设置文件，存放在 data/data/idv.ron.preferencesdemo/shared_prefs 目录内。如果在仿真器上运行，可以使用 Android Device Monitor → DDMS 的 File Explorer 来查看该文件，如图 8-5 所示；如果在实体机上运行，则没有浏览 data 目录内容的权限。

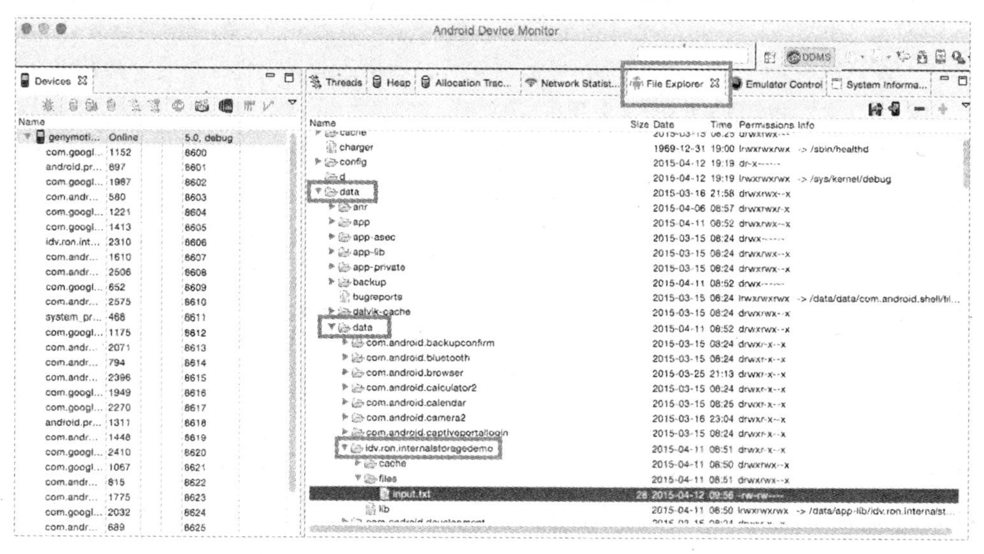

图 8-5　使用 File Explorer 查看 input.txt 文件

8-5 External Storage

应用程序也可以将数据存储在移动设备的外部存储器[1]中，这种方式被称为外部存储（external storage），这类文件被称作外部文件（external file）。外部文件可能会因为外部存储器被其他操作系统占用而暂时无法被读取，也可能会被其他应用程序修改，属于安全性与私密性较低的文件。要将数据存储在外部存储器，必须加上权限设置<uses-permission android:name="android.permission.WRITE_EXTERNAL_STORAGE" />。

虽然外部文件可以被其他应用程序存取，但是仍然分成私有的外部文件与公开的外部文件。

- 私有的外部文件：存储的路径中必须包含应用程序的套件名称，私有的外部文件也会随着应用程序被删除而一同被删除。
- 公开的外部文件：文件存储时一般会指定要存储的目录类型，例如：相片文件的目录类型为 DIRECTORY_PICTURES。公开的外部文件不会随着应用程序被删除而一同被删除，仍然会被保留在设备中。

不可不知

创建外部文件时，一般建议指定要存储的目录类型，系统会自动创建对应的目录。这些目录类型定义在 Environment 类内，属于字符串常数，共有下列几种：

- DIRECTORY_ALARMS：存放闹钟铃声专用的音频文件（不是一般的音乐文件）。
- DIRECTORY_DCIM：存储设备镜头拍摄下来的照片或视频文件。
- DIRECTORY_DOCUMENTS：存放用户创建的文档。
- DIRECTORY_DOWNLOADS：存放用户下载的文件。
- DIRECTORY_MOVIES：存放电影文件。
- DIRECTORY_MUSIC：存放音乐文件。
- DIRECTORY_NOTIFICATIONS：存放通知铃声专用的音频文件（不是一般的音乐文件）。
- DIRECTORY_PICTURES：存放照片文件。
- DIRECTORY_PODCASTS：存放 podcasts[2] 专用的音频文件（不是一般的音乐文件）。
- DIRECTORY_RINGTONES：存放来电铃声专用的音频文件（不是一般的音乐文件）。

创建外部文件的步骤如下：

步骤01 将数据存放在外部存储器，必须在 manifest 文件加上权限设置：

```
<uses-permission android:name="android.permission.WRITE_EXTERNAL_STORAGE" />
```

---

1 外部存储器有可能是可删除的存储器（例如：SD 卡）或设备本身不可删除的存储器但分割出来成为虚拟的外部存储器。

2 podcasts 源自苹果电脑的 iPod 与 broadcast（广播）的混合词。也常直接称作 Podcasting，是指一种在 Internet 上发布文件并允许用户订阅 feed 以自动接收新文件的方法，或用此方法来制作的电台节目。参看维基百科 http://en.wikipedia.org/wiki/Podcast。

步骤02 检查是否存取外部存储器：应用程序无法读取被挂载（mount）在 PC 上的外部存储器。为了确定能够正常存取，调用 Environment.getExternalStorageState()检查外部存储器是否处于可被存取的状态[1]。

```
String state = Environment.getExternalStorageState();
if (state.equals(Environment.MEDIA_MOUNTED)) {
    // 存储器处于可擦写状态
}
```

步骤03 获取私有的外部文件路径：调用 Context.getExternalFilesDir()并指定要存储的目录类型，会返回该目录的路径以便于创建私有的外部文件。

```
File path = getExternalFilesDir(Environment.DIRECTORY_PICTURES);
File file = new File(path, "photo.jpg");
```

步骤04 获取公开的外部文件路径：调用 Environment.getExternalStoragePublicDirectory()并指定要存储的目录类型，会返回该目录的路径以便于创建公开的外部文件。

```
File path = Environment.getExternalStoragePublicDirectory(
        Environment.DIRECTORY_PICTURES);
File file = new File(path, "photo.jpg");
```

范例 ExternalStorageDemo

范例说明：

- 按下 Save Public 按钮，可将 assets 目录内的照片存储到指定的公开目录。
- 按下 Open Public 按钮，可打开公开目录的指定文件，如图 8-6 所示。
- 按下 Save Private 按钮，可将 assets 目录内的照片存储到指定的私有目录。
- 按下 Open Private 按钮，可打开私有目录的指定文件，如图 8-7 所示。

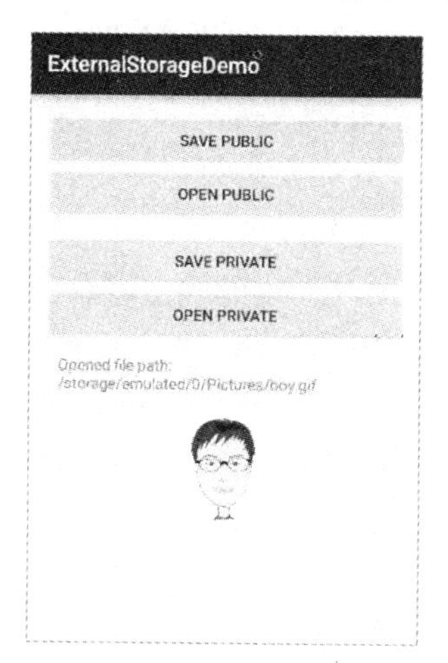

图 8-6　打开公开目录的指定文件

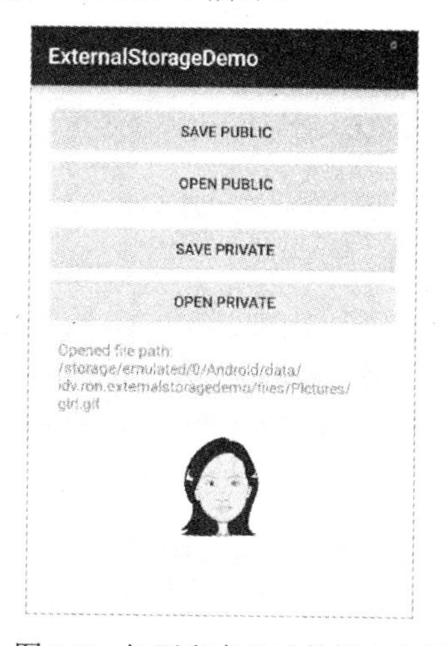

图 8-7　打开私有目录的指定文件

[1] 外部存储器有哪些状态，请参看 API 文件关于 Environment 类的状态常数部分。

创建步骤：

步骤01 将数据存放在外部存储器，必须在 manifest 文件加上权限设置<uses-permission android:name="android.permission.WRITE_EXTERNAL_STORAGE" />。

ExternalStorageDemo > manifests > AndroidManifest.xml

```
<?xml version="1.0" encoding="utf-8"?>
<manifest xmlns:android="http://schemas.android.com/apk/res/android"
    package="idv.ron.externalstoragedemo">

    <uses-permission android:name="android.permission.WRITE_EXTERNAL_STORAGE" />

    <application
        android:allowBackup="true"
        android:icon="@drawable/ic_launcher"
        android:label="@string/app_name"
        android:theme="@style/AppTheme">
        <activity
            android:name=".MainActivity"
            android:label="@string/app_name">
            <intent-filter>
                <action android:name="android.intent.action.MAIN" />
                <category android:name="android.intent.category.LAUNCHER" />
            </intent-filter>
        </activity>
    </application>

</manifest>
```

步骤02 layout 文件创建的 Save Public/Open Public，Save Private/Open Private 等 4 个按钮让用户可以存储/打开外部存储器的公开文件，存储/打开外部存储器的私有文件。

ExternalStorageDemo > res > layout > main_activity.xml

```
<LinearLayout xmlns:android="http://schemas.android.com/apk/res/android"
    xmlns:tools="http://schemas.android.com/tools"
    android:orientation="vertical"
    android:layout_width="match_parent"
    android:layout_height="match_parent"
    android:paddingLeft="@dimen/activity_horizontal_margin"
    android:paddingRight="@dimen/activity_horizontal_margin"
    android:paddingTop="@dimen/activity_vertical_margin"
    android:paddingBottom="@dimen/activity_vertical_margin"
    tools:context=".MainActivity">


    <Button
```

```
        android:id="@+id/btSavePublic"
        android:onClick="onSavePublicClick"
        android:layout_width="match_parent"
        android:layout_height="wrap_content"
        android:text="@string/text_btSavePublic" />

    <Button
        android:id="@+id/btOpenPublic"
        android:onClick="onOpenPublicClick"
        android:layout_width="match_parent"
        android:layout_height="wrap_content"
        android:text="@string/text_btOpenPublic" />

    <Button
        android:layout_marginTop="12dp"
        android:id="@+id/btSavePrivate"
        android:onClick="onSavePrivateClick"
        android:layout_width="match_parent"
        android:layout_height="wrap_content"
        android:text="@string/text_btSavePrivate" />

    <Button
        android:id="@+id/btOpenPrivate"
        android:onClick="onOpenPrivateClick"
        android:layout_width="match_parent"
        android:layout_height="wrap_content"
        android:text="@string/text_btOpenPrivate" />

    <TextView
        android:id="@+id/tvMessage"
        android:layout_width="match_parent"
        android:layout_height="wrap_content"
        android:layout_margin="12dp" />

    <ImageView
        android:id="@+id/ivPicture"
        android:layout_gravity="center_horizontal"
        android:layout_width="wrap_content"
        android:layout_height="wrap_content" />

</LinearLayout>
```

步骤03 创建 Activity，编写程序代码实现步骤 1 所创建的 Save Public、Open Public、Save Private、Open Private 等 4 个按钮的功能。

ExternalStorageDemo > java > MainActivity.java

```
public class MainActivity extends ActionBarActivity {
    private final static String TAG = "MainActivity";
    private final static String FILE_NAME_PUBLIC = "boy.gif";
    private final static String FILE_NAME_PRIVATE = "girl.gif";
    private ImageView ivPicture;
    private TextView tvMessage;

    @Override
    protected void onCreate(Bundle savedInstanceState) {
        super.onCreate(savedInstanceState);
        setContentView(R.layout.main_activity);
        findViews();
    }

    private void findViews() {
        ivPicture = (ImageView) findViewById(R.id.ivPicture);
        tvMessage = (TextView) findViewById(R.id.tvMessage);
    }

按下 Save Public 按钮
    public void onSavePublicClick(View view) {
        File dir = Environment.getExternalStoragePublicDirectory(
                Environment.DIRECTORY_PICTURES);
        saveFile(dir, FILE_NAME_PUBLIC);
    }

按下 Save Private 按钮
    public void onSavePrivateClick(View view) {
        File dir = getExternalFilesDir(Environment.DIRECTORY_PICTURES);
        saveFile(dir, FILE_NAME_PRIVATE);
    }

按下 Open Public 按钮
    public void onOpenPublicClick(View view) {
        File dir = Environment.getExternalStoragePublicDirectory(
                Environment.DIRECTORY_PICTURES);
        openFile(dir, FILE_NAME_PUBLIC);
    }

按下 Open Private 按钮
    public void onOpenPrivateClick(View view) {
        File dir = getExternalFilesDir(Environment.DIRECTORY_PICTURES);
        openFile(dir, FILE_NAME_PRIVATE);
    }
```

将 assets 目录内的照片存储到指定的公开目录

```
    private void saveFile(File dir, String fileName) {
        if (!mediaMounted()) {
            showToast(R.string.msg_ExternalStorageNotFound);
            return;
        }
        InputStream is = null;
        OutputStream os = null;
        try {
```

检查路径是否存在

```
            if (!dir.exists()) {
```

创建目录

```
                if (!dir.mkdirs()) {
                    showToast(R.string.msg_DirectoryNotCreated);
                    return;
                }
            }
```

将 assets 的图片文件读入后暂时存在 buffer，然后 OutputStream 再将 buffer 中的数据写入到指定文件内，最后将写入的路径以 TextView 显示

```
            is = getAssets().open(fileName);
            File file = new File(dir, fileName);
            os = new FileOutputStream(file);
            byte[] buffer= new byte[is.available()];
            while (is.read(buffer) != -1) {
                os.write(buffer);
            }
            tvMessage.setText(
                    getString(R.string.msg_SavedFilePath) + "\n" + file.toString());
        } catch (IOException e) {
            Log.e(TAG, e.toString());
        } finally {
            try {
                if (is != null) {
                    is.close();
                }
                if (os != null) {
                    os.close();
                }
            } catch (IOException e) {
                Log.e(TAG, e.toString());
            }
        }
    }

    private void openFile(File dir, String fileName) {
        if (!mediaMounted()) {
            showToast(R.string.msg_ExternalStorageNotFound);
```

```
            return;
        }
调用 BitmapFactory.decodeFile()将指定路径的图片文件转换成 Bitmap 对象
        File file = new File(dir, fileName);
        Bitmap bitmap = BitmapFactory.decodeFile(file.toString());
如果 Bitmap 图片不为 null，将其显示在 ImageView 上
        if (bitmap != null) {
            ivPicture.setImageBitmap(bitmap);
            tvMessage.setText(
                    getString(R.string.msg_OpenedFilePath) + "\n" + file.toString());
        } else {
            ivPicture.setImageResource(R.drawable.picture_not_found);
            showToast(R.string.msg_FileNotFound);
        }
    }

如果外部存储器挂载成功，代表可以存取，返回 true；否则返回 false
    private boolean mediaMounted() {
        String state = Environment.getExternalStorageState();
        return state.equals(Environment.MEDIA_MOUNTED);
    }

    private void showToast(int messageResId) {
        Toast.makeText(this, messageResId, Toast.LENGTH_SHORT).show();
    }
}
```

第 9 章

移动数据库 SQLite

9-1 SQLite 数据库概论与数据类型

9-1-1 SQLite 数据库概论

SQLite[1]是一个嵌入式的 SQL 数据库引擎（embedded SQL database engine），而且属于关系数据库（relational database management system）。SQLite 至少有下列两大优点：

- 小而美：该数据库系统非常小（大约只需要 275KB 大小空间），属于轻量级的数据库系统，主要是以 C 程序设计语言写成，支持大部分标准 SQL 语言。关系数据库的功能也很齐备，所以非常受到个人小型系统[2]、嵌入式系统等的青睐。
- 省成本：创建者[3] 不仅将其源代码公开，还捐出来成为公共财产；换句话说，无论个人或商业使用，都无须支付任何费用。

SQLite 与其他 Server 等级的数据库最大的差异点在于，SQLite 直接将数据库的数据存储在本机端，而非 Server 端，而且一个数据库即存储成一个文件，非常简单。Android 系统内置有 SQLite 数据库系统，所以开发者可以将应用程序所需使用到的大量、复杂数据以有系统的方式直接存储到 Android 设备上的 SQLite 数据库内，以方便数据存取与管理。

9-1-2 SQLite 数据类型[4]

大多数的 SQL 数据库引擎都使用静态数据类型，而这种方式会使得数据的类型受制于它所存储的字段。SQLite 使用动态数据类型，数据属于哪一种类型是根据数据本身而不受限于所存储的字段，这样一来可以让 SQLite 兼容大多数使用静态数据类型数据库的 SQL 语言。

---

1 SQLite 数据库官方网站 http://www.sqlite.org/。关于 SQLite 数据库的限制说明请参看 http://www.sqlite.org/limits.html。

2 Apple 电脑的 MacOS 系统即内置有 SQLite 数据库系统。

3 SQLite 是由 D. Richard Hipp 博士在 2000 年时设计出来，并于 2005 年赢得 Google O'Reilly Open Source Award。

4 参看 http://www.sqlite.org/datatype3.html。

存储类型

每一个存储在 SQLite 数据库的值属于下列 5 种存储类型（storage class）其中的一种。

- NULL：代表空值。
- INTEGER：可存储有正负号的整数类型的数据。
- REAL：可存储浮点数（也就是小数）类型的数据。
- TEXT：可存储文字类型的数据。
- BLOB：BLOB 全名为 Binary Large Object，可存储 binary 数据，例如图形文件。

SQLite 没有 Boolean 类型，而是将 Boolean 数据存储成整数 0（false）与 1（true）。SQLite 也没有 Date 或 Time 类型，当存储日期或时间数据时会自动调用对应的日期或时间函数[1]。

近似类型

为了与其他数据库兼容，SQLite 支持近似类型（Type Affinity），而且用于字段数据类型上，这种近似类型只是建议该字段应该存储什么数据类型，但无强制性。下面说明 SQLite 的 5 种近似类型，以及其他数据库与 SQLite 数据类型间的转换：

- INTEGER：数据类型包含 INT 字会转成 INTEGER。
- REAL：数据类型包含 REAL、FLOA、DOUB 等字会转成 REAL。
- TEXT：数据类型包含 CHAR、CLOB、TEXT 等字会转成 TEXT。VARCHAR 类型因为包含 CHAR 这个字，所以也会转成 TEXT。
- NONE：数据类型包含 BLOB 或没有定义数据类型的都会转成 NONE。
- NUMERIC：不属于以上类型者会转成 NUMERIC。

其他数据库类型转成 SQLite 近似类型的参照表如表 9-1 所示。

表 9-1　其他数据库类型转成 SQLite 近似类型

其他数据库数据类型名称	SQLite 近似类型
INT INTEGER TINYINT SMALLINT MEDIUMINT BIGINT UNSIGNED BIG INT INT2 INT8	INTEGER

[1] 参看 http://www.sqlite.org/lang_datefunc.html。

（续表）

其他数据库数据类型名称	SQLite 近似类型
CHARACTER(20) VARCHAR(255) VARYING CHARACTER(255) NCHAR(55) NATIVE CHARACTER(70) NVARCHAR(100) TEXT CLOB	TEXT
BLOB 没有定义数据类型	NONE
REAL DOUBLE DOUBLE PRECISION FLOAT	REAL
NUMERIC DECIMAL(10,5) BOOLEAN DATE DATETIME	NUMERIC

存储类型与近似类型

请勿将“SQLite 存储类型”与“SQLite 近似类型”搞混，不过 INTEGER、REAL、TEXT 等近似类型大多存储成如前所述对应的存储类型；例如：INTEGER 近似类型大多存储成 INTEGER 类型。NONE 近似类型则完全依据数据值属于哪一种类型，就直接存储成该类型。NUMERIC 则会先试图存储成 INTEGER 类型，如果不行则试图存储成 REAL 类型，如果还是不行才会选择存储成 TEXT 类型。下面 SQL 语言将展示数据存储在各种近似类型的字段时，会存储成哪一种类型：

```
-- 各字段的近似类型分别为 TEXT, NUMERIC, INTEGER, REAL, BLOB
CREATE TABLE t1(
    t  TEXT,
    nu NUMERIC,
    i  INTEGER,
    r  REAL,
    no BLOB
);

-- 插入的值会分别存储成 TEXT, INTEGER, INTEGER, REAL, TEXT 类型
INSERT INTO t1 VALUES('500.0', '500.0', '500.0', '500.0', '500.0');
-- 查询各个字段的数据类型
```

```
SELECT typeof(t), typeof(nu), typeof(i), typeof(r), typeof(no) FROM t1;
-- 各个字段数据类型的查询结果
text|integer|integer|real|text

-- 先删除之前的数据
DELETE FROM t1;
-- 插入的值会分别存储成 TEXT, INTEGER, INTEGER, REAL, REAL 类型
INSERT INTO t1 VALUES(500.0, 500.0, 500.0, 500.0, 500.0);
-- 查询各个字段的数据类型
SELECT typeof(t), typeof(nu), typeof(i), typeof(r), typeof(no) FROM t1;
-- 各个字段数据类型的查询结果
text|intcgcr|integer|real|real

-- 先删除之前数据
DELETE FROM t1;
-- 插入的值会分别存储成 TEXT, INTEGER, INTEGER, REAL, INTEGER 类型
INSERT INTO t1 VALUES(500, 500, 500, 500, 500);
-- 查询各个字段的数据类型
SELECT typeof(t), typeof(nu), typeof(i), typeof(r), typeof(no) FROM t1;
-- 各个字段数据类型的查询结果
text|integer|integer|real|integer

-- 先删除之前数据
DELETE FROM t1;
-- 空值不会受到近似类型影响
INSERT INTO t1 VALUES(NULL,NULL,NULL,NULL,NULL);
-- 查询各个字段的数据类型
SELECT typeof(t), typeof(nu), typeof(i), typeof(r), typeof(no) FROM t1;
-- 各个字段数据类型的查询结果
null|null|null|null|null
```

9-2 使用命令行创建数据库

在说明如何编写 Android 应用程序存取 SQLite 数据库前，不妨先了解如何使用命令行来创建数据库[1]，在 Android 系统下创建数据库的步骤如下：

步骤01 先启动仿真器，如果只有一个仿真器可以直接在命令行输入 adb shell 指令[2]进入 Android 的 shell 环境。

---

1 如果想要使用可视化的 SQLite 管理工具，可以使用下列其中一种：

- SQLite Browser - http://sqlitebrowser.org/（支持多种平台）。
- SQLite Expert - http://www.sqliteexpert.com/（仅支持 Windows 系统）。

2 adb 指令在 Android SDK 的 platform-tool 目录内，要先将该目录路径（例如 C:\android\sdk\platform-tools）加到 Path 环境变量中。关于 adb 指令详细说明，参看 http://developer.android.com/tools/help/adb.html#issuingcommands。

```
>adb shell
```

如果有多个仿真器，可以使用 adb devices 指令来查询所有仿真器的状况，接下来指定仿真器序号（例如 5554）以决定想要进入哪个仿真器的 shell 环境。

```
>adb devices
>adb -s emulator-5554 shell
```

步骤02 进入仿真器的 shell 环境后，在 sdcard 目录下创建一个 databases 目录，以便之后存放测试用的数据库。databases 目录创建完毕后请进入该目录。

```
# cd sdcard
# mkdir databases
# cd databases
```

步骤03 输入 sqlite3 TravelSpots 指令会创建 TravelSpots 数据库[1] 并进入到 SQLite 数据库命令行管理模式，如果想要了解 SQLite 指令，可输入.help 打开说明文件。

```
# sqlite3 TravelSpots
sqlite> .help
```

9-3 SQL 语言

SQL（Structured Query Language）最早是由 IBM 公司于 1970 年开发出来的一套专门用于关系数据库访问的语言。因为这套语言十分接近人类语言，很易于了解与使用，因此之后各个数据库厂商如 Oracle、Sybase 等也都纷纷推出可以执行 SQL 语言的关系数据库，使得 SQL 语言被更广泛地运用于关系数据库上。为了让 SQL 语言可以兼容各个数据库系统，ISO（International Standards Organization）和 ANSI（American National Standards Institute）联合主导 SQL 语言标准化规范的制订。先后制订了 SQL-92[2]（代表 1992 年制订）、SQL-1999、SQL-2003 的 SQL 标准语言。所以现在 SQL 就成为访问数据库的标准语言。

SQL 语言不区分大小写，按照功能不同又可区分成下列 3 种语句：

- DDL（Data Definition Language，数据定义语言）——创建数据库（database）、数据表（table）的语言，其实就是定义数据库、表格。所以创建、修改数据库或表格的语言就称作 DDL。
- DML（Data Manipulation Language，数据处理语言）——专门用来处理表格内数据的语言。DML 主要有 4 大语句：INSERT（插入）、UPDATE（更新）、DELETE（删除）、SELECT（选择/查询）等。
- DCL（Data Control Language，数据控制语言）——设置数据库、表格权限的语法。例如：GRANT（授权使用）、DENY（拒绝使用）、REVOKE（收回授权）。

因为表格创建后就会不断地更改数据内容与查询数据，所以上述 3 种语言中又以 DML 语言最为重要。

1　若该数据库文件已经存在，就会直接打开该数据库。
2　SQLite 几乎完全支持 SQL-92 标准语言。

下面说明如何使用 SQL 语言完成数据表的创建、插入、更新、删除与查询数据表内容。

9-3-1 创建数据表

接续前面第 9-2 节的命令行模式，假设创建一个 Spot 数据表要存储旅游地点的 ID、地名、联络电话与地址等相关信息，可以执行下列 SQL 的 DDL 语句以创建对应数据表：

```
sqlite> CREATE TABLE Spot (
   ...> id TEXT NOT NULL,
   ...> name TEXT NOT NULL,
   ...> phoneNo TEXT,
   ...> address TEXT,
   ...> PRIMARY KEY (id)
   ...> );
```

TEXT 相当于 Java 的 String 类型，NOT NULL 代表不可为空值；换句话说就是一定要输入值。

PRIMARY KEY (id) 代表将 id 字段设为 PK（Primary Key，主键），也就是这个字段内的值不会重复。

输入一行 SQL 语句后按 Enter 按钮会出现“...>”，这代表 SQL 语言尚未结束，若要结束整个语句，要加上“;”。

执行完上述 SQL 语句后会创建 Spot 数据表以及对应字段，但各个字段内还没有填入对应的值，如表 9-2 所示。

表 9-2 创建 Spot 表的字段

Spot			
id	name	phoneNo	address

创建完毕后，可以输入.tables（属于 SQLite 指令，而非 SQL 语句）以查询是否成功创建了 Spot 数据表，如果创建成功，就会显示出该数据表的名称。

```
sqlite> .tables
Spot
```

如果想要知道当初创建 Spot 数据表的语句，可以输入.schema Spot 来查询创建数据表的 SQL 语句。

```
sqlite> .schema Spot
CREATE TABLE Spot (
id TEXT NOT NULL,
name TEXT NOT NULL,
phoneNo TEXT,
address TEXT,
PRIMARY KEY (id)
);
```

9-3-2 DML 语句

INSERT 语句

添加一组旅游景点数据到 Spot 数据表中。新增的值若是字符串，则需要加上单引号“''”，不过 SQLite 也支持双引号“""”。为了要让显示结果多样化，不妨先添加几组数据。

```
sqlite> INSERT INTO Spot (id, name, phoneNo, address)
   ...> VALUES ('yangmingshan','阳明山公园','02-28613601','台北市北投区竹子湖路 1 之 20 号');
```

SELECT 语句

如果想查看刚刚添加的数据是否正确，可以使用 SELECT 语句，也称为选择语句或者查询语句。“*”代表所有字段的值都会列出。不妨使用“.mode column”SQLite 指令将显示的方式改成字段模式，这样一来各个字段的数据都会对齐。

```
sqlite> SELECT * FROM Spot;
yangmingshan|阳明山公园|02-28613601|台北市北投区竹子湖路 1 之 20 号
yushan|玉山公园管理处|049-2773121|南投县水里乡中山路一段 300 号
taroko|太鲁阁公园管理处|03-8621100|花莲县秀林乡 258 号
sqlite> .mode column
sqlite> SELECT * FROM Spot;
yangmingshan  阳明山公园  02-28613601  台北市北投区竹子湖路 1 之 20 号
yushan       玉山公园管理处    049-2773121  南投县水里乡中山路一段 300 号
taroko       太鲁阁公园管理处  03-8621100   花莲县秀林乡 258 号
```

UPDATE 语句

如果想将“阳明山公园”改成“阳明山公园管理处”，可以使用 UPDATE 语句。下面 UPDATE 语句意思为：将 id 为“Yangmingshan”的数据记录中 name 字段内的值改成“阳明山公园管理处”；其中 WHERE 与 Java 的 while 循环功能非常相似，会不断地寻找符合条件的数据记录直到所有数据记录寻找完毕为止。如果不加上 WHERE 条件语句，当有多个数据记录时，所有数据记录 name 字段的值都会被修改成“阳明山公园管理处”，所以要适时地加上 WHERE 条件语句。

修改数据后也可以使用 SELECT 语句检查是否正确修改了。

```
sqlite> UPDATE Spot SET name='阳明山公园管理处' WHERE id='yangmingshan';
sqlite> SELECT * FROM Spot;
yangmingshan  阳明山公园管理处  02-28613601  台北市北投区竹子湖路 1 之 20 号
yushan       玉山公园管理处    049-2773121  南投县水里乡中山路一段 300 号
taroko       太鲁阁公园管理处  03-8621100   花莲县秀林乡 258 号
```

DELETE 语句

如果想将数据删除，可以使用 DELETE 语句。下面 DELETE 语句意思为：将 id 为“Yangmingshan”的数据记录从 Spot 数据表中删除；如果不加上 WHERE 条件语句，会将所有数据记录全部删除，请务必谨慎。

```
sqlite> DELETE FROM Spot WHERE id='yangmingshan';
```

SELECT 语句再探讨

SELECT 语句可以说是 SQL DML 语言中使用频率最高的，因为所有数据都已输入完毕后，就常常需要通过 SELECT 语句来查询所需的数据，接下来会介绍多种常用的 SELECT 语句。

将 Spot 数据表内的数据列出，但仅列出 name、phoneNo 等两个字段。

```
sqlite> SELECT name, phoneNo FROM Spot;
阳明山公园管理处  02-28613601
玉山公园管理处    049-2773121
太鲁阁公园管理处  03-8621100
```

按照 id 字段进行升序排列。ORDER BY 代表排序，默认是升序排列，加上 DESC 就变成降序排列。

```
sqlite> SELECT * FROM Spot ORDER BY id;
taroko      太鲁阁公园管理处  03-8621100  花莲县秀林乡 258 号
yangmingsh  阳明山公园管理处  02-2861360  台北市北投区竹子湖路 1 之 20 号
yushan      玉山公园管理处    049-277312  南投县水里乡中山路一段 300 号

sqlite> SELECT * FROM Spot ORDER BY id DESC;
yushan      玉山公园管理处  049-2773121  南投县水里乡中山路一段 300 号
yangmingsh  阳明山公园管理处  02-28613601  台北市北投区竹子湖路 1 之 20 号
taroko      太鲁阁公园管理处  03-8621100  花莲县秀林乡 258 号
```

将地名以“玉山”开头的数据列出；“%”代表要使用模糊查询，可以出现 0 个以上任意字符。

```
sqlite> SELECT * FROM Spot WHERE name LIKE '玉山%';
yushan      玉山公园管理处  049-2773121  南投县水里乡中山路一段 300 号
```

9-4 应用程序访问 SQLite 数据库

一般而言，Android 应用程序自行创建的 SQLite 数据库，只可以被该应用程序访问，而无法被其他应用程序访问[1]。要创建 SQLite 数据库，第一步就是先建立连接，而要连接就必须善用 SQLiteOpenHelper，具体操作步骤如下：

步骤01 创建子类继承 SQLiteOpenHelper 并改写 onCreate()与 onUpgrade()，尤其以改写 onCreate() 最为重要。

步骤02 改写 onCreate()：当数据库第一次被创建时（例如第一次调用 getWritableDatabase() 或 getReadableDatabase()），系统会调用此方法；一般会在该方法中创建所需数据表。

```
@Override
public void onCreate(SQLiteDatabase db) {
```

[1] 若要开放给其他应用程序访问，必须使用 Content Provider 的功能，可参看 http://developer.android.com/guide/topics/providers/content-providers.html。

```
        db.execSQL(TABLE_CREATE);
    }
```

改写 onUpgrade()：数据库版本更新时系统会调用此方法，可以删除现有的数据表并调用 onCreate()重建该数据表。

```
    @Override
    public void onUpgrade(SQLiteDatabase db, int oldVersion, int newVersion) {
        db.execSQL("DROP TABLE IF EXISTS " + TABLE_NAME);
        onCreate(db);
    }
```

步骤03 创建该子类的构造函数：通过调用子类的构造函数获取 SQLiteOpenHelper 对象，以便存取数据库内容。

```
    @Override
    public MySQLiteOpenHelper(Context context) {
        super(context, DB_NAME, null, DB_VERSION);
    }
```

步骤04 在 SQLiteOpenHelper 子类内增加其他方法：这些方法就是将来想要对数据库执行的操作（例如：插入、更新、删除、查询）；之后可以通过 SQLiteOpenHelper 子类对象来调用这些方法。

9-4-1　插入功能

想添加一组数据到数据表中，最直接的方式就是调用 SQLiteDatabase.insert()，添加数据的步骤如下：

步骤01 创建/打开数据库并返回数据库对象。

```
    SQLiteDatabase db = getWritableDatabase();
```

步骤02 创建 ContentValues 对象并调用 put(key, value)存储要添加的数据。因为这些数据要添加到数据表内，所以 key 为字段名，而 value 则为该字段对应的值。

```
    ContentValues values = new ContentValues();
    values.put("id", "yushan"); // id 字段要添加"yushan"
    values.put("name", "玉山公园管理处"); // name 字段要添加"玉山公园管理处"
    values.put("phoneNo", "049-2773121"); // phoneNo 字段要添加"049-2773121"
    values.put("address", "中山路一段 300 号"); // address 字段要添加"中山路一段 300 号"
```

步骤03 调用 SQLiteDatabase.insert()后会返回添加成功的数据记录 ID；添加失败则返回-1。

```
    /* 第 2 个参数如果为 null，那么 ContentValues 对象调用 put()至少要指定一个字段与值。
       如果 ContentValues 对象没有调用 put()放任何字段与值，第 2 个参数就不可以为 null，
```

```
    必须明确指定一个可以为null值的字段名1 */
long rowID = db.insert(TABLE_NAME, null, values);
```

9-4-2 更新功能

调用 SQLiteDatabase.update()可以更新数据，更新数据与添加数据十分类似，更新数据的步骤如下：

步骤01 创建/打开数据库并返回数据库对象。

```
SQLiteDatabase db = getWritableDatabase();
```

步骤02 创建 ContentValues 对象并调用 put(key, value)存储要更新的数据。因为要更新数据表内的数据，所以 key 为字段名，而 value 则为该字段要更新的值，并且将 id 值当作更新的条件。

```
ContentValues values = new ContentValues();
values.put("name", "玉山公园管理处"); // 要更新 name 字段
values.put("phoneNo", "049-2773121"); // 要更新 phoneNo 字段
values.put("address", "中山路一段 300 号"); // 要更新 address 字段
/* whereClause 存储 WHERE 条件语句，字符串内无须再加入“WHERE”关键词
   selectionArgs 以相同顺序的元素值替换“?”，因为“?”可能有多个，所以为字符串数组 */
String whereClause = "id = ?"; // id 值当作更新的条件
String[] selectionArgs = {"yangmingshan"};
```

步骤03 调用 SQLiteDatabase.update()会返回成功更新的记录数。

```
int count = db.update(TABLE_NAME, values, whereClause, selectionArgs);
```

9-4-3 删除功能

调用 SQLiteDatabase.delete()即可删除数据，与更新数据最大的差别在于删除数据无须提供 ContentValues 对象而只要提供删除的条件即可。删除数据的步骤如下：

步骤01 创建/打开数据库并返回数据库对象。

```
SQLiteDatabase db = getWritableDatabase();
```

步骤02 将数据的 id 值当作删除的条件。

```
/* whereClause 存储 WHERE 条件语句，字符串内无须再加入“WHERE”关键词
   selectionArgs 以相同顺序的元素值替换“?”，因为“?”可能有多个，所以为字符串数组 */
String whereClause = "id = ?"; // id 值当作删除的条件
String[] selectionArgs = {"yangmingshan"};
```

---

1 参看下列问题的解答部分：
http://stackoverflow.com/questions/2662927/android-sqlite-nullcolumnhack-parameter-in-insert-replace-methods。

步骤03 调用 SQLiteDatabase.delete()会返回成功删除的记录数。

```
int count = db.delete(TABLE_NAME, whereClause, selectionArgs);
```

9-4-4　查询功能

SQLiteDatabase 类提供两种查询功能的方法，分别是 rawQuery()与 query()，差别在于：

- rawQuery()：接受 SQL 查询语句，所以直接将 SQL 查询语句传入即可。无论在任何平台上都可以使用标准的 SQL 语句，所以使用此方法的好处是只要为标准的 SQL 查询语句，大部分都可以直接移植过来使用，无须做太多修改。
- query()：必须先将 SQL 查询语句按照 query()的参数来分割。好处是变更查询语句时，只要按照想要变更的部分更改对应参数即可，无须整体修改。坏处就是其他程序设计语言或数据库并不接受这种查询方式，所以在其他平台必须重新编写标准的 SQL 查询语句。

以实际例子来说明这两种方法的差别：

SQL 查询语句：SELECT name, address FROM Spot WHERE name LIKE ?

```
    rawQuery(String sql, String[] selectionArgs):
    // SQL 查询语句
    String sql = " SELECT name, address FROM Spot WHERE name LIKE ? "
    // selectionArgs 以相同顺序的元素值替换“?”，因为“?”可能有多个，所以为字符串数组
    String[] selectionArgs = {"%阳明山%"};
    // 仅需传递 2 个参数
    Cursor cursor = db.rawQuery(sql, selectionArgs);
    query(String table, String[] columns, String selection, String[] selectionArgs,
String groupBy, String having, String orderBy):
    // 要查询的字段
    String[] columns = {"name", "address"};
    // WHERE 条件语句，无须再加入“WHERE”关键词
    String selection = "name LIKE ?";
    // selectionArgs 以相同顺序的元素值替换“?”，因为“?”可能有多个，所以为字符串数组
    String[] selectionArgs = {"%阳明山%"};
    // 需要传递多个参数，每个参数都代表 SQL 查询语句的一部分，null 代表略过该部分语句
    Cursor cursor = db.query(TABLE_NAME, columns , selection , selectionArgs, null, null,
null);
```

由上述说明可知，无论调用 rawQuery()或 query()任何一种方法，都会返回 Cursor 对象[1]，Cursor 重要方法说明如下：

- public abstract boolean moveToNext()：将指针移动到下一组数据，如果成功移至下一组数据则会返回 true。
- public abstract int getColumnCount()：获取字段总数量。

---

[1] Cursor 对象非常类似 JDBC 的 java.sql.ResultSet 对象，所以通过 Cursor 对象来获取查询结果的方式也非常类似 ResultSet 对象。

- public abstract String getString (int columnIndex)：获取指定字段的值。columnIndex 代表字段索引，第 1 个字段的索引是 0（zero-based）而不是 1。

照理说，查询结果应该为符合条件的所有数据值，但是如果数据量太大，会超过内存能够负荷的大小。查询后返回的是 Cursor 对象，而该对象其实存储着一个指针指向每个记录，该指针初始位置在第一个记录的前面，如图 9-1 所示。

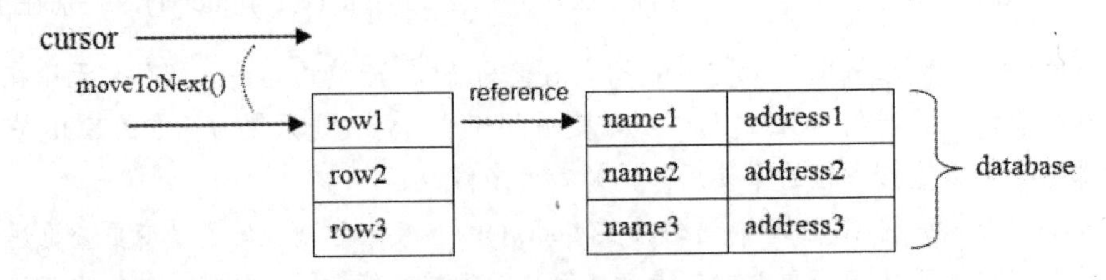

图 9-1　查询结果为指向数据的指针

之后每调用一次 moveToNext()，cursor 就会向下移动一组数据。当 cursor 移到数据记录上时，调用 getter 方法就会通过指针引用来获取数据库内指定字段的值；例如图 9-1 当 cursor 移到第 1 行时，调用 cursor.getString(0) 会获取 name1。之后不断调用 moveToNext()即可按序获取各组数据。

范例说明：

- 图 9-2 是首页，最上面显示当前在第几组数据/数据总数，接下来为旅游景点的相关数据，单击 Web 网址会打开网页，单击 Phone 号码则会拨打电话，按下 Back/Next 按钮则可以浏览上一组/下一组景点的信息。按下 Insert 按钮会启动 Insert 页面（如图 9-3 所示）方便用户添加景点数据；按下 Update 按钮会打开 Update 页面（如图 9-4 所示）方便用户更新景点数据；按下 Delete 按钮则会直接删除该景点的所有数据。
- Insert 页面（如图 9-3 所示）让用户添加景点数据。按下 Take Picture 按钮可以拍照、Load Picture 按钮则可以挑选照片（拍照与挑选照片功能的详细说明可以参看第 12-5 节“拍照与选取照片”）；4 个文字输入框用于让用户输入景点的相关信息；按下 Insert 按钮完成添加，Cancel 按钮则取消添加操作。
- Update 页面（如图 9-4 所示）让用户更新景点的数据，大致上与 Insert 页面相同，但是景点 ID 无法修改。

图 9-2　景点首页

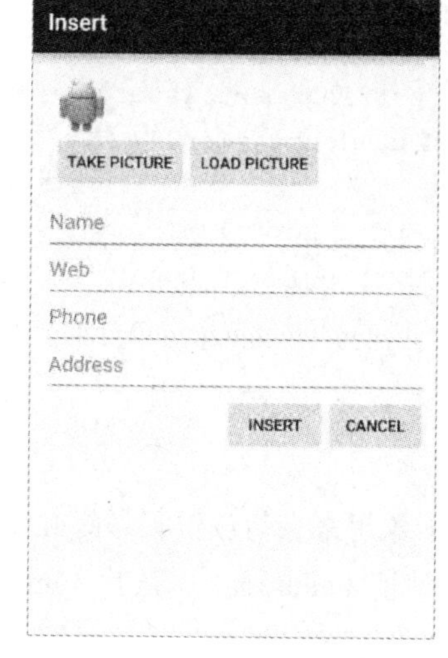

图 9-3　添加景点数据

图 9-4　更新景点数据

创建步骤：

步骤01 manifest 文件加上权限设置：应用程序会读取外部存储器文件，加上<uses-permission android:name="android.permission.READ_EXTERNAL_STORAGE" />权限；用到了拨打电话功能，加上<uses-permission android:name="android.permission.CALL_PHONE" />权限。

SQLiteDemo > manifests > AndroidManifest.xml

```
<?xml version="1.0" encoding="utf-8"?>
<manifest xmlns:android="http://schemas.android.com/apk/res/android"
    package="idv.ron.sqlitedemo">

    <uses-permission android:name="android.permission.READ_EXTERNAL_STORAGE" />
    <uses-permission android:name="android.permission.CALL_PHONE" />

    <application
        android:allowBackup="true"
        android:icon="@drawable/ic_launcher"
        android:label="@string/app_name"
        android:theme="@style/AppTheme">
        <activity
            android:name=".MainActivity"
            android:label="@string/app_name"
            android:launchMode="singleTop">
            <intent-filter>
                <action android:name="android.intent.action.MAIN" />

                <category android:name="android.intent.category.LAUNCHER" />
            </intent-filter>
        </activity>
```

```
        <activity
            android:name=".InsertActivity"
            android:label="@string/text_Insert"
            android:launchMode="singleTop" />
        <activity
            android:name=".UpdateActivity"
            android:label="@string/text_Update"
            android:launchMode="singleTop" />
    </application>

</manifest>
```

步骤02 创建 Spot 类，产生的对象用来存储旅游景点的 ID（id）、名称（name）、网址（web）、电话号码（phone）、地址（address）、照片（image）。

SQLiteDemo > java > Spot.java

```
public class Spot implements Serializable {
    private int id;
    private String name;
    private String web;
    private String phone;
    private String address;
    private byte[] image;

    public Spot(String name, String web, String phone, String address, byte[]
image) {
        this(0, name, web, phone, address, image);
    }

    public Spot(int id, String name, String web, String phone, String address, byte[]
image) {
        this.id = id;
        this.name = name;
        this.web = web;
        this.phone = phone;
        this.address = address;
        this.image = image;
    }

    public void setId(int id) {
        this.id = id;
    }

    public int getId() {
        return id;
    }
```

```
    public void setName(String name) {
        this.name = name;
    }

    public String getName() {
        return name;
    }

    public void setPhone(String phone) {
        this.phone = phone;
    }

    public String getPhone() {
        return phone;
    }

    public void setAddress(String address) {
        this.address = address;
    }

    public String getAddress() {
        return address;
    }

    public byte[] getImage() {
        return image;
    }

    public void setImage(byte[] image) {
        this.image = image;
    }

    public String getWeb() {
        return web;
    }

    public void setWeb(String web) {
        this.web = web;
    }
}
```

步骤03 创建 SQLiteOpenHelper 子类，改写 onCreate()与 onUpgrade()；并且创建可以插入、更新、删除与查询数据库的相关方法。

SQLiteDemo > java > MySQLiteOpenHelper.java

```
public class MySQLiteOpenHelper extends SQLiteOpenHelper {
    private static final String DB_NAME = "TravelSpots";
```

```
    private static final int DB_VERSION = 1;
    private static final String TABLE_NAME = "Spot";
    private static final String COL_id = "id";
    private static final String COL_name = "name";
    private static final String COL_web = "web";
    private static final String COL_phone = "phone";
    private static final String COL_address = "address";
    private static final String COL_image = "image";

将 id 字段设置为自动编号(AUTOINCREMENT)
    private static final String TABLE_CREATE =
            "CREATE TABLE " + TABLE_NAME + " ( " +
                    COL_id + " INTEGER PRIMARY KEY AUTOINCREMENT, " +
                    COL_name + " TEXT NOT NULL, " +
                    COL_web + " TEXT, " +
                    COL_phone + " TEXT, " +
                    COL_address + " TEXT, " +
                    COL_image + " BLOB ); ";

指定之后要连接 DB_NAME 代表的数据库
    public MySQLiteOpenHelper(Context context) {
        super(context, DB_NAME, null, DB_VERSION);
    }

数据库第一次被创建时会调用此方法，此时创建所需的数据表
    @Override
    public void onCreate(SQLiteDatabase db) {
        db.execSQL(TABLE_CREATE);
    }

当数据库版本更新时会调用此方法，此时删除现有的数据表并调用 onCreate()重建该数据表
    @Override
    public void onUpgrade(SQLiteDatabase db, int oldVersion, int newVersion) {
        db.execSQL("DROP TABLE IF EXISTS " + TABLE_NAME);
        onCreate(db);
    }

获取所有景点的信息
    public List<Spot> getAllSpots() {
        SQLiteDatabase db = getReadableDatabase();[1]
要查询的字段
        String[] columns = {
```

[1] 调用 getWritableDatabase()或 getReadableDatabase()：创建或打开数据库，并获取 SQLiteDatabase 对象，以便之后存取数据库内的数据。第一次调用 getWritableDatabase()或 getReadableDatabase()时，因为数据库尚未创建，所以会创建数据库并自动调用 onCreate()以创建相关的数据表。数据库创建完毕后再调用 getWritableDatabase()或 getReadableDatabase()只会获取 SQLiteDatabase 对象，而不会再创建数据库，也不会再调用 onCreate()。

```
            COL_id, COL_name, COL_web, COL_phone, COL_address, COL_image
        };
```
调用 query()需要传递多个参数，每个参数都代表 SQL 查询语句的一部分，null 代表略过该部分语句
```
        Cursor cursor = db.query(TABLE_NAME, columns, null, null, null, null,
            null);
```
创建 List 准备存储符合条件的 Spot 对象(景点)
```
        List<Spot> spotList = new ArrayList<>();
```
将 Cursor 指针不断向下移动，指向下一组数据，直到没有数据为止
```
        while (cursor.moveToNext()) {
```
按照类型调用对应的 getter 方法，并指定字段索引，以获取各个字段的值
```
            int id = cursor.getInt(0);
            String name = cursor.getString(1);
            String web = cursor.getString(2);
            String phone = cursor.getString(3);
            String address = cursor.getString(4);
```
图片文件存储的数据类型为 Blob，所以取出时调用 getBlob()
```
            byte[] image = cursor.getBlob(5);
```
调用 Spot 构造函数并将获取的值传入，创建 Spot 对象并存储在 List 内
```
            Spot spot = new Spot(id, name, web, phone, address, image);
            spotList.add(spot);
        }
```
关闭 Cursor 并释放占用的资源
```
        cursor.close();
        return spotList;
    }
```

根据景点 ID 获取该景点数据
```
    public Spot findById(int id) {
        SQLiteDatabase db = getWritableDatabase();
```
要查询的字段
```
        String[] columns = {
            COL_name, COL_web, COL_phone, COL_address, COL_image
        };
```
WHERE 条件语句，无须再加入“WHERE”关键词
```
        String selection = COL_id + " = ?;";
```
selectionArgs 以相同顺序的元素值替换“?”，因为“?”可能有多个，所以为字符串数组
```
        String[] selectionArgs = {String.valueOf(id)};
```
需要传递多个参数，每个参数都代表 SQL 查询语句的一部分，null 代表略过该部分语句
```
        Cursor cursor = db.query(TABLE_NAME, columns, selection, selectionArgs,
            null, null, null);
        Spot spot = null;
```
因为景点 ID 是 primary key，所以只会有一组数据，因此将 Cursor 指针向下移动一次即可
```
        if (cursor.moveToNext()) {
            String name = cursor.getString(0);
            String web = cursor.getString(1);
            String phone = cursor.getString(2);
            String address = cursor.getString(3);
```

```
            byte[] image = cursor.getBlob(4);
            spot = new Spot(id, name, web, phone, address, image);
        }
        cursor.close();
        return spot;
    }
```

添加一组景点数据

```
    public long insert(Spot spot) {
```

创建 ContentValues 对象并调用 put(key, value)存储要添加的数据。因为这些数据要添加到数据表中，所以 key 为字段名，而 value 则为该字段对应的值

```
        SQLiteDatabase db = getWritableDatabase();
        ContentValues values = new ContentValues();
        values.put(COL_name, spot.getName());
        values.put(COL_web, spot.getWeb());
        values.put(COL_phone, spot.getPhone());
        values.put(COL_address, spot.getAddress());
        values.put(COL_image, spot.getImage());
```

添加成功会返回该数据记录的 ID；添加失败则返回-1

```
        return db.insert(TABLE_NAME, null, values);
    }
```

将用户输入的新数据存储在 Spot 对象，传递过来准备更新该景点数据

```
    public int update(Spot spot) {
        SQLiteDatabase db = getWritableDatabase();
        ContentValues values = new ContentValues();
        values.put(COL_name, spot.getName());
        values.put(COL_web, spot.getWeb());
        values.put(COL_phone, spot.getPhone());
        values.put(COL_address, spot.getAddress());
        values.put(COL_image, spot.getImage());
```

whereClause 存储 WHERE 条件语句，字符串内无须再加入“WHERE”关键词。selectionArgs 以相同顺序的元素值替换“?”，因为“?”可能有多个，所以为字符串数组

```
        String whereClause = COL_id + " = ?;";
        String[] whereArgs = {Integer.toString(spot.getId())};
```

返回成功更新的组数

```
        return db.update(TABLE_NAME, values, whereClause, whereArgs);
    }
```

根据景点 ID，删除一组景点数据

```
    public int deleteById(int id) {
        SQLiteDatabase db = getWritableDatabase();
```

whereClause 存储 WHERE 条件语句，字符串内无须再加入“WHERE”关键词。selectionArgs 以相同顺序的元素值替换“?”，因为“?”可能有多个，所以为字符串数组

```
        String whereClause = COL_id + " = ?;";
        String[] whereArgs = {String.valueOf(id)};
```

返回成功删除的记录数

```
        return db.delete(TABLE_NAME, whereClause, whereArgs);
    }
}
```

步骤04 创建首页 Activity，以导航方式显示所有旅游景点的信息，并且可以开启添加景点与更新景点的页面，也能够直接删除当前显示的景点数据。

SQLiteDemo > java > MainActivity.java

```
public class MainActivity extends ActionBarActivity {
    private ImageView ivSpot;
    private TextView tvRowCount;
    private TextView tvId;
    private TextView tvName;
    private TextView tvWeb;
    private TextView tvPhone;
    private TextView tvAddress;
    private List<Spot> spotList;
    private int index;
    private MySQLiteOpenHelper helper;

    @Override
    public void onCreate(Bundle savedInstanceState) {
        super.onCreate(savedInstanceState);
        setContentView(R.layout.main_activity);
        findViews();
        if (helper == null) {
获取 SQLiteOpenHelper 对象
            helper = new MySQLiteOpenHelper(this);
        }
    }

    @Override
    protected void onStart() {
        super.onStart();
调用 MySQLiteOpenHelper.getAllSpots()返回所有旅游景点并存放在 List 内
        spotList = helper.getAllSpots();
显示第一个旅游景点的信息
        showSpots(0);
    }

    private void findViews() {
        ivSpot = (ImageView) findViewById(R.id.ivSpot);
        tvRowCount = (TextView) findViewById(R.id.tvRowCount);
        tvId = (TextView) findViewById(R.id.tvId);
        tvName = (TextView) findViewById(R.id.tvName);
        tvWeb = (TextView) findViewById(R.id.tvWeb);
        tvPhone = (TextView) findViewById(R.id.tvPhone);
```

```
        tvAddress = (TextView) findViewById(R.id.tvAddress);

单击后会打开网页
        tvWeb.setOnClickListener(new View.OnClickListener() {
            @Override
            public void onClick(View v) {
                String web = tvWeb.getText().toString();
ACTION_VIEW 代表要显示数据给用户查看
                Intent intent = new Intent(Intent.ACTION_VIEW, Uri.parse(web));
                startActivity(intent);
            }
        });

单击后会拨打电话
        tvPhone.setOnClickListener(new View.OnClickListener() {
            @Override
            public void onClick(View v) {
                String phoneNo = tvPhone.getText().toString();
ACTION_CALL 代表要拨打电话
                Intent intent = new Intent(Intent.ACTION_CALL, Uri.parse("tel:"
                        + phoneNo));
                startActivity(intent);
            }
        });
    }

根据 index 显示指定景点的数据
    private void showSpots(int index) {
当 List 有存储景点信息时才会显示在画面上，否则显示找不到数据
        if (spotList.size() > 0) {
            Spot spot = spotList.get(index);
调用 decodeByteArray()将 byte 数组类型的图片文件解析为 Bitmap 格式，才能显示在 ImageView 上
            Bitmap image = BitmapFactory.decodeByteArray(spot.getImage(), 0,
                    spot.getImage().length);
            ivSpot.setImageBitmap(image);
            tvId.setText(Integer.toString(spot.getId()));
            tvName.setText(spot.getName());
            tvWeb.setText(spot.getWeb());
            tvPhone.setText(spot.getPhone());
            tvAddress.setText(spot.getAddress());
            tvRowCount.setText((index + 1) + "/" + spotList.size());
        } else {
            ivSpot.setImageResource(R.drawable.ic_launcher);
            tvId.setText(null);
            tvName.setText(null);
            tvWeb.setText(null);
            tvPhone.setText(null);
```

```
            tvAddress.setText(null);
            tvRowCount.setText(" 0/0 " + getString(R.string.msg_NoDataFound));
        }
    }
```

按下 Next 按钮显示下一个景点信息，到最后一个景点时再按 Next 按钮就会回到第一个景点

```
    public void onNextClick(View view) {
        index++;
        if (index >= spotList.size()) {
            index = 0;
        }
        showSpots(index);
    }
```

按下 Back 按钮显示前一个景点信息，到第一个景点时再按 Back 按钮就到最后一个景点

```
    public void onBackClick(View view) {
        index--;
        if (index < 0) {
            index = spotList.size() - 1;
        }
        showSpots(index);
    }
```

打开添加景点数据的页面

```
    public void onInsertClick(View view) {
        Intent intent = new Intent(this, InsertActivity.class);
        startActivity(intent);
    }
```

打开更新景点数据的页面，并将景点 ID 传递过去

```
    public void onUpdateClick(View view) {
        if (spotList.size() <= 0) {
            Toast.makeText(this, R.string.msg_NoDataFound,
                    Toast.LENGTH_SHORT).show();
            return;
        }
        int id = Integer.parseInt(tvId.getText().toString());
        Intent intent = new Intent(this, UpdateActivity.class);
        Bundle bundle = new Bundle();
        bundle.putInt("id", id);
        intent.putExtras(bundle);
        startActivity(intent);
    }
```

删除现在显示的景点数据

```
    public void onDeleteClick(View view) {
        if (spotList.size() <= 0) {
```

```
            Toast.makeText(this, R.string.msg_NoDataFound,
                    Toast.LENGTH_SHORT).show();
            return;
        }
调用 MySQLiteOpenHelper.deleteById()并传递指定景点 ID，删除该组景点数据
        int id = Integer.parseInt(tvId.getText().toString());
        int count = helper.deleteById(id);
        Toast.makeText(this, count + " " + getString(R.string.msg_RowDeleted),
                Toast.LENGTH_SHORT).show();
删除完毕后重新显示第一个景点数据
        spotList = helper.getAllSpots();
        showSpots(0);
    }

此页结束时关闭 SQLiteOpenHelper
    @Override
    protected void onDestroy() {
        super.onDestroy();
        if (helper != null) {
            helper.close();
        }
    }
}
```

步骤05 创建让用户可以添加景点数据的 Activity，新增的景点数据会进入 SQLite 数据库中。

SQLiteDemo > java > InsertActivity.java

```
public class InsertActivity extends ActionBarActivity {
    private EditText etName;
    private EditText etWeb;
    private EditText etPhone;
    private EditText etAddress;
    private ImageView ivSpot;
    private MySQLiteOpenHelper helper;
    private byte[] image;
    private File file;
    private static final int REQUEST_TAKE_PICTURE = 0;
    private static final int REQUEST_PICK_IMAGE = 1;

    @Override
    public void onCreate(Bundle savedInstanceState) {
        super.onCreate(savedInstanceState);
        setContentView(R.layout.insert_activity);
        findViews();
        if (helper == null) {
获取 SQLiteOpenHelper 对象
            helper = new MySQLiteOpenHelper(this);
```

```
        }
    }

    private void findViews() {
        ivSpot = (ImageView) findViewById(R.id.ivSpot);
        etName = (EditText) findViewById(R.id.etName);
        etWeb = (EditText) findViewById(R.id.etWeb);
        etPhone = (EditText) findViewById(R.id.etPhone);
        etAddress = (EditText) findViewById(R.id.etAddress);
    }
```

按下 Take Picture 按钮

```
    public void onTakePictureClick(View view) {
```

请求拍照程序拍照

```
        Intent intent = new Intent(MediaStore.ACTION_IMAGE_CAPTURE);
```

指定拍完后照片的存储路径

```
        file = Environment
                .getExternalStoragePublicDirectory(Environment.DIRECTORY_PICTURES
);
        file = new File(file, "picture.jpg");
        intent.putExtra(MediaStore.EXTRA_OUTPUT, Uri.fromFile(file));
```

检查是否有拍照程序可供拍照

```
        if (isIntentAvailable(this, intent)) {
```

根据 intent 启动可提供指定功能的 Activity，该 Activity 执行完毕后会自动调用改写好的 onActivityResult()，并将请求代码 REQUEST_TAKE_PICTURE 传递过去

```
            startActivityForResult(intent, REQUEST_TAKE_PICTURE);
        } else {
            Toast.makeText(this, R.string.msg_NoCameraAppsFound,
                    Toast.LENGTH_SHORT).show();
        }
    }
```

检查是否有提供指定功能的应用程序(例如拍照)，只要有一个以上就返回 true

```
    public boolean isIntentAvailable(Context context, Intent intent) {
        PackageManager packageManager = context.getPackageManager();
        List<ResolveInfo> list = packageManager.queryIntentActivities(intent,
                PackageManager.MATCH_DEFAULT_ONLY);
        return list.size() > 0;
    }
```

按下 Load Picture 按钮

```
    public void onLoadPictureClick(View view) {
```

请求启动相册程序供挑选照片，到时会将照片信息所在的 URI 返回

```
        Intent intent = new Intent(Intent.ACTION_PICK,
                MediaStore.Images.Media.EXTERNAL_CONTENT_URI);
        startActivityForResult(intent, REQUEST_PICK_IMAGE);
    }
```

调用 startActivityForResult()就发出请求，会启动适当的用户界面供用户操作，操作结束后会自动调用 onActivityResult()，并将请求代码(request code)、操作结果代码(result code)与操作所产生的数据传送过来

```
    @Override
    protected void onActivityResult(int requestCode, int resultCode, Intent
intent) {
        super.onActivityResult(requestCode, resultCode, intent);
```

操作成功则 resultCode 为 RESULT_OK

```
        if (resultCode == RESULT_OK) {
            switch (requestCode) {
```

当初请求的是拍照

```
                case REQUEST_TAKE_PICTURE:
```

如果当初不写

“intent.putExtra(MediaStore.EXTRA_OUTPUT, Uri.fromFile(file));”将照片存盘，就会将拍照结果放在内存中但照片会被缩小，可把下面程序代码注释掉来获取存放在内存中的照片。如果不想缩图，就要指定存盘

```
                    // Bitmap picture = (Bitmap) intent.getExtras().get("data");
```

使用 decodeFile()将指定路径所代表的图片文件转成 Bitmap 格式，才可显示在 ImageView 上

```
                    Bitmap picture = BitmapFactory.decodeFile(file.getPath());
                    ivSpot.setImageBitmap(picture);
                    ByteArrayOutputStream out1 = new ByteArrayOutputStream();
```

将 Bitmap 图片文件转成 byte 数组

```
                    picture.compress(Bitmap.CompressFormat.JPEG, 100, out1);
                    image = out1.toByteArray();
                    break;
```

当初请求的是挑选照片

```
                case REQUEST_PICK_IMAGE:
```

调用 getData()会获取 ContentResolver 存储图片文件的 URI，可将 ContentResolver 视为系统为此应用程序创建的 SQLite 数据库，而 URI 代表数据表名称；简而言之，就是查询数据表的 DATA 字段内有没有存储着被挑选照片的路径

```
                    Uri uri = intent.getData();
                    String[] columns = {MediaStore.Images.Media.DATA};
                    Cursor cursor = getContentResolver().query(uri, columns,
                            null, null, null);
                    if (cursor.moveToFirst()) {
                        String imagePath = cursor.getString(0);
                        cursor.close();
                        Bitmap bitmap = BitmapFactory.decodeFile(imagePath);
                        ivSpot.setImageBitmap(bitmap);
                        ByteArrayOutputStream out2 = new ByteArrayOutputStream();
                        bitmap.compress(Bitmap.CompressFormat.JPEG, 100, out2);
                        image = out2.toByteArray();
                    }
                    break;
            }
```

```
        }
    }
```

按下 Insert 按钮

```
    public void onFinishInsertClick(View view) {
        String name = etName.getText().toString().trim();
        String web = etWeb.getText().toString().trim();
        String phoneNo = etPhone.getText().toString().trim();
        String address = etAddress.getText().toString().trim();
        if (name.length() <= 0) {
            Toast.makeText(this, R.string.msg_NameIsInvalid,
                    Toast.LENGTH_SHORT).show();
            return;
        }

        if (image == null) {
            Toast.makeText(this, R.string.msg_NoImage,
                    Toast.LENGTH_SHORT).show();
            return;
        }
```

调用 MySQLiteOpenHelper.insert()并将用户输入的数据转成 Spot 对象传递进去，以完成添加景点的操作

```
        Spot spot = new Spot(name, web, phoneNo, address, image);
```

添加失败会返回-1

```
        long rowId = helper.insert(spot);
        if (rowId != -1) {
            Toast.makeText(this, R.string.msg_InsertSuccess,
                    Toast.LENGTH_SHORT).show();
        } else {
            Toast.makeText(this, R.string.msg_InsertFail,
                    Toast.LENGTH_SHORT).show();
        }
        finish();
    }
```

按下 Cancel 按钮结束此页

```
    public void onCancelClick(View view) {
        finish();
    }
```

此页结束时关闭 SQLiteOpenHelper

```
    @Override
    protected void onDestroy() {
        super.onDestroy();
        if (helper != null) {
            helper.close();
```

```
        }
    }
}
```

步骤06 创建让用户可以更新景点数据的 Activity，更新的景点数据会进入 SQLite 数据库中。

SQLiteDemo > java > UpdateActivity.java

```
public class UpdateActivity extends ActionBarActivity {
    private ImageView ivSpot;
    private TextView tvId;
    private EditText etName;
    private EditText etWeb;
    private EditText etPhone;
    private EditText etAddress;
    private MySQLiteOpenHelper helper;
    private byte[] image;
    private File file;
    private static final int REQUEST_TAKE_PICTURE = 0;
    private static final int REQUEST_PICK_IMAGE = 1;

    @Override
    public void onCreate(Bundle savedInstanceState) {
        super.onCreate(savedInstanceState);
        setContentView(R.layout.update_activity);
        initialViews();
    }

    private void initialViews() {
        ivSpot = (ImageView) findViewById(R.id.ivSpot);
        tvId = (TextView) findViewById(R.id.tvId);
        etName = (EditText) findViewById(R.id.etName);
        etWeb = (EditText) findViewById(R.id.etWeb);
        etPhone = (EditText) findViewById(R.id.etPhone);
        etAddress = (EditText) findViewById(R.id.etAddress);

        if (helper == null) {
获取 SQLiteOpenHelper 对象
            helper = new MySQLiteOpenHelper(this);
        }
根据前页传来的景点 ID，调用 MySQLiteOpenHelper.findById()获取对应的景点数据
        int id = getIntent().getExtras().getInt("id");
        Spot spot = helper.findById(id);
        if (spot == null) {
            Toast.makeText(this, R.string.msg_NoDataFound,
                    Toast.LENGTH_SHORT).show();
            return;
        }
```

```
            image = spot.getImage();
```

将获取的景点信息显示在各个 UI 组件上

```
            Bitmap image = BitmapFactory.decodeByteArray(spot.getImage(), 0,
                    spot.getImage().length);
            ivSpot.setImageBitmap(image);
            tvId.setText(Integer.toString(spot.getId()));
            etName.setText(spot.getName());
            etWeb.setText(spot.getWeb());
            etPhone.setText(spot.getPhone());
            etAddress.setText(spot.getAddress());
        }
```

以下 onTakePictureClick() 与 onLoadPictureClick() 及其相关方法的功能同 InsertActivity.java，请参看前面该文件的说明，这里不再赘述

```
        public void onTakePictureClick(View view) {
            Intent intent = new Intent(MediaStore.ACTION_IMAGE_CAPTURE);
            file = Environment
                    .getExternalStoragePublicDirectory(Environment.DIRECTORY_PICTURES
);
            file = new File(file, "picture.jpg");
            intent.putExtra(MediaStore.EXTRA_OUTPUT, Uri.fromFile(file));
            if (isIntentAvailable(this, intent)) {
                startActivityForResult(intent, REQUEST_TAKE_PICTURE);
            } else {
                Toast.makeText(this, R.string.msg_NoCameraAppsFound,
                        Toast.LENGTH_SHORT).show();
            }
        }

        public boolean isIntentAvailable(Context context, Intent intent) {
            PackageManager packageManager = context.getPackageManager();
            List<ResolveInfo> list = packageManager.queryIntentActivities(intent,
                    PackageManager.MATCH_DEFAULT_ONLY);
            return list.size() > 0;
        }

        public void onLoadPictureClick(View view) {
            Intent intent = new Intent(Intent.ACTION_PICK,
                    MediaStore.Images.Media.EXTERNAL_CONTENT_URI);
            startActivityForResult(intent, REQUEST_PICK_IMAGE);
        }

        @Override
        protected void onActivityResult(int requestCode, int resultCode, Intent data) {
            super.onActivityResult(requestCode, resultCode, data);
            if (resultCode == RESULT_OK) {
```

```
        switch (requestCode) {
            case REQUEST_TAKE_PICTURE:
                // picture = (Bitmap) data.getExtras().get("data");
                Bitmap picture = BitmapFactory.decodeFile(file.getPath());
                ivSpot.setImageBitmap(picture);
                ByteArrayOutputStream out1 = new ByteArrayOutputStream();
                picture.compress(Bitmap.CompressFormat.JPEG, 100, out1);
                image = out1.toByteArray();
                break;
            case REQUEST_PICK_IMAGE:
                Uri uri = data.getData();
                String[] columns = {MediaStore.Images.Media.DATA};
                Cursor cursor = getContentResolver().query(uri, columns,
                        null, null, null);
                if (cursor.moveToFirst()) {
                    String imagePath = cursor.getString(0);
                    cursor.close();
                    Bitmap bitmap = BitmapFactory.decodeFile(imagePath);
                    ivSpot.setImageBitmap(bitmap);
                    ByteArrayOutputStream out2 = new ByteArrayOutputStream();
                    bitmap.compress(Bitmap.CompressFormat.JPEG, 100, out2);
                    image = out2.toByteArray();
                }
                break;
        }
    }
}

按下 Update 按钮
public void onFinishUpdateClick(View view) {
    int id = Integer.parseInt(tvId.getText().toString());
    String name = etName.getText().toString();
    String web = etWeb.getText().toString();
    String phone = etPhone.getText().toString();
    String address = etAddress.getText().toString();
    if (name.length() <= 0) {
        Toast.makeText(this, R.string.msg_NameIsInvalid,
                Toast.LENGTH_SHORT).show();
        return;
    }

    if (image == null) {
        Toast.makeText(this, R.string.msg_NoImage,
                Toast.LENGTH_SHORT).show();
        return;
    }
```

```
调用 MySQLiteOpenHelper.update()并将输入数据转成 Spot 对象传递进去，以完成景点数据的更新
        Spot spot = new Spot(id, name, web, phone, address, image);
        int count = helper.update(spot);
        Toast.makeText(this, count + " " + getString(R.string.msg_RowUpdated),
                Toast.LENGTH_SHORT).show();
        finish();
    }

    public void onCancelClick(View view) {
        finish();
    }

    @Override
    protected void onDestroy() {
        super.onDestroy();
        if (helper != null) {
            helper.close();
        }
    }
}
```

9-5　查询联系人数据

Android 系统的 Contacts Provider 专门提供了联系人数据以便于应用程序存取。Contacts Provider 允许多个相同但存储着不同数据的原始联系人（raw contacts）[1]汇总成一个联系人，如图 9-5 所示，而将汇总后的数据分别存储在 contacts 数据表[2] 与 data 数据表[3]。

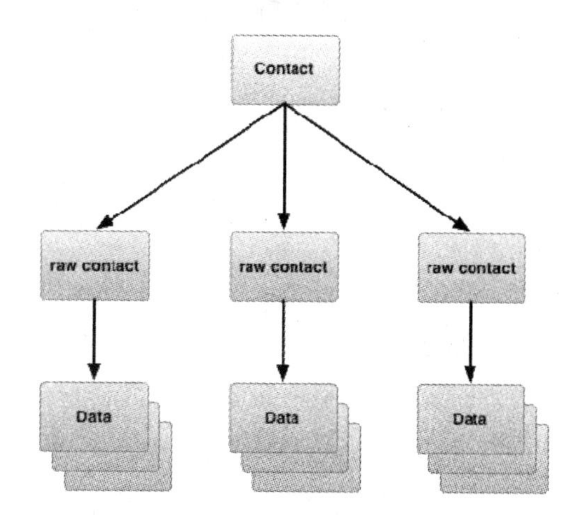

图 9-5　不同数据的原始联系人汇总成一个联系人

1 请参看 ContactsContract.RawContacts 类的 API 文件。
2 contacts 数据表的字段及其说明请参看 ContactsContract.Contacts 类的 API 文件。
3 data 数据表的字段及其说明请参看 ContactsContract.Data 类的 API 文件。

关联 contacts 与 data 这两个数据表的就是“_ID”字段，“_ID”可以当作是联系人 ID；但这个联系人 ID 与原始联系人的 ID 并不相同，这是因为 contacts 数据表可能由多个原始联系人汇总而成。

查询联系人的数据可以调用 ContentResolver.query()，会返回 Cursor 对象，与前所述的 SQLiteDatabase.query()功能非常相似，大家应该可以驾轻就熟了。

范例 ContactDemo

范例说明：

- 以 ListView 显示联系人名称。
- 单击联系人会以 Toast 方式（简易消息框的方式）显示联系人名称以及该联系人各类型的电话号码。如图 9-6 所示。

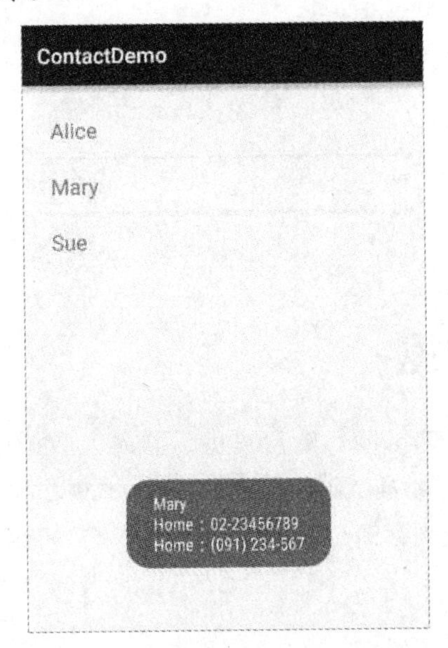

图 9-6　范例 ContactDemo 演示查询联系人

创建步骤：

步骤01 mainfest 文件加上权限设置：读取联系人数据必须加上<uses-permission android:name="android.permission.READ_CONTACTS" />权限。

ContactDemo > manifests > AndroidManifest.xml

```
<?xml version="1.0" encoding="utf-8"?>
<manifest xmlns:android="http://schemas.android.com/apk/res/android"
    package="idv.ron.contactdemo">

    <uses-permission android:name="android.permission.READ_CONTACTS" />

    <application
        android:allowBackup="true"
        android:icon="@mipmap/ic_launcher"
```

```
        android:label="@string/app_name"
        android:theme="@style/AppTheme">
        <activity
            android:name=".MainActivity"
            android:label="@string/app_name">
            <intent-filter>
                <action android:name="android.intent.action.MAIN" />
                <category android:name="android.intent.category.LAUNCHER" />
            </intent-filter>
        </activity>
    </application>

</manifest>
```

步骤02 layout 文件创建 ListView 组件，用来显示联系人数据。

ContactDemo > res > layout > main_activity.xml

```
<RelativeLayout xmlns:android="http://schemas.android.com/apk/res/android"
    xmlns:tools="http://schemas.android.com/tools"
    android:layout_width="match_parent"
    android:layout_height="match_parent"
    android:paddingLeft="@dimen/activity_horizontal_margin"
    android:paddingRight="@dimen/activity_horizontal_margin"
    android:paddingTop="@dimen/activity_vertical_margin"
    android:paddingBottom="@dimen/activity_vertical_margin"
    tools:context=".MainActivity">

    <ListView
        android:id="@+id/lvContact"
        android:layout_width="match_parent"
        android:layout_height="wrap_content" />

</RelativeLayout>
```

步骤03 创建 Activity，获取联系人数据后以 ListView 显示，单击联系人会以 Toast 方式显示联系人名称与各类型的电话号码。

ContactDemo > java > MainActivity.java

```
public class MainActivity extends ActionBarActivity {
    @Override
    public void onCreate(Bundle savedInstanceState) {
        super.onCreate(savedInstanceState);
        setContentView(R.layout.main_activity);
        ListView lvContacts = (ListView) findViewById(R.id.lvContact);
        lvContacts.setAdapter(getContactListAdapter());
        lvContacts.setOnItemClickListener(new AdapterView.OnItemClickListener() {
用户单击 ListView 的联系人时，以 Toast 方式显示联系人电话号码
```

```
            @Override
            public void onItemClick(AdapterView<?> parent,
                                    View view, int position, long id) {
                String text = "";
                String name = ((TextView) view.findViewById(R.id.tvName)).getText().
toString();
                text += name;
```

根据联系人 ID 获取所有种类的电话号码

```
                Cursor phones = getPhones(id);
                if (phones.getCount() <= 0) {
                    text += "\n" + getString(R.string.msg_PhoneNoNotFound);
                    showToast(text);
                    return;
                }

                while (phones.moveToNext()) {
```

因为调用 Cursor.getInt(columnIndex)需要提供 columnIndex——字段索引，所以需要先调用 Cursor.getColumnIndex()将字段名转成字段索引。在这里获取电话种类代码，还需调用下面的 getTypeLabelResource()才能转成有意义的文字

```
                    int phoneTypeID = phones.getInt(
                            phones.getColumnIndex(
                                    ContactsContract.CommonDataKinds.Phone.TYPE));
```

调用 getTypeLabelResource()并指定电话类型，即可返回该电话类型对应的描述文字[1]

```
                    String type = getString(
                            ContactsContract.CommonDataKinds.Phone.
                                    getTypeLabelResource(phoneTypeID));
```

获取电话号码

```
                    String phoneNo = phones.getString(
                            phones.getColumnIndex(
                                    ContactsContract.CommonDataKinds.Phone.NUMBER));
                    text += "\n" + type + ": " + phoneNo;
                }
                showToast(text);
            }
        });
    }
```

获取 ListView 要套用的 ListAdapter

```
    private ListAdapter getContactListAdapter() {
        Cursor cursor = getContacts();
```

指定显示 cursor 指向的 DISPLAY_NAME(联系人名称)字段的数据

```
        String[] columns = {
                ContactsContract.Contacts.DISPLAY_NAME
        };
```

[1] 例如 2 代表“移动设备”，经笔者测试，getTypeLabelResource()支持本地化；换句话说，切换成英文时，“移动设备”会变成“Mobile”。

```
将要显示的数据放在指定的 TextView 组件上(定义在 contact_listview_item.xml)
        int[] textViewIds = {
                R.id.tvName
        };

调用 SimpleCursorAdapter 构造函数将 cursor 对象内容转换成 ListView 所显示的选项。SimpleCursorAdapter 的父类 CursorAdapter 规定数据来源 Cursor 必须包含"_id"字段，否则会产生运行错误。FLAG_REGISTER_CONTENT_OBSERVER 代表在 cursor 上注册数据内容监控器
一旦数据有改变并发出通知，这时会调用 CursorAdapter.onContentChanged()自动重新查询，也可以改写此方法
        return new SimpleCursorAdapter(
                this, R.layout.contact_listview_item,
                cursor, columns, textViewIds,
                CursorAdapter.FLAG_REGISTER_CONTENT_OBSERVER);
    }

获取联系人数据的查询结果
    private Cursor getContacts() {
获取联系人数据表的 URI
        Uri contactsUri = ContactsContract.Contacts.CONTENT_URI;
使用常数_ID(联系人 ID)与 DISPLAY_NAME(联系人名称)指定要查询的字段。因为查询结果 Cursor 要用在 SimpleCursorAdapter，所以要包含"_id"字段，而常数_ID 的值即是"_id"
        String[] columns = {
                ContactsContract.Contacts._ID,
                ContactsContract.Contacts.DISPLAY_NAME
        };
按照联系人名称排序
        String sortOrder = ContactsContract.Contacts.DISPLAY_NAME;
调用 getContentResolver()会获取 ContentResolver 对象(管理数据内容的对象，可以想象成是数据库)，调用 ContentResolver.query()可以查询 ContentResolver 所管理的数据内容
在此返回联系人的查询结果
        return getContentResolver().query(
                contactsUri, columns, null, null, sortOrder);
    }

获取一个联系人的所有电话号码的相关数据，参数 id 代表联系人 ID
    private Cursor getPhones(long id) {
获取链接到联系人电话数据的 URI 地址
        Uri phoneUri = ContactsContract.CommonDataKinds.Phone.CONTENT_URI;
使用常数 TYPE(电话种类代号，例如家用电话)与 NUMBER(电话号码)指定要查询的字段
        String[] columns = {
                ContactsContract.CommonDataKinds.Phone.TYPE,
                ContactsContract.CommonDataKinds.Phone.NUMBER
        };
设置查询条件为必须符合特定联系人 ID
        String selection = ContactsContract.CommonDataKinds.Phone.CONTACT_ID + " = ? ";
设置查询语句中"?"的值
```

```
        String[] selectionArgs = {String.valueOf(id)};
根据联系人 ID 返回电话号码查询结果
        return getContentResolver().query(
                phoneUri, columns, selection, selectionArgs, null);
    }

    private void showToast(String text) {
        Toast.makeText(this, text, Toast.LENGTH_SHORT).show();
    }
}
```

第 10 章

Google 地图

10-1 Google 地图功能的介绍

要创建带有 Google 地图功能的 Android 应用程序，必须使用 Google Maps Android API（以下简称为 Maps API），目前版本为第 2 版（全名为 Google Maps Android API v2）。通过 Maps API 可以访问 Google 地图服务器上的数据用来显示在 Android 设备上；除此之外，Maps API 还可以协助开发者在 Google 地图上加标记（markers）、绘制线条与多边形（polygons），以及加上图层（overlays）以显示更丰富的地图数据；甚至用户也可以改变地图显示的方式（例如：地图倾斜度、切换交通图与卫星图等），如图 10-1 所示，并可与地图进行多种形式的互动。

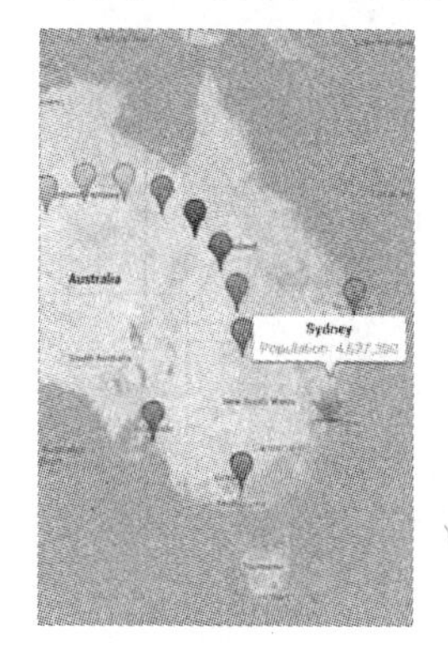

加标记

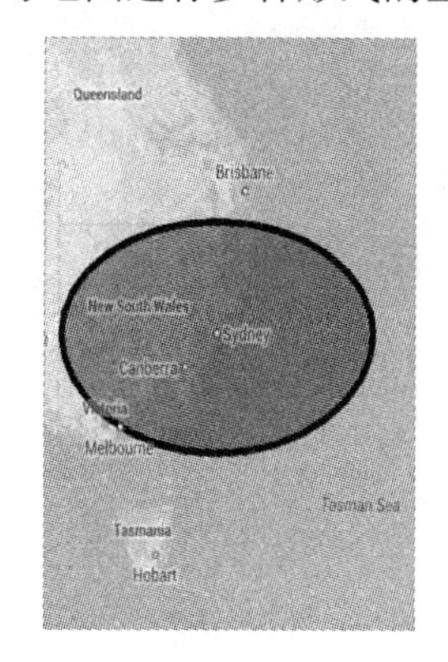

多边形

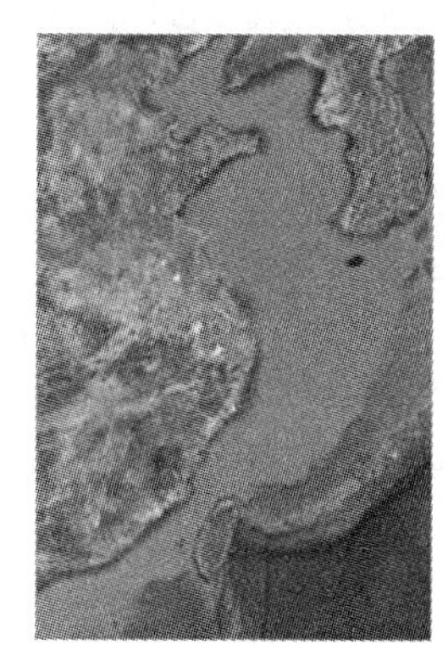

卫星图

图 10-1

想要在 Android 应用程序中加上 Google 地图功能，可以按照下列步骤；而各步骤的详细说明则可继续参看后续的各个章节。

1. 产生数字证书指纹。
2. 申请 Google Maps Android API Key（以下简称 API 密钥）。
3. Google Play services 安装与导入。
4. 创建基本的 Google 地图。

10-2 产生数字证书指纹

Android 应用程序如果需要调用 Maps API，就必须使用 API 密钥。如果要获取 API 密钥，必须提供：

- 数字证书指纹（certificate fingerprint）。
- Android 应用程序套件名称。

以下说明产生调试证书[1]指纹的操作步骤：

步骤01 找到调试证书指纹的位置：

- Windows 7 – C:\Users\[用户名称]\.android\。
- MacOS 或 Linux – [用户名称]/.android/。
- 可以找到默认存放 debug.keystore 文件[2]的位置，如图 10-2 所示，而 debug.keystore 文件中存储的就是调试证书。

图 10-2 默认存放 debug.keystore 文件的位置

步骤02 将 JDK 的 keytool 工具（keytool.exe）的路径加入 path 环境变量[3]，如图 10-3 所示。

---

[1] 应用程序的数字证书有两种，开发阶段使用调试证书（debug certificate），又称为调试密钥（debug key）；如果要将应用程序发布到 Play 商店，就必须使用发布证书（release certificate），又称为发布密钥（publish key）。因为目前还在开发阶段，所以本章说明以调试证书为主；发布凭证则在第 14 章中说明。

[2] 执行一次 Android 应用程序，Android SDK 工具就会自动产生 debug.keystore 文件并放在默认位置，并且用 debug.keystore 来签署应用程序。debug.keystore 是密钥库，其中存储着密钥。

[3] Path 环境变量设置说明如下：Windows 7 系统：控制面板 → 系统和安全 → 系统 → 高级系统设置 → 高级 → 环境变量，再到窗口下半部“系统变量”找到 Path 后按下“编辑”按钮 → 在“变量值”字段的最后输入“;”（前后不可有任何空格符），接着将“keytool.exe”所在目录路径——例如“C:\Program Files\Java\jdk1.7.0_05\bin”中输入。

图 10-3　将 JDK 的 keytool 工具的路径加入 path 环境变量

步骤03 请按照 debug.keystore 文件（假设在 C:\Users\RON\.android 目录）所在路径下指令：

```
C:\Users\RON\.android>keytool -list -keystore debug.keystore
```

步骤04 接着会要求输入 keystore 密码，默认为“android”，也可以不输入直接按 Enter 按钮，最后会产生 SHA1 证书指纹如下所示，下一个阶段就会利用 SHA1 证书指纹去申请 API 密钥。

```
C:\Users\Ron\.android>keytool -list -keystore debug.keystore
输入密钥存储库密码：（默认为 android）
密钥存储库类型：JKS
密钥存储库提供者：SUN
您的密钥存储库包含 1 项目
androiddebugkey, 2012/6/19, PrivateKeyEntry,
证书指纹 (SHA1): 93:99:DF:BA:6A:13:71:ED:03:75:AD:96:E9:46:5A:D0:31:C9:43:E4
```

10-3　申请 API 密钥

要申请 API 密钥，必须通过 Google APIs Console 管理接口，申请步骤如下：

步骤01 启动浏览器（建议使用 Google Chrome 浏览器），地址栏输入 https://code.google.com/apis/console/，接下来输入 Google 账号密码，如图 10-4 所示。

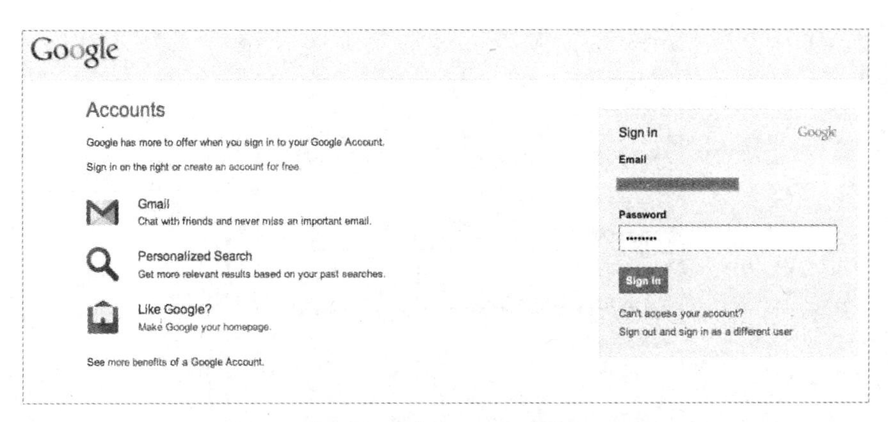

图 10-4 登录 Google 网站

步骤02 接着会弹出如图 10-5 所示的画面，按下 Create project 按钮继续。

图 10-5 按 Create project 按钮创建项目

步骤03 单击左边导航栏的 API 和验证→API，在右边单击 Google Maps Android API，如图 10-6 所示；接受条款后即可启动该服务。

图 10-6 单击 Google Maps Android API

步骤04 单击左边导航栏“证书”选项，并按下创建新的密钥 → Android 密钥，如图 10-7 所示。

图 10-7 单击“创建新的 Android 密钥”

步骤05 申请 API 密钥需要“证书指纹”与“应用程序套件名称”。请按照图 10-8 所示，在文字输入框中先贴上证书指纹，加上分号，再贴上套件名称，格式为“证书指纹;套件名称”（分号作为分隔），然后按下“创建”按钮。

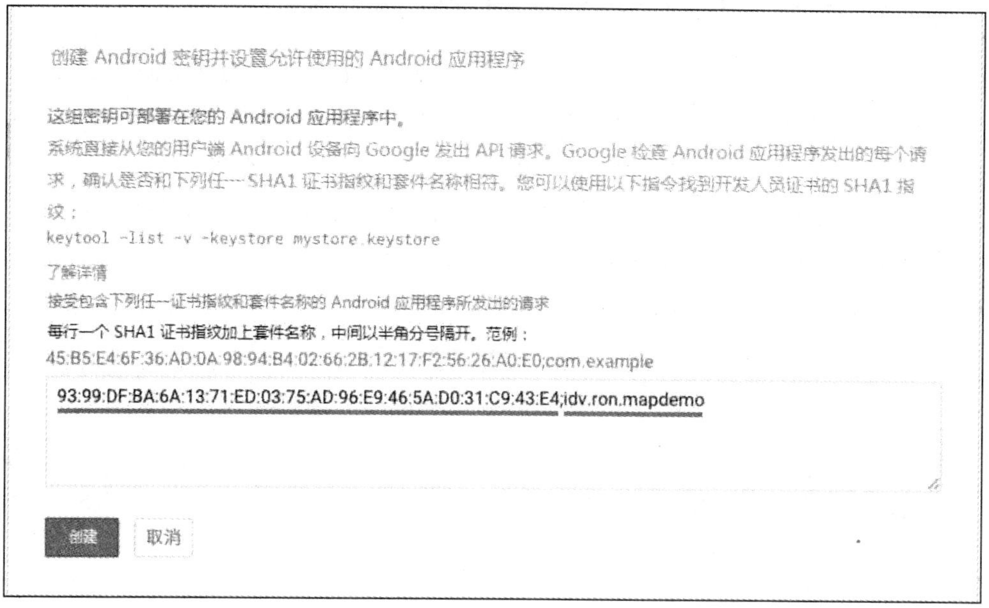

创建 Android 密钥并设置允许使用的 Android 应用程序

这组密钥可部署在您的 Android 应用程序中。

系统直接从您的用户端 Android 设备向 Google 发出 API 请求。Google 检查 Android 应用程序发出的每个请求，确认是否和下列任一 SHA1 证书指纹和套件名称相符。您可以使用以下指令找到开发人员证书的 SHA1 指纹：

```
keytool -list -v -keystore mystore.keystore
```

了解详情

接受包含下列任一证书指纹和套件名称的 Android 应用程序所发出的请求

每行一个 SHA1 证书指纹加上套件名称，中间以半角分号隔开。范例：

45:B5:E4:6F:36:AD:0A:98:94:B4:02:66:2B:12:17:F2:56:26:A0:E0;com.example

93:99:DF:BA:6A:13:71:ED:03:75:AD:96:E9:46:5A:D0:31:C9:43:E4;idv.ron.mapdemo

创建 取消

图 10-8 提供创建密钥所需的证书指纹和套件名称，以便完成密钥的创建

步骤06 最后会产生 API 密钥，如图 10-9 所示。创建 Android 项目时，manifest 文件中的套件名称要与申请 API 密钥时所输入的套件名称相同；<meta-data>也必须加上申请到的这个 API 密钥，如图 10-10 所示。

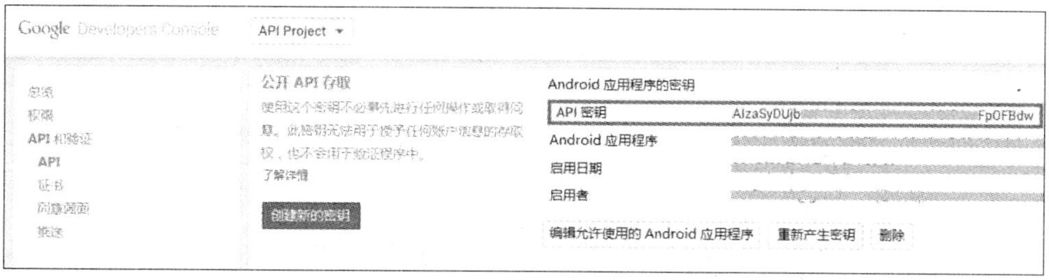

Google Developers Console API Project

公开 API 存取

创建新的密钥

Android 应用程序的密钥

API 密钥 AIzaSyDUjb FpOFBdw

Android 应用程序

启用日期

启用者

编辑允许使用的 Android 应用程序 重新产生密钥 删除

图 10-9 成功创建 API 密钥

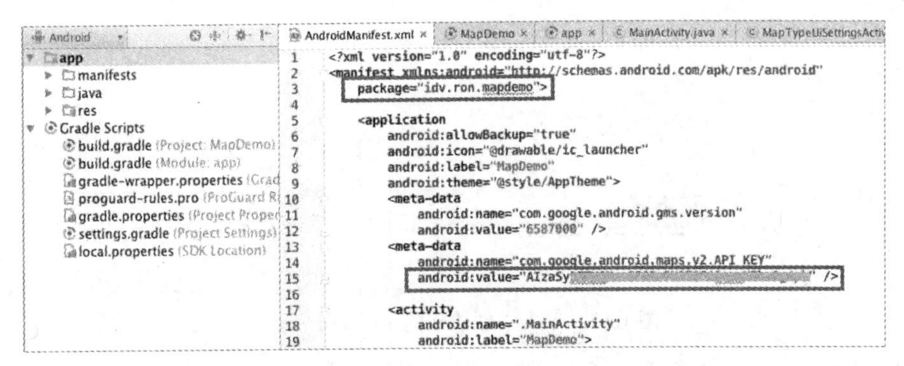

图 10-10　mainfest 文件中加上这个申请到的 API 密钥

10-4　Google Play Services 安装与导入

Maps API 现在已经成为 Google Play Services API 的一部分，所以要使用 Google 地图相关的功能，就必须先安装 Google Play Services API 并导入到项目中，以便项目程序引用。一般而言，安装 Android Studio 就会连同 Google Play Services API 一起安装。安装与导入步骤为：

步骤01 安装 Google Play Services API：单击 Android Studio 主菜单 Tools → Android → SDK Manager 会启动 Android SDK Manager，如图 10-11 所示；勾选“Google Repository”[1]，再按下右下角 Install packages 按钮即可开始安装。

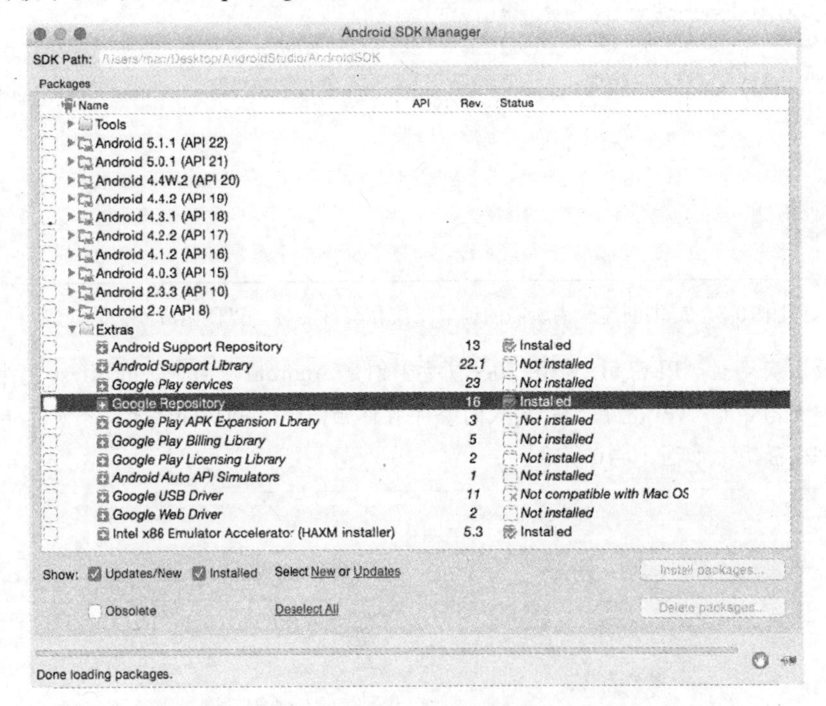

图 10-11　安装 Google Play Services API

[1] 图 10-11 同样在 Extras 目录的 Google Play services 项目是给 Eclipse 开发工具安装的，而非给 Android Studio 安装的。

步骤02 项目导入 Google Play services API：Android Studio 主菜单 File → Project Structure → 左边导航栏 app → Dependencies 会显示出已经加入的 API。如果没有加入 Google Play Services API，可以按下“+”按钮 → Library dependency → 选择 play-services（com.google.android.gms:play-services）。如图 10-12 所示。

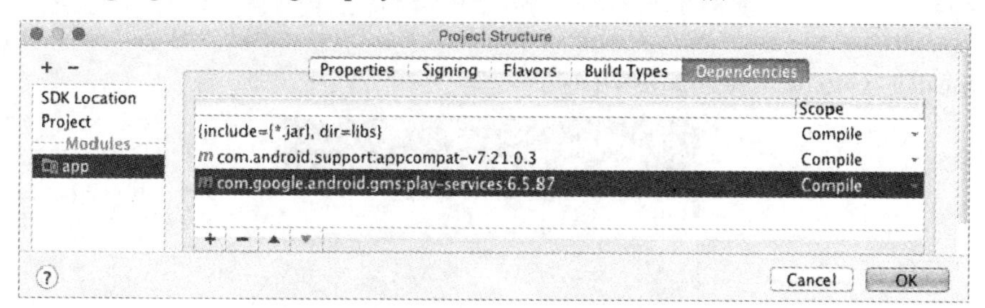

图 10-12　项目导入 Google Play services API

加入完毕后，也可以在项目导航栏的 Gradle Scripts → build.gradle（Module: app）看到相应加入的内容，如图 10-13 所示。

图 10-13　在程序中可以看到把 Google Play services API 导入项目的语句

步骤03 添加 meta-data 标签。要正常使用 Google Play Services API，必须加上 android:name="com.google.android.gms.version" 与 android:value="@integer/google_play_services_version"这两个属性。

```
<application
    ...
        <meta-data
            android:name="com.google.android.gms.version"
            android:value="@integer/google_play_services_version" />
    ...
</application>
```

10-5　创建基本的 Google 地图

想要创建具备基本 Google 地图的 Android 应用程序，必须先在 manifest 文件内作权限设置并加入 API 密钥，layout 文件也要加入 SupportMapFragment 以显示地图，可参看下面范例的步骤。

Android 官方仿真器[1]与实体机都支持 Google 地图，所以可以执行具有 Google 地图功能的应用程序。

范例 MapDemo/BasicMapActivity

范例说明：

显示最简单的 Google 地图，如图 10-14 所示。

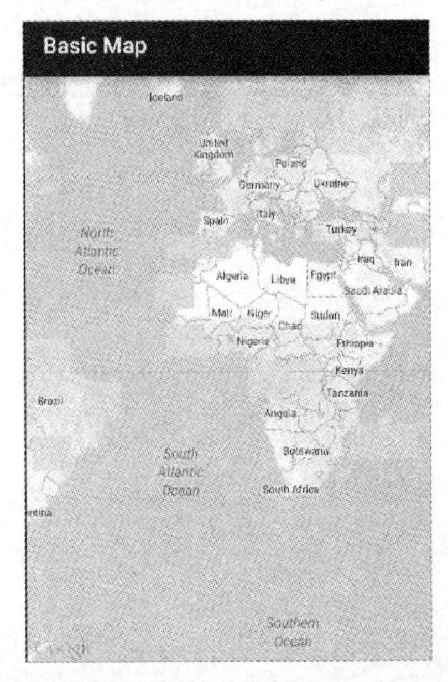

图 10-14 范例 MapDemo/BasicMapActivity 显示最简单的 Google 地图

创建步骤：

步骤01 套件名称必须与申请 API 密钥时所用的套件名称相同。使用 Google 地图需要加上许多权限设置。需要填入申请的 API 密钥。

MapDemo > manifests > AndroidManifest.xml

```
<?xml version="1.0" encoding="utf-8"?>
<!-- 套件名称必须与申请 API 密钥时所用的套件名称相同 -->
<manifest xmlns:android="http://schemas.android.com/apk/res/android"
    package="idv.ron.mapdemo">

<!-- 允许应用程序通过 internet 下载地图信息 -->
    <uses-permission android:name="android.permission.INTERNET" />
    <uses-permission android:name="android.permission.ACCESS_NETWORK_STATE" />
```

---

[1] Genymotion 仿真器不支持 Google 地图功能，需要安装 ARM Translation Installer 与 Google Apps for Android 两个 zip 文件，步骤如下：（1）搜索并下载 ARM Translation Installer 最新版，然后将文件拖动到仿真器安装后重启；（2）搜索并下载 Google Apps for Android（最好符合仿真器的 Android 版本），然后将文件拖动到仿真器安装后重启；（3）许多 Google 的应用程序会更新，可能有应用程序会弹出错误信息，不用理会；（4）此时可以进入 Play 商店，下载 Google 地图应用程序以便用于测试。

```
    <!-- 允许应用程序将地图信息暂存到 Android 设备的外部存储器 -->
        <uses-permission android:name="android.permission.WRITE_EXTERNAL_STORAGE" />
    <!-- 允许应用程序通过 WiFi 或移动网络来定位[1] -->
        <uses-permission android:name="android.permission.ACCESS_COARSE_LOCATION" />
    <!-- 允许应用程序通过 GPS 来定位 -->
        <uses-permission android:name="android.permission.ACCESS_FINE_LOCATION" />

    <!-- Google 地图需要使用 OpenGL ES v2 版本，加上<uses-feature>设置可以让已经放在 Play 商店
的此应用程序不会被不支持此功能的设备看到，具有过滤效果 -->
        <uses-feature
            android:glEsVersion="0x00020000"
            android:required="true" />

        <application
            android:allowBackup="true"
            android:icon="@drawable/ic_launcher"
            android:label="@string/app_name"
            android:theme="@style/AppTheme">
            <meta-data
                android:name="com.google.android.gms.version"
                android:value="@integer/google_play_services_version" />
    <!-- 填入申请的 API 密钥 -->
            <meta-data
                android:name="com.google.android.maps.v2.API_KEY"
                android:value="申请的 API 密钥" />

            <activity
                android:name=".MainActivity"
                android:label="@string/app_name">
                <intent-filter>
                    <action android:name="android.intent.action.MAIN" />
                    <category android:name="android.intent.category.LAUNCHER" />
                </intent-filter>
            </activity>
            <activity
                android:name=".BasicMapActivity"
                android:label="@string/title_BasicMap" />
            <activity
                android:name=".MapTypeUiSettingsActivity"
                android:label="@string/title_MapTypeUiSettings" />
            <activity
                android:name=".MarkersActivity"
                android:label="@string/title_Markers" />
            <activity
```

[1] 其实 Google 地图应用程序可以不用加上 android.permission.ACCESS_COARSE_LOCATION 与 android.permission.ACCESS_FINE_LOCATION 这两个权限设置，但官方文件仍然建议加上。

```
            android:name=".PolylinesPolygonsActivity"
            android:label="@string/title_PolylinesPolygons" />
        <activity
            android:name=".GeocoderActivity"
            android:label="@string/title_Geocoder" />
    </application>

</manifest>
```

步骤02 创建带有 Google 地图的 layout 文件：加上<fragment>标签，如果 class 属性是 SupportMapFragment，可以支持旧版本的 Android 系统。如果改用 MapFragment，仅支持 API 12（Android 3.1）以后的 Android 系统。

MapDemo > res > layout > basic_map_activity.xml

```
<fragment xmlns:android="http://schemas.android.com/apk/res/android"
    android:id="@+id/fmMap"
    android:layout_width="match_parent"
    android:layout_height="match_parent"
    class="com.google.android.gms.maps.SupportMapFragment" />
```

步骤03 创建 Activity，将带有 Google 地图的 layout 文件载入。

MapDemo > java > BasicMapActivity.java

```
public class BasicMapActivity extends ActionBarActivity {
    @Override
    protected void onCreate(Bundle savedInstanceState) {
        super.onCreate(savedInstanceState);
        setContentView(R.layout.basic_map_activity);
    }
}
```

10-6 地图种类与 UI 设置

10-6-1 地图种类设置

在 Google 地图上可以设置下列 4 种地图种类，参看图 10-15：

- 常规图（normal）：典型的道路地图，重要的人造设施或天然景观如河流、湖泊的形状会显示出来；另外重要道路与重要设施的名称也会以文字显示。
- 混合图（hybrid）：就是常规图与卫星图的混合体。
- 卫星图（satellite）：卫星所拍摄的空照图，但不会以文字显示道路或设施的名称。
- 地形图（terrain）：显示地形走势，也会以文字显示一些道路或设施名称。

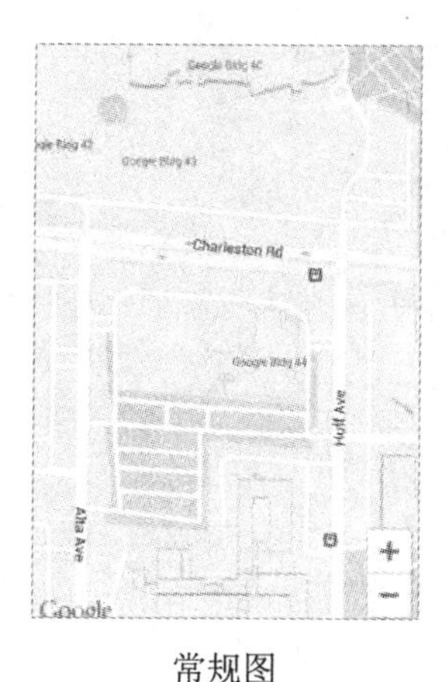

常规图

卫星图

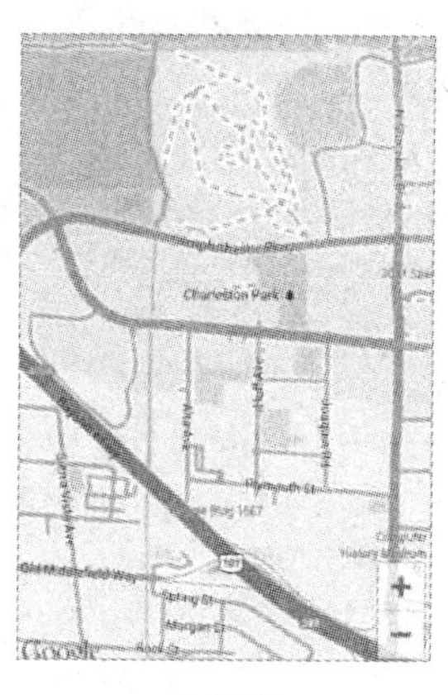
地形图

图 10-15　三种地图

要设置地图种类可以调用 GoogleMap.setMapType(int)方法并搭配 GoogleMap 的地图种类常数，例如：

```
GoogleMap map;
...
// 将地图种类设置为混合图
map.setMapType(GoogleMap.MAP_TYPE_HYBRID);
```

10-6-2　地图 UI 设置

Google 地图可以显示交通信息（traffic）与自己的位置图层[1]（my location layer），只要通过调用 GoogleMap.setMyLocationEnabled(boolean)与 GoogleMap.setMyLocationEnabled(boolean)方法即可，例如：

```
GoogleMap map;
...
// 显示交通信息
map.setTrafficEnabled(true);
// 显示自己的位置
map.setMyLocationEnabled(true);
```

另外，还有 UiSettings 存储着地图 UI 设置与操作手势设置，可以调用 getUiSettings()获取该对象，并调用 setter 方法加以设置：

```
GoogleMap map;
...
// 获取地图 UI 设置对象
UiSettings uiSettings = map.getUiSettings();
```

[1] Google 地图上可以添加许多不同的图层，例如自己的位置图层、标记图层等以方便管理；如果用户不想看到某一图层的信息，只要删除该图层即可。

```
// 显示缩放按钮
uiSettings.setZoomControlsEnabled(true)
// 显示指南针
uiSettings.setCompassEnabled(true)
// 显示自己位置的按钮
uiSettings.setMyLocationButtonEnabled(true)

// 启用地图滚动手势
uiSettings.setScrollGesturesEnabled(true)
// 启用地图缩放手势
uiSettings.setZoomGesturesEnabled(true)
// 启用地图倾斜手势
uiSettings.setTiltGesturesEnabled(true)
// 启用地图旋转手势
uiSettings.setRotateGesturesEnabled(true)
```

范例 MapDemo/MapTypeUiSettingsActivity

范例说明（如图 10-16）：

- 单击右上角自己位置的按钮可以将设备本身的位置[1]显示在地图画面中央。
- 单击右下角缩放按钮可以缩放地图。
- 单击左下角下拉菜单可以改变地图的种类；勾选下方选项可以启用/关闭各个 UI 显示或操作的功能。

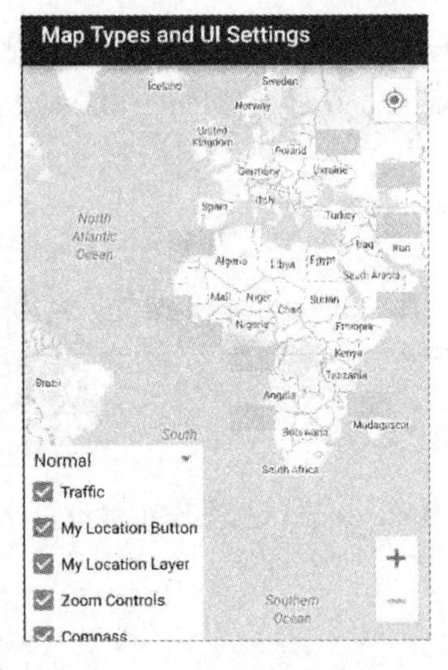

图 10-16　范例 MapDemo/MapTypeUiSettingsActivity 的屏幕显示

1　仿真器必须先设置设备本身的位置，单击自己位置的按钮才会有效果。

创建步骤：

步骤01 layout 文件创建带有 Google 地图的 SupportMapFragment，并创建 Spinner 与 CheckBox 让用户可以进行地图上 UI 的设置。

MapDemo > res > layout > map_type_ui_settings_activity.xml

```
<?xml version="1.0" encoding="utf-8"?>
<RelativeLayout xmlns:android="http://schemas.android.com/apk/res/android"
    android:id="@+id/relativeLayout"
    android:layout_width="match_parent"
    android:layout_height="match_parent">

    <fragment
        android:id="@+id/fmMap"
        android:layout_width="match_parent"
        android:layout_height="match_parent"
        class="com.google.android.gms.maps.SupportMapFragment" />

    <ScrollView
        android:layout_width="wrap_content"
        android:layout_height="175dp"
        android:layout_alignParentBottom="true"
        android:layout_alignParentLeft="true">

        <LinearLayout
            android:layout_width="wrap_content"
            android:layout_height="wrap_content"
            android:background="#FFFFFF"
            android:orientation="vertical"
            android:paddingRight="5dp">

            <Spinner
                android:id="@+id/spMapType"
                android:layout_width="match_parent"
                android:layout_height="wrap_content" />

            <CheckBox
                android:id="@+id/cbTraffic"
                android:layout_width="wrap_content"
                android:layout_height="wrap_content"
                android:checked="true"
                android:onClick="onTrafficClick"
                android:text="@string/text_cbTraffic" />

            <CheckBox
                android:id="@+id/cbMyLocationButton"
```

```
        android:layout_width="wrap_content"
        android:layout_height="wrap_content"
        android:layout_weight="1"
        android:checked="true"
        android:onClick="onMyLocationButtonClick"
        android:text="@string/text_cbMyLocationButton" />

    <CheckBox
        android:id="@+id/cbMyLocationLayer"
        android:layout_width="wrap_content"
        android:layout_height="wrap_content"
        android:layout_weight="1"
        android:checked="true"
        android:onClick="onMyLocationLayerClick"
        android:text="@string/text_cbMyLocationLayer" />

    <CheckBox
        android:id="@+id/cbZoomControls"
        android:layout_width="wrap_content"
        android:layout_height="wrap_content"
        android:layout_weight="1"
        android:checked="true"
        android:onClick="onZoomControlsClick"
        android:text="@string/text_cbZoomControls" />

    <CheckBox
        android:id="@+id/cbCompass"
        android:layout_width="wrap_content"
        android:layout_height="wrap_content"
        android:layout_weight="1"
        android:checked="true"
        android:onClick="onCompassClick"
        android:text="@string/text_cbCompass" />

    <CheckBox
        android:id="@+id/cbScrollGestures"
        android:layout_width="wrap_content"
        android:layout_height="wrap_content"
        android:layout_weight="1"
        android:checked="true"
        android:onClick="onScrollGesturesClick"
        android:text="@string/text_cbScrollGestures" />

    <CheckBox
        android:id="@+id/cbZoomGestures"
        android:layout_width="wrap_content"
        android:layout_height="wrap_content"
```

```
            android:layout_weight="1"
            android:checked="true"
            android:onClick="onZoomGesturesClick"
            android:text="@string/text_cbZoomGestures" />

        <CheckBox
            android:id="@+id/cbRotateGestures"
            android:layout_width="wrap_content"
            android:layout_height="wrap_content"
            android:layout_weight="1"
            android:checked="true"
            android:onClick="onRotateGesturesClick"
            android:text="@string/text_cbRotateGestures" />

        <CheckBox
            android:id="@+id/cbTiltGestures"
            android:layout_width="wrap_content"
            android:layout_height="wrap_content"
            android:layout_weight="1"
            android:checked="true"
            android:onClick="onTiltGesturesClick"
            android:text="@string/text_cbTiltGestures" />
    </LinearLayout>
  </ScrollView>

</RelativeLayout>
```

步骤02 创建 Activity 加载 Google 地图，并处理用户对地图所做的 UI 相关设置。

MapDemo > java > MapTypeUiSettingsActivity.java

```
public class MapTypeUiSettingsActivity extends ActionBarActivity {
    private final static String TAG = "MapTypeUiSettings";

    private GoogleMap map; // 存储着地图信息
    private UiSettings uiSettings; // 存储着地图 UI 设置

    @Override
    protected void onCreate(Bundle savedInstanceState) {
        super.onCreate(savedInstanceState);
        setContentView(R.layout.map_type_ui_settings_activity);
        initMap();
        setMyMapType();
    }

    // 初始化地图
    private void initMap() {
        // 检查 GoogleMap 对象是否存在
```

```
        if (map == null) {
            // 从 SupportMapFragment 获取 GoogleMap 对象
            map = ((SupportMapFragment) getSupportFragmentManager()
                    .findFragmentById(R.id.fmMap)).getMap();
            if (map != null) {
                setUpMap();
            }
        }
    }

    // 完成地图相关的设置
    private void setUpMap() {
        // 显示交通信息
        map.setTrafficEnabled(true);
        // 显示自己的位置
        map.setMyLocationEnabled(true);

        // 获取地图 UI 设置对象
        uiSettings = map.getUiSettings();
    }

    // 设置地图种类
    private void setMyMapType() {
        // 创建地图种类下拉菜单，让用户可以选取要显示的地图种类
        Spinner spinner = (Spinner) findViewById(R.id.spMapType);
        // 调用 createFromResource()从文本文件中加载字符串数组 R.array.mapTypes
        ArrayAdapter<CharSequence> adapter = ArrayAdapter.createFromResource(
                this, R.array.mapTypes, android.R.layout.simple_spinner_item);

adapter.setDropDownViewResource(android.R.layout.simple_spinner_dropdown_item);
        spinner.setAdapter(adapter);

        spinner.setOnItemSelectedListener(new OnItemSelectedListener() {

            @Override
            public void onItemSelected(AdapterView<?> parent, View view,
                                       int position, long id) {
                if (!isMapReady()) {
                    return;
                }

                // 调用 getItemAtPosition()可以获取选取的值，并将地图设置成选定的种类
                String mapType = parent.getItemAtPosition(position).toString();
                // 调用 getString()并指定文字 ID 可以获取对应文字
                if (mapType.equals(getString(R.string.normal))) {
                    map.setMapType(GoogleMap.MAP_TYPE_NORMAL);
                } else if (mapType.equals(getString(R.string.hybrid))) {
```

```
                map.setMapType(GoogleMap.MAP_TYPE_HYBRID);
            } else if (mapType.equals(getString(R.string.satellite))) {
                map.setMapType(GoogleMap.MAP_TYPE_SATELLITE);
            } else if (mapType.equals(getString(R.string.terrain))) {
                map.setMapType(GoogleMap.MAP_TYPE_TERRAIN);
            } else {
                Log.e(TAG, mapType + " " + getString(R.string.msg_ErrorSettings));
            }
        }

        @Override
        public void onNothingSelected(AdapterView<?> parent) {
            // Do nothing.
        }
    });
}

// 执行与地图有关的方法前应该先调用此方法以检查 GoogleMap 对象是否存在
private boolean isMapReady() {
    if (map == null) {
        showToast(R.string.msg_MapNotReady);
        return false;
    }
    return true;
}

// 单击“Traffic”CheckBox
public void onTrafficClick(View view) {
    if (!isMapReady()) {
        return;
    }
    // 根据 CheckBox 勾选与否来决定是否显示/隐藏交通流量
    map.setTrafficEnabled(((CheckBox) view).isChecked());
}

// 单击“Zoom Controls”CheckBox
public void onZoomControlsClick(View view) {
    if (!isMapReady()) {
        return;
    }
    // 显示/隐藏缩放按钮
    uiSettings.setZoomControlsEnabled(((CheckBox) view).isChecked());
}

// 单击“Compass”CheckBox
public void onCompassClick(View view) {
    if (!isMapReady()) {
```

```
        return;
    }
    // 显示/隐藏指南针
    uiSettings.setCompassEnabled(((CheckBox) view).isChecked());
}

// 单击“My Location Button”CheckBox
public void onMyLocationButtonClick(View view) {
    if (!isMapReady()) {
        return;
    }
    // 显示/隐藏自己位置的按钮
    uiSettings.setMyLocationButtonEnabled(((CheckBox) view).isChecked());
}

// 单击“My Location Layer”CheckBox
public void onMyLocationLayerClick(View view) {
    if (!isMapReady()) {
        return;
    }
    // 显示/隐藏自己位置图层，如果未启用则自己位置的按钮也无法显示
    map.setMyLocationEnabled(((CheckBox) view).isChecked());
}

// 单击“Scroll Gestures”CheckBox
public void onScrollGesturesClick(View view) {
    if (!isMapReady()) {
        return;
    }
    // 启用/关闭地图滚动手势
    uiSettings.setScrollGesturesEnabled(((CheckBox) view).isChecked());
}

// 单击“Zoom Gestures”CheckBox
public void onZoomGesturesClick(View view) {
    if (!isMapReady()) {
        return;
    }
    // 启用/关闭地图缩放手势
    uiSettings.setZoomGesturesEnabled(((CheckBox) view).isChecked());
}

// 单击“Tilt Gestures”CheckBox
public void onTiltGesturesClick(View view) {
    if (!isMapReady()) {
        return;
    }
```

```
        // 启用/关闭地图倾斜手势
        uiSettings.setTiltGesturesEnabled(((CheckBox) view).isChecked());
    }

    // 单击“Rotate Gestures”CheckBox
    public void onRotateGesturesClick(View view) {
        if (!isMapReady()) {
            return;
        }
        // 启用/关闭地图旋转手势
        uiSettings.setRotateGesturesEnabled(((CheckBox) view).isChecked());
    }

    @Override
    protected void onResume() {
        super.onResume();
        initMap();
    }

    private void showToast(int messageResId) {
        Toast.makeText(this, messageResId, Toast.LENGTH_SHORT).show();
    }
}
```

10-7　使用标记与设置镜头焦点

10-7-1　使用标记

标记（marker）是在地图上标示特定位置的一个记号，必须提供经纬度[1]才能做标记，可以调用 LatLng 类的构造函数来创建经纬度对象。

```
// 提供太鲁阁公园的经纬度
LatLng taroko = new LatLng(24.151287, 121.625537);
```

调用 GoogleMap.addMarker（MarkerOptions）可以在地图上加入标记，而 MarkerOptions 就是标记的相关设置，具有下列属性：

- position（必要）：是 LatLng 对象，提供标记的位置，只有这个是必要属性。
- title：当用户单击标记时，信息窗口会显示的标题文字。
- snippet：显示在标题文字下方的简短说明文字。
- draggable：是否允许用户拖动标记，默认为 true。
- visible：是否显示标记，默认为 true。

1　如果只知道地名或地址，想要查询对应的经纬度，可到 http://www.mygeoposition.com/网站查询。

- anchor：标记图标与 LatLng 位置的对齐方式，默认是 LatLng 代表的位置会对齐标记图标的下方中央处。
- icon：设置标记图标。一旦标记创建完成，就无法更换标记图标。

在地图上加入标记的方式如下：

```
LatLng taroko = new LatLng(24.151287, 121.625537);
Marker marker_taroko = map.addMarker(new MarkerOptions()
    // 标记位置
    .position(taroko)
    // 标记标题
    .title(getString(R.string.marker_title_taroko))
    // 标记描述
    .snippet(getString(R.string.marker_snippet_taroko))
    // 自定义标记图标
    .icon(BitmapDescriptorFactory.fromResource(R.drawable.pin)));
```

10-7-2 信息窗口

单击标记后会弹出信息窗口（info window），如果不想使用默认信息窗口，可以更改窗口内容样式甚至外框样式，如图 10-17 所示。

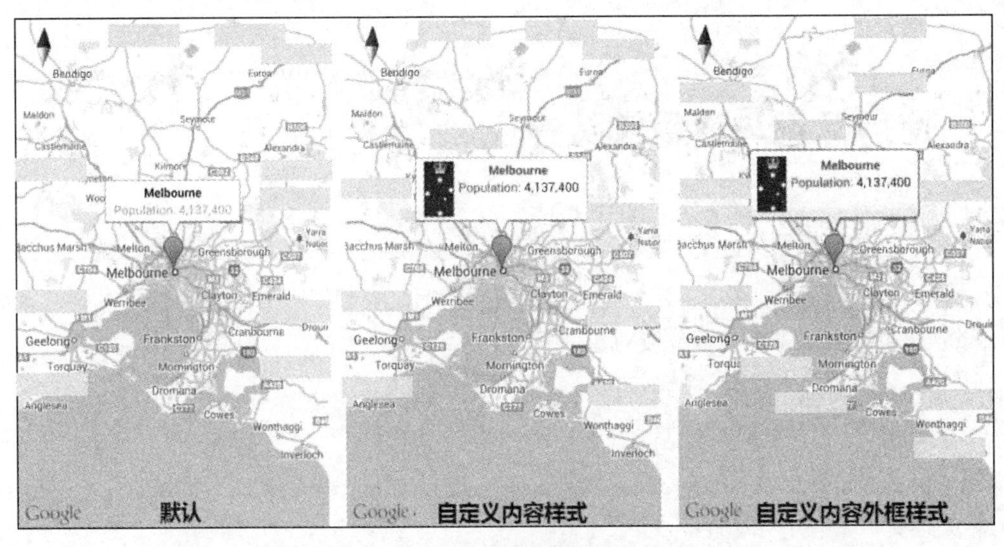

图 10-17 可以自定义更改窗口样式

如果要自定义信息窗口样式，必须实现 InfoWindowAdapter 接口的 getInfoWindow(Marker)与 getInfoContents(Marker)方法，之后调用 GoogleMap.setInfoWindowAdapter(GoogleMap.InfoWindowAdapter)套用实现好的 InfoWindowAdapter 对象，如下所示。

```
// 如果不套用自定义 InfoWindowAdapter，则会自动套用默认信息窗口
map.setInfoWindowAdapter(new MyInfoWindowAdapter());

// 自定义 InfoWindowAdapter，当单击标记时会弹出自定义风格的信息窗口
```

```
private class MyInfoWindowAdapter implements InfoWindowAdapter {
  private final View infoWindow;

  MyInfoWindowAdapter() {
    // 获取指定 layout 文件，方便信息窗口套用
    infoWindow = View.inflate(context, R.layout.custom_info_window, null);
  }

  @Override
  // 返回设计好的信息窗口样式
  // 返回 null 则会自动调用 getInfoContents(Marker)
  public View getInfoWindow(Marker marker) {
    // ...
    return infoWindow;
  }

  @Override
  // 当 getInfoWindow(Marker)返回 null 时才会调用此方法
  // 此方法如果再返回 null，代表套用默认窗口样式
  public View getInfoContents(Marker marker) {
    return null;
  }
}
```

在运行阶段，信息窗口准备显示之前会先调用 getInfoWindow(Marker)，如果返回 null，接下来才会调用 getInfoContents(Marker)；如果也返回 null，那么默认信息窗口就会显示。

10-7-3　标记事件处理

与标记有关的事件（event）与对应监听器（listener）需要实现的方法说明如下：

- 标记单击事件（Marker click events）。
  - ➢ 触发时机：用户单击标记时触发。
  - ➢ 实现方法：OnMarkerClickListener.onMarkerClick(Marker)方法。
- 标记信息窗口单击事件（Info window click events）。
  - ➢ 触发时机：用户单击信息窗口时触发。
  - ➢ 实现方法：OnInfoWindowClickListener.onInfoWindowClick(Marker)方法。
- 标记拖动事件（Marker drag events）。
  - ➢ 触发时机：用户拖动标记时触发。
- 实现方法：OnMarkerDragListener.onMarkerDragStart(Marker)、onMarkerDrag(Marker)、onMarkerDragEnd(Marker)方法，分别处理开始拖动标记、持续拖动标记、结束拖动标记等 3 种情况。

程序说明如下：

```
MyMarkerListener myMarkerListener = new MyMarkerListener();
// 当标记被单击时会自动调用 OnMarkerClickListener 的方法
map.setOnMarkerClickListener(myMarkerListener);
// 当标记信息窗口被单击时会自动调用 OnInfoWindowClickListener 的方法
map.setOnInfoWindowClickListener(myMarkerListener);
// 当标记被拖动时会自动调用 OnMarkerDragListener 的方法
map.setOnMarkerDragListener(myMarkerListener);

// 实现与标记相关的监听器方法
private class MyMarkerListener implements OnMarkerClickListener,
    OnInfoWindowClickListener, OnMarkerDragListener {
  @Override
  // 单击地图上的标记时系统会调用
  public boolean onMarkerClick(final Marker marker) {
    return false;
  }

  @Override
  // 单击标记的信息窗口时系统会调用
  public void onInfoWindowClick(Marker marker) {

  }

  @Override
  // 开始拖动标记时系统会调用
  public void onMarkerDragStart(Marker marker) {

  }

  @Override
  // 结束拖动标记时系统会调用
  public void onMarkerDragEnd(Marker marker) {

  }

  @Override
  // 拖动标记过程中系统会不断调用此方法
  public void onMarkerDrag(Marker marker) {

  }
}
```

10-7-4 镜头设置

想要在画面上显示地图的特定地方，可以通过改变地图的镜头设置来达到此目的，而且在画面滚动时，还可以采取动画模式（animation），让整个过程更加生动活泼。具体步骤说明如下：

步骤01 创建 CameraPosition 对象，用以设置要显示的地点与缩放层级。

步骤02 调用 CameraUpdateFactory.newCameraPosition(CameraPosition)创建 CameraUpdate 对象。

步骤03 调用 GoogleMap.animateCamera(CameraUpdate)以动画模式仿真镜头移动到指定地点。

程序说明如下：

```
CameraPosition cameraPosition = new CameraPosition.Builder()
    .target(taroko) // 镜头焦点在太鲁阁公园
    .zoom(7) // 地图缩放层级定为 7
    .build();
// 改变镜头焦点到指定的新地点
CameraUpdate cameraUpdate = CameraUpdateFactory
    .newCameraPosition(cameraPosition);
// 以动画方式模拟镜头移动至指定地点
map.animateCamera(cameraUpdate);
```

范例 MapDemo/MarkersActivity

范例说明（如图 10-18 所示）：

- 创建 4 个标记，标记分别套用默认图标或自定义图标。
- 单击标记会显示信息窗口。
- 拖动标记（此范例只可拖动玉山公园标记），上方文本框会显示该标记的经纬度。
- 按下 Clear 按钮清除所有标记。
- 按下 Reset 按钮重新加上标记。

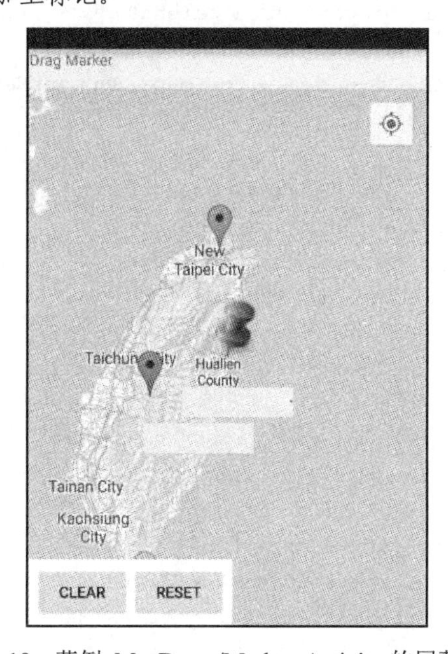

图 10-18　范例 MapDemo/MarkersActivity 的屏幕显示

创建步骤：

步骤01 layout 文件创建 TextView 显示标记拖动后的坐标信息。创建 SupportMapFragment 显示 Google 地图。创建 Clear 按钮清除所有标记；创建 Reset 按钮可以重新在地图加上标记。

MapDemo > res > layout > marker_activity.xml

```
<?xml version="1.0" encoding="utf-8"?>
<LinearLayout xmlns:android="http://schemas.android.com/apk/res/android"
   android:layout_width="match_parent"
   android:layout_height="match_parent"
   android:orientation="vertical" >

   <TextView
      android:id="@+id/tvMarkerDrag"
      android:layout_width="match_parent"
      android:layout_height="wrap_content"
      android:lines="2"
      android:text="@string/text_tvMarkerDrag" />

   <FrameLayout
      android:layout_width="match_parent"
      android:layout_height="match_parent" >

      <fragment
         android:id="@+id/fmMap"
         android:layout_width="match_parent"
         android:layout_height="match_parent"
         class="com.google.android.gms.maps.SupportMapFragment" />

      <LinearLayout
         android:layout_width="wrap_content"
         android:layout_height="wrap_content"
         android:layout_gravity="bottom|left"
         android:background="#FFFFFF"
         android:orientation="horizontal"
         android:padding="5dp" >

         <Button
            android:layout_width="wrap_content"
            android:layout_height="wrap_content"
            android:layout_weight="0.5"
            android:onClick="onClearMapClick"
            android:text="@string/text_btClearMap" />

         <Button
            android:layout_width="wrap_content"
```

```
            android:layout_height="wrap_content"
            android:layout_weight="0.5"
            android:onClick="onResetMapClick"
            android:text="@string/text_btResetMap" />
    </LinearLayout>
  </FrameLayout>

</LinearLayout>
```

步骤02 创建 Activity，开始初始化 4 个景点的经纬度，接下来帮助这些景点在地图上添加标记，并且将镜头焦点移至太鲁阁公园。自定义单击标记后要弹出来的信息窗口。注册标记单击事件、标记信息窗口单击事件、标记拖动事件的监听器并实现对应的方法。

MapDemo > java > MarkersActivity.java

```
public class MarkersActivity extends ActionBarActivity {
    private GoogleMap map; // 存储着地图信息
    private Marker marker_taroko; // 太鲁阁公园标记
    private Marker marker_yushan; // 玉山公园标记
    private Marker marker_kenting; // 垦丁公园标记
    private Marker marker_yangmingshan; // 阳明山公园标记
    private TextView tvMarkerDrag; // 显示标记被拖动后的相关信息，例如经纬度
    private LatLng taroko; // 太鲁阁公园经纬度
    private LatLng yushan; // 玉山公园经纬度
    private LatLng kenting; // 垦丁公园经纬度
    private LatLng yangmingshan; // 阳明山公园经纬度

    @Override
    protected void onCreate(Bundle savedInstanceState) {
        super.onCreate(savedInstanceState);
        setContentView(R.layout.marker_activity);
        tvMarkerDrag = (TextView) findViewById(R.id.tvMarkerDrag);
        initPoints();
    }

    // 初始化所有地点的经纬度
    private void initPoints() {
        taroko = new LatLng(24.151287, 121.625537);
        yushan = new LatLng(23.791952, 120.861379);
        kenting = new LatLng(21.985712, 120.813217);
        yangmingshan = new LatLng(25.091075, 121.559834);
    }

    @Override
    protected void onResume() {
        super.onResume();
        initMap();
```

```
}

// 初始化地图
private void initMap() {
    // 检查 GoogleMap 对象是否存在
    if (map == null) {
        // 从 SupportMapFragment 获取 GoogleMap 对象
        map = ((SupportMapFragment) getSupportFragmentManager()
                .findFragmentById(R.id.fmMap)).getMap();
        if (map != null) {
            setUpMap();
        }
    }
}

// 完成地图相关的设置
private void setUpMap() {
    map.setMyLocationEnabled(true);

    CameraPosition cameraPosition = new CameraPosition.Builder()
            .target(taroko) // 镜头焦点在太鲁阁公园
            .zoom(7) // 地图缩放层级定为 7
            .build();
    // 改变镜头焦点到指定的新地点
    CameraUpdate cameraUpdate = CameraUpdateFactory
            .newCameraPosition(cameraPosition);
    map.animateCamera(cameraUpdate);

    addMarkersToMap();

    // 如果不套用自定义 InfoWindowAdapter，则会自动套用默认信息窗口
    map.setInfoWindowAdapter(new MyInfoWindowAdapter());

    MyMarkerListener myMarkerListener = new MyMarkerListener();
    // 注册 OnMarkerClickListener，当标记被单击时系统会自动调用该 Listener 的方法
    map.setOnMarkerClickListener(myMarkerListener);
    // 注册 OnInfoWindowClickListener，当标记信息窗口被单击时系统会自动调用该 Listener
的方法
    map.setOnInfoWindowClickListener(myMarkerListener);
    // 注册 OnMarkerDragListener，当标记被拖动时系统会自动调用该 Listener 的方法
    map.setOnMarkerDragListener(myMarkerListener);
}

// 在地图上加入多个标记
private void addMarkersToMap() {
    marker_taroko = map.addMarker(new MarkerOptions()
            // 标记位置
```

```
            .position(taroko)
            // 标记标题
            .title(getString(R.string.marker_title_taroko))
            // 标记描述
            .snippet(getString(R.string.marker_snippet_taroko))
            // 自定义标记图标
            .icon(BitmapDescriptorFactory.fromResource(R.drawable.pin)));

    marker_yushan = map.addMarker(new MarkerOptions().position(yushan)
            .title(getString(R.string.marker_title_yushan))
            .snippet(getString(R.string.marker_snippet_yushan))
            // 长按标记可以拖动该标记
            .draggable(true));

    marker_kenting = map.addMarker(new MarkerOptions().position(kenting)
            .title(getString(R.string.marker_title_kenting))
            .snippet(getString(R.string.marker_snippet_kenting))
            // 使用默认标记，但颜色改成绿色
            .icon(BitmapDescriptorFactory
                    .defaultMarker(BitmapDescriptorFactory.HUE_GREEN)));

    marker_yangmingshan = map.addMarker(new MarkerOptions()
            .position(yangmingshan)
            .title(getString(R.string.marker_title_yangmingshan))
            .snippet(getString(R.string.marker_snippet_yangmingshan))
            // 使用默认标记，但颜色改成天蓝色
            .icon(BitmapDescriptorFactory
                    .defaultMarker(BitmapDescriptorFactory.HUE_AZURE)));
}

// 实现与标记相关的监听器方法
private class MyMarkerListener implements OnMarkerClickListener,
        OnInfoWindowClickListener, OnMarkerDragListener {
    @Override
    // 单击地图上的标记会将该标记传入，调用 getTitle()获取当初标记设置时的标题文字
    // 返回 true 会导致信息窗口无法显示
    public boolean onMarkerClick(Marker marker) {
        showToast(marker.getTitle());
        return false;
    }

    @Override
    // 单击标记的信息窗口会将该标记传入，调用 getTitle()获取当初标记设置时的标题文字
    public void onInfoWindowClick(Marker marker) {
        showToast(marker.getTitle());
    }
```

```
    @Override
    // 开始拖动标记
    public void onMarkerDragStart(Marker marker) {
        tvMarkerDrag.setText("onMarkerDragStart");
    }

    @Override
    // 结束拖动标记
    public void onMarkerDragEnd(Marker marker) {
        tvMarkerDrag.setText("onMarkerDragEnd");
    }

    @Override
    // 拖动标记过程中会不断调用此方法将该标记传入，调用 getPosition()获取该标记坐标
    public void onMarkerDrag(Marker marker) {
        tvMarkerDrag.setText("onMarkerDrag.  Current Position: "
                + marker.getPosition());
    }
}

// 自定义 InfoWindowAdapter，当单击标记时会弹出自定义风格的信息窗口
private class MyInfoWindowAdapter implements InfoWindowAdapter {
    private final View infoWindow;

    MyInfoWindowAdapter() {
        // 获取指定 layout 文件，便于标记信息窗口套用
        infoWindow = View.inflate(MarkersActivity.this, R.layout.custom_info_
    window, null);
    }

    @Override
    // 返回设计好的信息窗口样式
    // 返回 null 则会自动调用 getInfoContents(Marker)
    public View getInfoWindow(Marker marker) {
        int logoId;
        // 使用 equals()方法检查两个标记是否相同，官方建议别用“==”检查
        // 对比完毕会知道哪个标记的信息窗口被单击，就会决定要使用哪个图标当作 logo
        if (marker.equals(marker_yangmingshan)) {
            logoId = R.drawable.logo_yangmingshan;
        } else if (marker.equals(marker_taroko)) {
            logoId = R.drawable.logo_taroko;
        } else if (marker.equals(marker_yushan)) {
            logoId = R.drawable.logo_yushan;
        } else if (marker.equals(marker_kenting)) {
            logoId = R.drawable.logo_kenting;
        } else {
            // 调用 setImageResource(int)，参数设为 0 则不会显示任何图形
```

```
            logoId = 0;
        }

        // 显示 logo
        ImageView ivLogo = ((ImageView) infoWindow
                .findViewById(R.id.ivLogo));
        ivLogo.setImageResource(logoId);

        // 显示标题
        String title = marker.getTitle();
        TextView tvTitle = ((TextView) infoWindow
                .findViewById(R.id.tvTitle));
        tvTitle.setText(title);

        // 显示描述
        String snippet = marker.getSnippet();
        TextView tvSnippet = ((TextView) infoWindow
                .findViewById(R.id.tvSnippet));
        tvSnippet.setText(snippet);
        // 返回自定义好的信息窗口
        return infoWindow;
    }

    @Override
    // 当 getInfoWindow(Marker)返回 null 时才会调用此方法
    // 此方法如果再返回 null，代表套用默认窗口样式
    public View getInfoContents(Marker marker) {
        return null;
    }
}

// 执行与地图有关的方法前应该先调用此方法以检查 GoogleMap 对象是否存在
private boolean isMapReady() {
    if (map == null) {
        Toast.makeText(this, R.string.msg_MapNotReady, Toast.LENGTH_SHORT)
                .show();
        return false;
    }
    return true;
}

// 按下 Clear 按钮清除所有标记
public void onClearMapClick(View view) {
    if (!isMapReady()) {
        return;
    }
    map.clear();
```

```
    }

    // 按下 Reset 按钮重新加上标记
    public void onResetMapClick(View view) {
        if (!isMapReady()) {
            return;
        }
        // 先清除 Map 上的标记再重新加上标记以避免标记重复
        map.clear();
        addMarkersToMap();
    }

    private void showToast(String message) {
        Toast.makeText(this, message, Toast.LENGTH_SHORT).show();
    }
}
```

10-8 绘制连续线、多边形与圆形

Maps API 可以让开发者在地图上绘制连续线、多边形、圆形等简单的几何图形。

10-8-1 连续线（Polyline）

Polyline 类定义了可以在地图上绘制的一条连续线，只要给予各顶点的经纬度，就可以将多个地点用直线方式连接起来，绘制出一条路径。第一次创建连续线必须先创建 PolylineOptions 对象并完成连续线的设置，调用 GoogleMap.addPolyline（PolylineOptions）后可以获取创建好的 Polyline 对象。之后还可以利用 Polyline 对象改变或获取原来的属性设置。

```
// 3 个顶点的经纬度
LatLng taroko = new LatLng(24.151287, 121.625537);
LatLng yangmingshan = new LatLng(25.091075, 121.559834);
LatLng yushan = new LatLng(23.791952, 120.861379);

// 连续线
Polyline polyline = map.addPolyline(
    // 创建 PolylineOptions 对象
    new PolylineOptions()
    // 加入顶点，会按照加入顺序绘制直线
        .add(yushan, yangmingshan, taroko)
        // 设置线的粗细(像素)，默认为 10 像素
        .width(5)
        // 设置线的颜色(ARGB)，默认为黑色
        .color(Color.MAGENTA)
        // 与其他图形在 Z 轴上的高低顺序，默认为 0，值大的图形覆盖掉值小的图形
        .zIndex(1));
```

```
// 可以利用 Polyline 对象改变原来的属性设置
polyline.setWidth(6);
```

10-8-2 多边形（Polygon）

多边形非常类似连续线，差别在于多边形会将最后一个顶点自动连接到第一个顶点，形成一个封闭的区域，所以可以设置填充颜色；而前面介绍的连续线仅是线，没有封闭区域。第一次创建多边形必须先创建 PolygonOptions 对象并完成多边形的设置，调用 GoogleMap.addPolygon（PolygonOptions）后可以获取创建好的 Polygon 对象。之后一样可以利用 Polygon 对象改变或获取原来的属性设置。

```
// 多边形
map.addPolygon(
// 创建 PolygonOptions 对象
new PolygonOptions()
    // 加入顶点
    .add(yushan, kenting, taroko)
    // 设置外框线的粗细(像素)，默认为 10 像素
    .strokeWidth(5)
    // 设置外框线的颜色(ARGB)，默认为黑色
    .strokeColor(Color.BLUE)
    // 设置填充的颜色(ARGB)，默认为黑色
    .fillColor(Color.argb(200, 100, 150, 0)));
```

10-8-3 圆形（Circle）

圆形与多边形一样都是封闭区域，所以大部分属性的意义都相同，差别在于圆形必须设置圆心（center）与半径（radius）才可以定出圆形的大小。第一次创建圆形，必须先创建 CircleOptions 对象并完成圆形的设置，调用 GoogleMap.addCircle（CircleOptions）后可以获取创建好的 Circle 对象。之后一样可以利用 Circle 对象改变或获取原来的属性设置。

```
// 圆形
map.addCircle(
// 创建 CircleOptions 对象
new CircleOptions()
    // 必须设置圆心，因为没有默认值
    .center(yushan)
    // 半径长度(米)
    .radius(100000)
    // 设置外框线的粗细(像素)，默认为 10 像素
    .strokeWidth(5)
    // 颜色为 TRANSPARENT 代表完全透明
    .strokeColor(Color.TRANSPARENT)
    // 设置填充的颜色(ARGB)，默认为黑色
```

```
        .fillColor(Color.CYAN));
```

范例 MapDemo/PolylinesPolygonsActivity

范例说明：

- 在地图上绘制连续线、多边形与圆形。如图 10-19 所示。
- 单击标记会显示信息窗口。
- 按下 Clear 按钮清除所有标记与绘制的图形。
- 按下 Reset 按钮重新加上标记与绘制的图形。

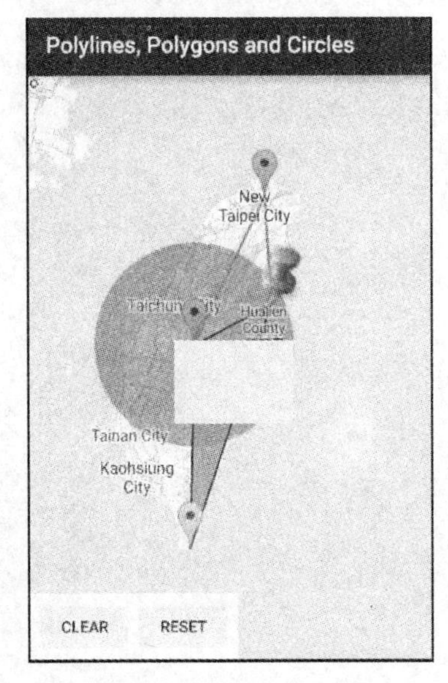

图 10-19　范例程序演示在地图上绘制连续线、多边形与圆形

创建步骤：

Activity 内调用 GoogleMap.addPolyline()绘制连续线；调用 addPolygon()绘制多边形；调用 addCircle()绘制圆形。

MapDemo > java > PolylinesPolygonsActivity.java

```
...
    // 绘制连续线、多边形与圆形
    private void addPolylinesPolygonsToMap() {
        // 连续线
        Polyline polyline = map.addPolyline(
                // 创建 PolylineOptions 对象
                new PolylineOptions()
                        // 加入顶点，会按照加入顺序绘制直线
                        .add(yushan, yangmingshan, taroko)
                        // 设置线的粗细(像素)，默认为 10 像素
                        .width(5)
```

```
                // 设置线的颜色(ARGB)，默认为黑色
                .color(Color.MAGENTA)
                // 与其他图形在 Z 轴上的高低顺序，默认为 0，值大的图形会覆盖掉值小的图形
                .zIndex(1));

    // 可以利用 Polyline 对象改变原来属性设置
    polyline.setWidth(6);

    // 多边形
    map.addPolygon(
            // 创建 PolygonOptions 对象
            new PolygonOptions()
                // 加入顶点
                .add(yushan, taroko, kenting)
                // 设置外框线的粗细(像素)，默认为 10 像素
                .strokeWidth(5)
                // 设置外框线的颜色(ARGB)，默认为黑色
                .strokeColor(Color.BLUE)
                // 设置填充的颜色(ARGB)，默认为黑色
                .fillColor(Color.argb(200, 100, 150, 0)));

    // 圆形
    map.addCircle(
            // 创建 CircleOptions 对象
            new CircleOptions()
                // 必须设置圆心，因为没有默认值
                .center(yushan)
                // 半径长度(米)
                .radius(100000)
                // 设置外框线的粗细(像素)，默认为 10 像素
                .strokeWidth(5)
                // 颜色为 TRANSPARENT 代表完全透明
                .strokeColor(Color.TRANSPARENT)
                // 设置填充的颜色(ARGB)，默认为黑色
                .fillColor(Color.argb(100, 0, 0, 100)));
}
...
```

10-9 地名或地址转成位置

Geocoder 类可以将地名/地址转成经纬度；也可以将经纬度转成地名/地址。但更精确地说应该是 Geocoder 类可以将地名/地址转成 Address 对象，然后由 Address 对象转成经纬度；也可以将经纬度转成 Address 对象，然后将 Address 对象转成地名/地址。一般而言，无论何种转换，都有可能得到多个 Address 对象，并且存放在 List 内。这就像使用 Web 版的 Google 地图，输入“太鲁阁公

园”，会找到多组数据，如图 10-20 所示；而每组数据在 Android 中是用一个 Address 对象来存储的。

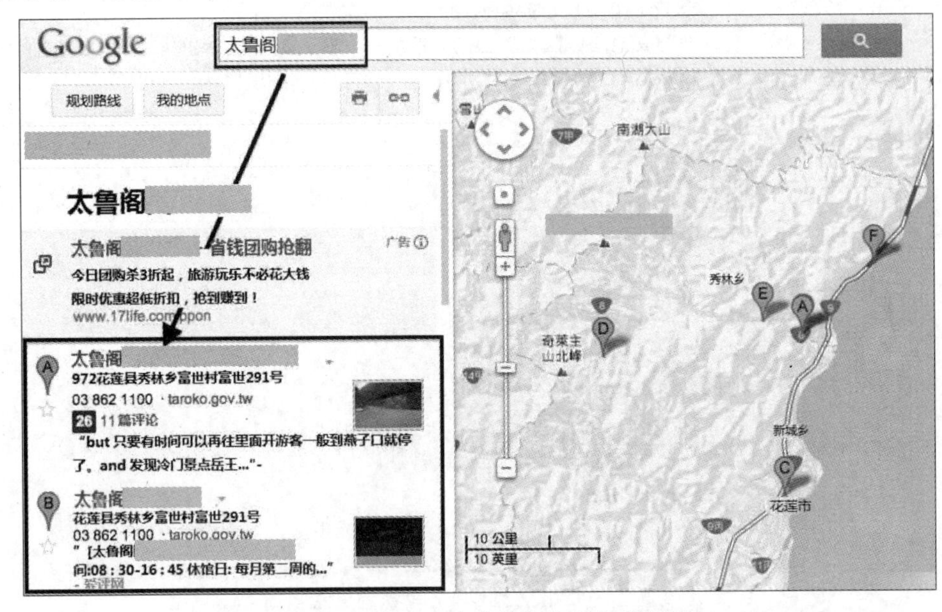

图 10-20 输入一个地址会找到多组数据

调用 Geocoder.getFromLocationName(String locationName, int maxResults)会返回 List<Address> 代表可能有多个位置信息，一般都会指定参数 maxResults 的值来限定返回的数据组数，API 文件建议返回的数据组数限定在 1~5 组以便于处理（越排在前面的数据，越符合要搜索的地名/地址）。

```
String locationName = "太鲁阁公园";
Geocoder geocoder = new Geocoder(context);
List<Address> addressList = null;
int maxResults = 1;
try {
  // 解析地名/地址后可能产生多个位置信息，所以返回 List<Address>
  // 可以将 maxResults 设为 1，限定只返回 1 组
  addressList = geocoder
      .getFromLocationName(locationName, maxResults);
}
// 如果无法连接到提供服务的服务器，就会弹出 IOException
catch (IOException e) {
  Log.e("GeocoderActivity", e.toString());
}

// 因为当初限定只返回 1 个位置信息，所以只要获取第 1 个 Address 对象即可
Address address = addressList.get(0);

// Address 对象可以取出经纬度并转成 LatLng 对象
LatLng position = new LatLng(address.getLatitude(),
      address.getLongitude());
```

范例 MapDemo/GeocoderActivity

范例说明：

- 左下角输入地名/地址，再按下 Submit 按钮后会将该地点以标记方式显示在地图上。如图 10-21 所示。
- 单击标记会弹出信息窗口，title 显示输入的文字，snippet 显示地址。
- 未输入地名/地址按下 Submit 按钮会以 Toast 方式（即简易消息框的方式）显示错误信息。
- 无法找到用户输入的地点也会以 Toast 方式显示错误信息。

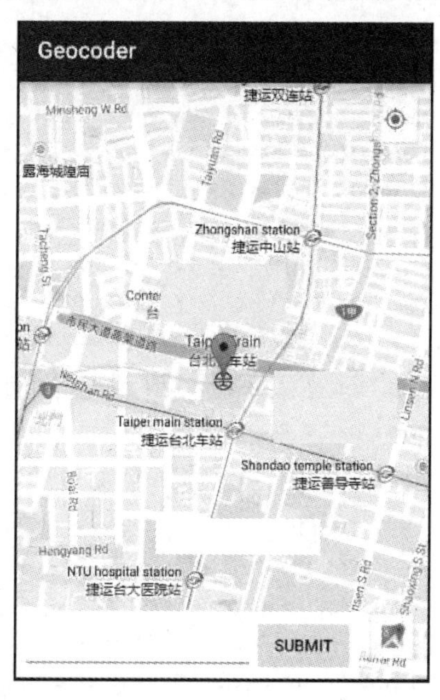

图 10-21　范例 MapDemo/GeocoderActivity 演示在地图上显示标记

创建步骤：

步骤01 layout 文件创建带有 Google 地图的 SupportMapFragment，并创建 EditText 让用户可以输入要查询的地点/地址，按下 Submit 按钮则会调用对应的方法。

MapDemo > res > layout > geocoder_activity.xml

```
<?xml version="1.0" encoding="utf-8"?>
<LinearLayout xmlns:android="http://schemas.android.com/apk/res/android"
    android:layout_width="match_parent"
    android:layout_height="match_parent"
    android:orientation="vertical">

    <FrameLayout
        android:layout_width="match_parent"
        android:layout_height="match_parent">

        <fragment
```

```
        android:id="@+id/fmMap"
        android:layout_width="match_parent"
        android:layout_height="match_parent"
        class="com.google.android.gms.maps.SupportMapFragment" />

    <RelativeLayout
        android:layout_width="300dp"
        android:layout_height="wrap_content"
        android:layout_gravity="bottom|left"
        android:background="#FFFFFF"
        android:padding="5dp">

        <EditText
            android:id="@+id/etLocationName"
            android:layout_width="wrap_content"
            android:layout_height="wrap_content"
            android:layout_alignParentLeft="true"
            android:layout_centerVertical="true"
            android:layout_toLeftOf="@+id/btSubmit"
            android:hint="@string/hint_etLocationName" />

        <Button
            android:id="@+id/btSubmit"
            android:layout_width="wrap_content"
            android:layout_height="wrap_content"
            android:layout_alignParentRight="true"
            android:layout_centerVertical="true"
            android:onClick="onLocationNameClick"
            android:text="@string/btSubmit" />
    </RelativeLayout>

  </FrameLayout>

</LinearLayout>
```

步骤02 创建 Activity，加载 Google 地图后让用户输入要查询的地点/地址，之后按下 Submit 按钮即可在地图上显示该地点标记。单击标记可以显示标题与局部地址。

MapDemo > java > GeocoderActivity.java

```
public class GeocoderActivity extends ActionBarActivity {
    private final static String TAG = "GeocoderActivity";
    private GoogleMap map;

    @Override
    protected void onCreate(Bundle savedInstanceState) {
        super.onCreate(savedInstanceState);
        setContentView(R.layout.geocoder_activity);
```

```
        initMap();
    }

    // 初始化地图
    private void initMap() {
        if (map == null) {
            // 从 SupportMapFragment 获取 GoogleMap 对象
            map = ((SupportMapFragment) getSupportFragmentManager()
                    .findFragmentById(R.id.fmMap)).getMap();
            if (map != null) {
                setUpMap();
            }
        }
    }

    private void setUpMap() {
        map.setMyLocationEnabled(true);
    }

    // 执行与地图有关的方法前应该先调用此方法以检查 GoogleMap 对象是否存在
    private boolean isMapReady() {
        if (map == null) {
            showToast(R.string.msg_MapNotReady);
            return false;
        }
        return true;
    }

    // 按下确定按钮
    public void onLocationNameClick(View view) {
        if (!isMapReady()) {
            return;
        }

        // 检查用户是否输入地名/地址
        EditText etLocationName = (EditText) findViewById(R.id.etLocationName);
        String locationName = etLocationName.getText().toString().trim();
        if (locationName.length() > 0) {
            locationNameToMarker(locationName);
        } else {
            showToast(R.string.msg_LocationNameIsEmpty);
        }
    }

    //将地名或地址转成位置后在地图加上对应标记
    private void locationNameToMarker(String locationName) {
        //添加新标记前，先清除旧标记
```

```
        map.clear();
        Geocoder geocoder = new Geocoder(GeocoderActivity.this);
        List<Address> addressList = null;
        int maxResults = 1;
        try {
            // 解析地名/地址后可能产生多个位置信息，所以返回 List<Address>
            // 将 maxResults 设为 1，限定只返回 1 个
            addressList = geocoder
                    .getFromLocationName(locationName, maxResults);
        }
        // 如果无法连接到提供服务的服务器，会弹出 IOException
        catch (IOException e) {
            Log.e(TAG, e.toString());
        }

        if (addressList == null || addressList.isEmpty()) {
            showToast(R.string.msg_LocationNameNotFound);
        } else {
            // 因为当初限定只返回 1 个位置，所以只要获取第 1 个 Address 对象即可
            Address address = addressList.get(0);

            // Address 对象可以取出经纬度并转成 LatLng 对象
            LatLng position = new LatLng(address.getLatitude(),
                    address.getLongitude());

            // 将索引为 0 的局部地址取出当作标记的描述文字
            String snippet = address.getAddressLine(0);

            // 将地名或地址转成位置后在地图加上对应标记
            map.addMarker(new MarkerOptions().position(position)
                    .title(locationName).snippet(snippet));

            // 将镜头焦点设置在用户输入的地点上
            CameraPosition cameraPosition = new CameraPosition.Builder()
                    .target(position).zoom(15).build();
            map.animateCamera(CameraUpdateFactory
                    .newCameraPosition(cameraPosition));
        }
    }

    @Override
    protected void onResume() {
        super.onResume();
        initMap();
    }

    private void showToast(int messageResId) {
```

```
        Toast.makeText(this, messageResId, Toast.LENGTH_SHORT).show();
    }
}
```

10-10　位置信息的应用

开发者常常需要获取用户手机的位置，而且当用户移动时，还要能够不断地更新位置信息。除此之外，也常常需要计算两点间的距离以决定下一步操作（例如，当用户距离某个餐厅 5 公里以内时就推播该餐厅的促销信息给该用户）。Google 地图主要是以图形化方式来显示位置信息，如果获取的位置信息不想以图形化方式显示，就没必要使用 Google 地图的功能，换句话说，也就不需要申请 API 密钥。下面范例就没有使用 Google 地图来显示位置信息。

10-10-1　定位（Fix）

定位就是要找到自己的位置，需要使用到 Google Play Services API，参看前图 10-12 的相关说明以便导入该 API。最常用的定位技术有两种，说明如下：

- GPS（Global Positioning System）定位：使用卫星定位功能。优点是精准度高；缺点是室内无法接收到卫星信号，所以无法使用 GPS 定位。
- 网络定位：通过网络来定位。优点是在室内也可接收定位结果；缺点是不太精准。

要使用定位功能必须先获取 GoogleApiClient 对象并调用 addApi()指定地理位置的 API；而且要注册 ConnectionCallbacks 并实现 ConnectionCallbacks.onConnected()以获取设备本身的最新位置；调用 GoogleApiClient.connect()一旦连接成功就会调用实现好的 onConnected()，即可获取最新的位置。

```
private GoogleApiClient googleApiClient = null;
...
if (googleApiClient == null) {
    // 获取 GoogleApiClient 并且注册 ConnectionCallbacks 与 ConnectionFailedListener
    // 无论连接 API 功能是否成功都会调用实现好的对应方法
    googleApiClient = new GoogleApiClient.Builder(this)
            // 指定使用哪一种 API 功能
            .addApi(LocationServices.API)
            // 注册 ConnectionCallbacks 以监听连接事件
            .addConnectionCallbacks(connectionCallbacks)
            .build();
}
// GoogleApiClient 对象必须先调用 connect 完成连接才能开始使用该 API 功能
// 一旦连接成功就会调用实现好的 onConnected()
googleApiClient.connect();

// 实现 ConnectionCallbacks.onConnected()
private GoogleApiClient.ConnectionCallbacks connectionCallbacks =
        new GoogleApiClient.ConnectionCallbacks() {
```

```
        // 调用 GoogleApiClient.connect()后，一旦连接成功系统会调用此方法
        @Override
        public void onConnected(Bundle bundle) {
            // 获取最新的位置
            lastLocation = LocationServices.FusedLocationApi
                    .getLastLocation(googleApiClient);
        }
        ...
    };
```

因为用到定位技术，所以别忘了在 manifest 文件中加入下列权限设置：

```
<!-- 允许应用程序通过 WiFi 或移动网络来定位 -->
<uses-permission android:name="android.permission.ACCESS_COARSE_LOCATION" />

<!-- 允许应用程序通过 GPS 来定位 -->
<uses-permission android:name="android.permission.ACCESS_FINE_LOCATION" />
```

10-10-2 更新位置

想要监控设备位置是否改变，必须创建 LocationRequest 对象以设置多久查询一次最新位置。还需要注册 LocationListener，当位置改变时，系统会自动调用 LocationListener.onLocationChanged(Location)并传入新的位置。

```
private LocationListener locationListener = new LocationListener() {
    // 当位置改变时系统会自动调用此方法并传入新的位置(Location 对象)
    @Override
    public void onLocationChanged(Location location) {
        // 位置改变时要执行的功能
    }
};

private GoogleApiClient.ConnectionCallbacks connectionCallbacks =
        new GoogleApiClient.ConnectionCallbacks() {
            @Override
            public void onConnected(Bundle bundle) {
                LocationRequest locationRequest = LocationRequest.create()
                        // 设置定位方式的优先级
                        // PRIORITY_HIGH_ACCURACY 代表以高精准度方式来定位，一般是 GPS 定位
                        .setPriority(LocationRequest.PRIORITY_HIGH_ACCURACY)
                        // 设置间隔多久查询一次最新位置，单位是毫秒
                        .setInterval(10000)
                        // 设置距离上次定位达到多少米，才代表位置更新
                        // 才会调用 LocationListener.onLocationChanged()
                        .setSmallestDisplacement(1000);
                // 注册 requestLocationUpdates 监听位置是否改变
                LocationServices.FusedLocationApi.requestLocationUpdates(
```

```
                googleApiClient, locationRequest, locationListener);
        }
        ...
    };
```

10-10-3　计算两点间的距离

调用 Location.distanceBetween（double startLatitude, double startLongitude, double endLatitude, double endLongitude, float[] results）并传入起点与终点的经纬度可以算出距离（米），计算完毕结果会存入 float 数组。

```
float[] results = new float[1];
// 计算设备本身的位置与用户输入地点，两点间的距离(米)，结果会存入 results[0]
Location.distanceBetween(from.getLatitude(),
    from.getLongitude(), to.getLatitude(),
    to.getLongitude(), results);
```

10-10-4　导航功能

Google 地图服务器提供了导航功能，只要通过 HTTP 协议传送出发地与目的地的经纬度，该服务器就可以计算从出发地到目的地应该走的道路、方向和距离，开发者还可以将结果指定以设备内的 Google 地图应用程序来显示。

```
// 设置要前往的 Uri，saddr—出发地经纬度；daddr—目的地经纬度
String uriStr = String.format(
    "http://maps.google.com/maps?saddr=%f,%f&daddr=%f,%f", fromLat,
    fromLng, toLat, toLng);

Intent intent = new Intent();

// 指定由 Google 地图应用程序接手
intent.setClassName("com.google.android.apps.maps",
    "com.google.android.maps.MapsActivity");

// ACTION_VIEW—显示数据给用户查看
intent.setAction(android.content.Intent.ACTION_VIEW);

// 将 Uri 信息附加到 Intent 对象上
intent.setData(Uri.parse(uriStr));
startActivity(intent);
```

范例 LocationServicesDemo

范例说明：

- 图 10-22 上半部显示设备本身位置的相关信息。中间 EditText 可以输入地名/地址，按下

Distance 按钮后会计算设备本身的位置与输入地点两点之间的距离，并将计算结果显示于其下；按下 Direct 按钮会启动设备内的 Google 地图应用程序并显示导航结果，如图 10-23 所示。

- 若未输入地名/地址按下 Distance 或 Direct 按钮，则会以 Toast 消息框方式显示错误信息。
- 无法找到用户输入的地点也会以 Toast 方式显示错误信息。

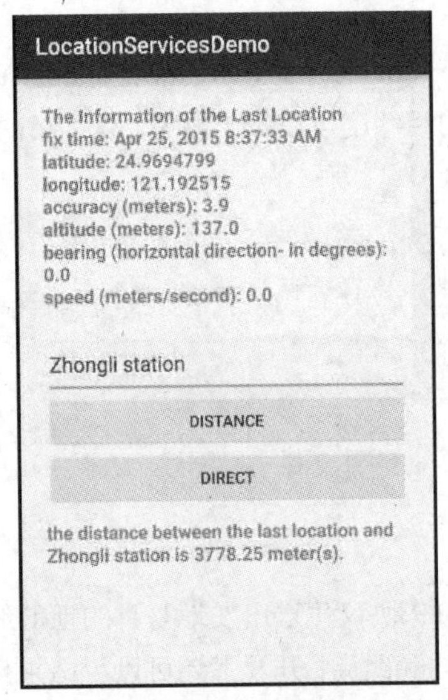

图 10-22　显示设备本身的位置信息以及设备本身的位置与输入地点两点之间的距离

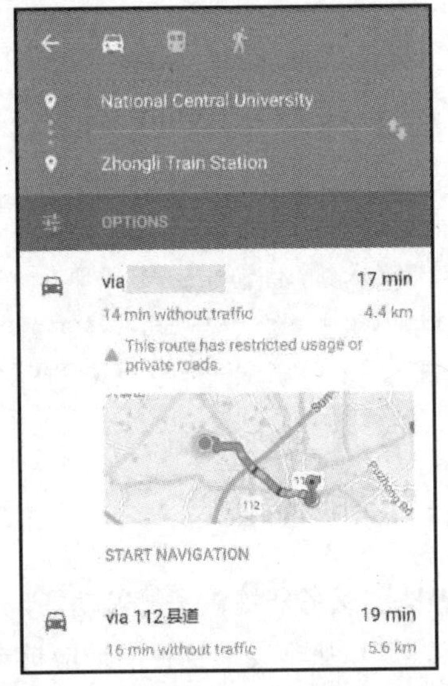

图 10-23　以 Google 地图方式显示导航结果

创建步骤：

步骤01 加上 android.permission.ACCESS_COARSE_LOCATION 允许应用程序可以使用较不精准的方式来定位，例如通过 WiFi 或移动网络来定位。加上 android.permission.ACCESS_FINE_LOCATION 允许应用程序可以使用比较精准的方式来定位，例如通过 GPS 来定位。

LocationServicesDemo > manifests > AndroidManifest.xml

```
<?xml version="1.0" encoding="utf-8"?>
<manifest xmlns:android="http://schemas.android.com/apk/res/android"
    package="idv.ron.locationservicesdemo">

    <uses-permission android:name="android.permission.ACCESS_COARSE_LOCATION" />
    <uses-permission android:name="android.permission.ACCESS_FINE_LOCATION" />

    <application
        android:allowBackup="true"
        android:icon="@drawable/ic_launcher"
        android:label="@string/app_name"
        android:theme="@style/AppTheme">
        <meta-data
```

```
        android:name="com.google.android.gms.version"
        android:value="@integer/google_play_services_version" />

    <activity
        android:name=".MainActivity"
        android:label="@string/app_name">
        <intent-filter>
            <action android:name="android.intent.action.MAIN" />
            <category android:name="android.intent.category.LAUNCHER" />
        </intent-filter>
    </activity>
  </application>

</manifest>
```

步骤02 layout 文件创建 TextView 显示当前设备本身的位置信息。创建 EditText 可以让用户输入地点/地址后按下 Distance 按钮会计算两点之间的距离；按下 Direct 按钮则会显示导航结果。

LocationServicesDemo > res > layout > main_activity.xml

```
<LinearLayout xmlns:android="http://schemas.android.com/apk/res/android"
    xmlns:tools="http://schemas.android.com/tools"
    android:layout_width="match_parent"
    android:layout_height="match_parent"
    android:paddingLeft="@dimen/activity_horizontal_margin"
    android:orientation="vertical"
    android:paddingRight="@dimen/activity_horizontal_margin"
    android:paddingTop="@dimen/activity_vertical_margin"
    android:paddingBottom="@dimen/activity_vertical_margin"
    tools:context=".MainActivity">

    <LinearLayout
        android:layout_width="match_parent"
        android:layout_height="wrap_content"
        android:background="#FFFFAA"
        android:padding="5dp">

        <TextView
            android:id="@+id/tvLastLocation"
            android:layout_width="match_parent"
            android:layout_height="match_parent"
            android:lines="10"
            android:textSize="16sp"
            android:textStyle="bold" />
    </LinearLayout>
```

```
    <LinearLayout
        android:layout_width="match_parent"
        android:layout_height="wrap_content"
        android:orientation="vertical"
        android:padding="5dp">

        <EditText
            android:id="@+id/etLocationName"

            android:layout_width="match_parent"
            android:layout_height="wrap_content"
            android:hint="@string/hint_etLocationName" />

        <Button
            android:id="@+id/btDistance"
            android:layout_width="match_parent"
            android:layout_height="wrap_content"
            android:onClick="onDistanceClick"
            android:text="@string/text_btDistance" />

        <Button
            android:id="@+id/btDirect"
            android:layout_width="match_parent"
            android:layout_height="wrap_content"
            android:onClick="onDirectClick"
            android:text="@string/text_btDirect" />
    </LinearLayout>

    <LinearLayout
        android:layout_width="match_parent"
        android:layout_height="wrap_content"
        android:orientation="horizontal"
        android:padding="5dp">

        <TextView
            android:id="@+id/tvDistance"
            android:layout_width="wrap_content"
            android:layout_height="wrap_content"
            android:textSize="16sp"
            android:textStyle="bold" />
    </LinearLayout>

</LinearLayout>
```

步骤03 创建 Activity，持续获取设备本身位置的相关信息后显示在 TextView 上。当用户输入地点/地址后按下 Distance 按钮会计算设备当前位置与输入位置这两点之间的距离；按下

Direct 按钮则会启动设备内的 Google 地图，显示这两点间的导航结果。

LocationServicesDemo > java > MainActivity.java

```
public class MainActivity extends ActionBarActivity {
    private final static int REQUEST_CODE_RESOLUTION = 1;
    private final static String TAG = "MainActivity";
    private GoogleApiClient googleApiClient;
    private Location lastLocation;

    private LocationListener locationListener = new LocationListener() {
        // 当位置改变时系统会自动调用此方法并传入新的位置(Location 对象)
        @Override
        public void onLocationChanged(Location location) {
            updateLastLocationInfo(location);
            lastLocation = location;
        }
    };

    private GoogleApiClient.ConnectionCallbacks connectionCallbacks =
            new GoogleApiClient.ConnectionCallbacks() {
                // 调用 GoogleApiClient.connect()后，一旦连接成功系统会调用此方法
                @Override
                public void onConnected(Bundle bundle) {
                    Log.i(TAG, "GoogleApiClient connected");
                    // 获取最新的位置
                    lastLocation = LocationServices.FusedLocationApi
                            .getLastLocation(googleApiClient);

                    LocationRequest locationRequest = LocationRequest.create()
                            // 设置定位方式的优先级
                            // PRIORITY_HIGH_ACCURACY 代表以高精准度方式来定位，一般是 GPS
                        定位
                            .setPriority(LocationRequest.PRIORITY_HIGH_ACCURACY)
                            // 设置间隔多久查询一次最新位置，单位是毫秒
                            .setInterval(10000)
                            // 设置距离上次定位达到多少米，才代表位置更新
                            // 才会调用 LocationListener.onLocationChanged()
                            .setSmallestDisplacement(1000);
                    // 注册 requestLocationUpdates 监听位置是否改变
                    LocationServices.FusedLocationApi.requestLocationUpdates(
                            googleApiClient, locationRequest, locationListener);
                }

                // 如果暂时无法连接，系统会调用此方法
                @Override
                public void onConnectionSuspended(int i) {
```

```
                showToast(R.string.msg_GoogleApiClientConnectionSuspended);
            }
        };

    private GoogleApiClient.OnConnectionFailedListener onConnectionFailedListener =
        new GoogleApiClient.OnConnectionFailedListener() {
            // 当连接失败，系统会调用此方法
            @Override
            public void onConnectionFailed(ConnectionResult result) {
                showToast(R.string.msg_GoogleApiClientConnectionFailed);
                // 如果没有解决方案，直接显示错误信息
                if (!result.hasResolution()) {
                    // show the localized error dialog.
                    GooglePlayServicesUtil.getErrorDialog(
                            result.getErrorCode(),
                            MainActivity.this,
                            0
                    ).show();
                    return;
                }
                try {
                    // 有解决方案则启动新的Activity引导用户解决
                    // 之后系统会调用onActivityResult()，并传递request code过去
                    result.startResolutionForResult(
                            MainActivity.this,
                            REQUEST_CODE_RESOLUTION);
                } catch (IntentSender.SendIntentException e) {
                    Log.e(TAG, "Exception while starting resolution activity");
                }
            }
        };

    @Override
    protected void onCreate(Bundle savedInstanceState) {
        super.onCreate(savedInstanceState);
        setContentView(R.layout.main_activity);
    }

    @Override
    protected void onResume() {
        super.onResume();
        if (googleApiClient == null) {
            // 获取GoogleApiClient并且注册ConnectionCallbacks与ConnectionFailedListener
            // 无论连接API功能是否成功都会调用实现好的对应方法
            googleApiClient = new GoogleApiClient.Builder(this)
                    // 指定使用LocationServices API功能
                    .addApi(LocationServices.API)
```

```
                // 注册 ConnectionCallbacks 以监听连接事件
                .addConnectionCallbacks(connectionCallbacks)
                // 注册 OnConnectionFailedListener 以监听连接失败事件
                .addOnConnectionFailedListener(onConnectionFailedListener)
                .build();
        }
        // GoogleApiClient 对象必须先调用 connect()并且完成连接才能开始使用该 API 功能
        googleApiClient.connect();
    }

    // 进入 pause 状态就解除对指定 API 功能的连接
    @Override
    protected void onPause() {
        if (googleApiClient != null) {
            googleApiClient.disconnect();
        }
        super.onPause();
    }
    // 当初调用 ConnectionResult.startResolutionForResult()会启动新的 Activity 引导用
户解决
    // 之后系统会调用此方法，并传递 request code 过来
    @Override
    protected void onActivityResult(int requestCode, int resultCode, Intent data) {
        super.onActivityResult(requestCode, resultCode, data);
        // 如果是 RESULT_OK 代表错误已经被修正，所以可以重新连接指定 API 的功能
        if (resultCode == RESULT_OK) {
            if (requestCode == REQUEST_CODE_RESOLUTION) {
                googleApiClient.connect();
            }
        }
    }

    // 将位置信息显示在 TextView 上
    private void updateLastLocationInfo(Location lastLocation) {
        TextView tvLastLocation = (TextView) findViewById(R.id.tvLastLocation);
        String message = "";
        message += "The Information of the Last Location \n";

        if (lastLocation == null) {
            showToast(R.string.msg_LastLocationNotAvailable);
            return;
        }
        // 获取定位的日期和时间
        Date date = new Date(lastLocation.getTime());
        DateFormat dateFormat = DateFormat.getDateTimeInstance();
        String time = dateFormat.format(date);
        message += "fix time: " + time + "\n";
```

```
        // 获取本身位置的纬度与经度
        message += "latitude: " + lastLocation.getLatitude() + "\n";
        message += "longitude: " + lastLocation.getLongitude() + "\n";
        // 获取定位的精准度
        message += "accuracy (meters): " + lastLocation.getAccuracy() + "\n";
        // 获取本身位置的高度
        message += "altitude (meters): " + lastLocation.getAltitude() + "\n";
        // 获取方向
        message += "bearing (horizontal direction- in degrees): "
                + lastLocation.getBearing() + "\n";
        // 获取速度
        message += "speed (meters/second): " + lastLocation.getSpeed() + "\n";

        tvLastLocation.setText(message);
    }

    // 按下 Distance 按钮会计算两点间的距离
    public void onDistanceClick(View view) {
        EditText etLocationName = (EditText) findViewById(R.id.etLocationName);
        TextView tvDistance = (TextView) findViewById(R.id.tvDistance);
        String locationName = etLocationName.getText().toString().trim();

        if (!lastLocationFound() || !inputValid(locationName)) {
            return;
        }

        Address address = getAddress(locationName);
        if (address == null) {
            showToast(R.string.msg_LocationNotAvailable);
            return;
        }

        // 计算设备本身的位置与用户输入位置，此两点间的距离(米)，结果会自动存入 results[0]
        float[] results = new float[1];
        Location.distanceBetween(lastLocation.getLatitude(),
                lastLocation.getLongitude(), address.getLatitude(),
                address.getLongitude(), results);
        String text = String.format(
                "the distance between the last location and %s is %.2f meter(s).",
                locationName,
                results[0]
        );
        tvDistance.setText(text);
    }

    // 按下 Direct 按钮会导航到用户输入的位置
```

```
public void onDirectClick(View view) {
    EditText etLocationName = (EditText) findViewById(R.id.etLocationName);
    String locationName = etLocationName.getText().toString().trim();

    if (!lastLocationFound() || !inputValid(locationName)) {
        return;
    }

    Address address = getAddress(locationName);
    if (address == null) {
        showToast(R.string.msg_LocationNotAvailable);
        return;
    }

    // 获取设备本身的位置与用户输入位置的经纬度
    double fromLat = lastLocation.getLatitude();
    double fromLng = lastLocation.getLongitude();
    double toLat = address.getLatitude();
    double toLng = address.getLongitude();

    direct(fromLat, fromLng, toLat, toLng);
}

// 将用户输入的地名或地址转换成 Address 对象
private Address getAddress(String locationName) {
    Geocoder geocoder = new Geocoder(this);
    List<Address> addressList = null;

    try {
        // 解析地名/地址后可能产生多个位置信息，但限定返回 1 个
        addressList = geocoder.getFromLocationName(locationName, 1);
    } catch (IOException e) {
        Log.e(TAG, e.toString());
    }
    if (addressList == null || addressList.isEmpty()) {
        return null;
    } else {
        // 因为当初限定只返回 1 个，所以只要获取第 1 个 Address 对象即可
        return addressList.get(0);
    }
}

// 启动内置 Google 地图应用程序来完成导航请求
private void direct(double fromLat, double fromLng, double toLat,
                    double toLng) {
    // 设置要前往的 Uri，saddr—出发地经纬度；daddr—目的地经纬度
    String uriStr = String.format(Locale.US,
```

```
                "http://maps.google.com/maps?saddr=%f,%f&daddr=%f,%f", fromLat,
                fromLng, toLat, toLng);
        Intent intent = new Intent();
        // 指定由 Google 地图应用程序接手
        intent.setClassName("com.google.android.apps.maps",
                "com.google.android.maps.MapsActivity");
        // ACTION_VIEW—显示数据给用户查看
        intent.setAction(android.content.Intent.ACTION_VIEW);
        // 将 Uri 信息附加到 Intent 对象上
        intent.setData(Uri.parse(uriStr));
        startActivity(intent);
    }

    // 检查是否已经获取设备本身的位置
    private boolean lastLocationFound() {
        if (lastLocation == null) {
            showToast(R.string.msg_LocationNotAvailable);
            return false;
        }
        return true;
    }

    // 检查是否输入数据
    private boolean inputValid(String input) {
        if (input == null || input.length() <= 0) {
            showToast(R.string.msg_InvalidInput);
            return false;
        }
        return true;
    }

    private void showToast(int messageResId) {
        Toast.makeText(this, messageResId, Toast.LENGTH_SHORT).show();
    }
}
```

第 11 章

传感器的应用

11-1 传感器的介绍

传感器（sensor）就是专门感应外界事物变化，并将其变化转为数值的一种接收器。日常生活中常见的传感器有：温度计（感应外界温度变化）、指南针（感应南北极磁场）。另外，以前倍受欢迎的电视游乐器 Wii，其游戏杆内藏加速度传感器，可以让 Wii 通过该传感器知道游戏杆倾斜的状态来做出适当的响应。常见的传感器如表 11-1 所示[1]。

表 11-1 常见传感器及其对应的值

传感器	对应的值
加速度传感器	Sensor.TYPE_ACCELEROMETER
陀螺仪传感器	Sensor.TYPE_GYROSCOPE
磁场传感器	Sensor.TYPE_MAGNETIC_FIELD
方位传感器	SensorManager.getOrientation()已取代 Sensor.TYPE_ORIENTATION
接近传感器	Sensor.TYPE_PROXIMITY
亮度传感器	Sensor.TYPE_LIGHT

不可不知

Android 设备不一定都支持所有种类的传感器，如果没有对应的传感器，则无法获取数据。

Android 仿真器没有真正的硬件设备，所以无法仿真传感器的功能，必须使用实体机来测试。

无论是哪一种传感器，最重要的就是获取对外界感应后所搜集到的数值，数值以一个 float 数组来存储，通常以 values[i]来表示，按照不同的传感器，数组的元素个数也会有所不同。例如，加速度传感器有 X 轴、Y 轴、Z 轴概念，所以有 3 个数值：values[0]、values[1]、values[2]来存储对应的信息；而亮度传感器只有代表光源强弱的一个数值，所以只使用到 values[0]。每个数值代表的

[1] 其他传感器常数请参看 http://developer.android.com/reference/android/hardware/Sensor.html。

意义将于下列各个传感器小节再做详细说明。

11-2 加速度传感器

说明加速度传感器（accelerometer sensor）之前，先说明 X 轴、Y 轴、Z 轴所代表的位置。图 11-1 属于 3D 坐标图，Android 采用 OpenGL ES 的坐标系统，说明如下：

- 屏幕左下角顶点为原点（x=0, y=0, z=0），与一般 2D 坐标系统原点在屏幕左上角不同。
- X 轴为从左向右的水平方向，向右 X 值增加，向左 X 值减少。
- Y 轴为从下向上的垂直方向，向上 Y 值增加，向下 Y 值减少。
- Z 轴为从后向前的方向，向前 Z 值增加，向后 Z 值减少。

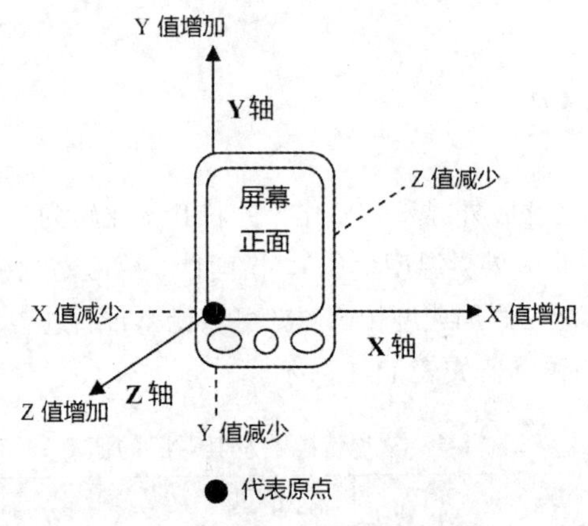

图 11-1　3D 坐标系

接下来说明加速度传感器。加速度的单位是 m/sec^2（米/秒的平方），而加速度传感器则是反应 X 轴、Y 轴、Z 轴受到重力影响的情形，重力方向恰与坐标方向相反，所以若符合重力方向与坐标方向相反，会得到正的值，反之会得到负的值。如图 11-2 所示。

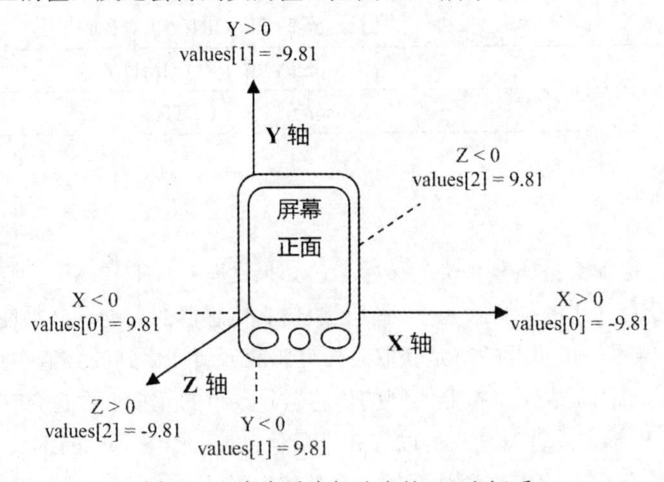

图 11-2　考虑重力加速度的 3D 坐标系

各种状态说明如下：

设备平躺（屏幕正面朝上），如图 11-3 所示，此时 Z 轴受重力影响，values 值如下：

- values[0] = 0.0，代表 X 轴未受重力影响。
- values[1] = 0.0，代表 Y 轴未受重力影响。
- values[2] = 9.81，值为正代表 Z 轴后面方向（Z < 0）受重力影响。

若设备平躺但屏幕正面朝下，背盖朝上，如图 11-4 所示，则 values[2] = -9.81，代表 Z 轴前面方向受重力影响。

图 11-3　设备平躺-屏幕正面朝上

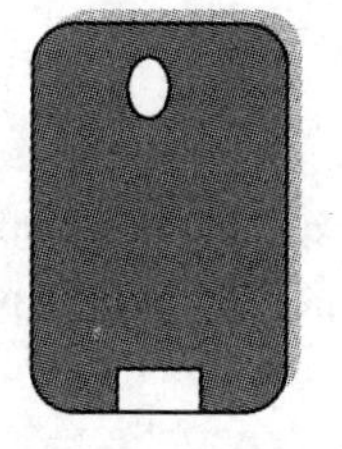

图 11-4　设备平躺-屏幕正面朝下

设备如图 11-5 所示的纵向直立状态（称为 portrait），此时 Y 轴受重力影响，values 值如下：

- values[0] = 0.0，代表 X 轴未受重力影响。
- values[1] = 9.81，值为正代表 Y 轴下面方向（Y < 0）受重力影响。
- values[2] = 0.0，代表 Z 轴未受重力影响。

若设备纵向直立方式上下颠倒，如图 11-6 所示，则 values[1] = -9.81，代表 Y 轴上面方向受重力影响。

图 11-5　设备直立

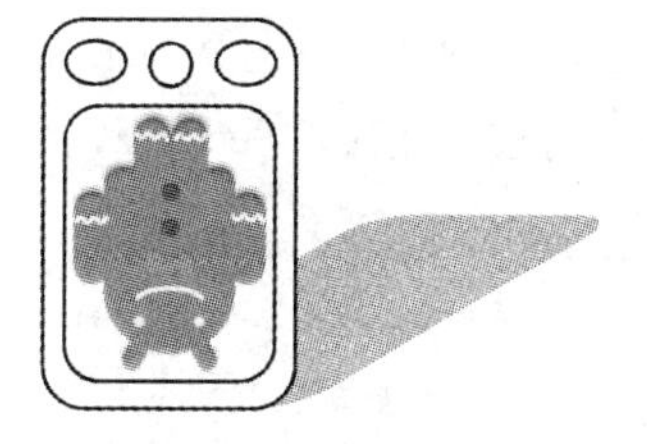

图 11-6　设备倒立

设备如图 11-7 所示的横向直立状态（称为 landscape），此时 X 轴受重力影响，values 值如下：

- values[0] = 9.81，代表 X 轴左面方向（X < 0）受重力影响。
- values[1] = 0.0，代表 Y 轴未受重力影响。
- values[2] = 0.0，代表 Z 轴未受重力影响。

若设备横向直立方式左右颠倒，如图 11-8 所示，则 values[0] = -9.81，代表 X 轴右面方向受重力影响。

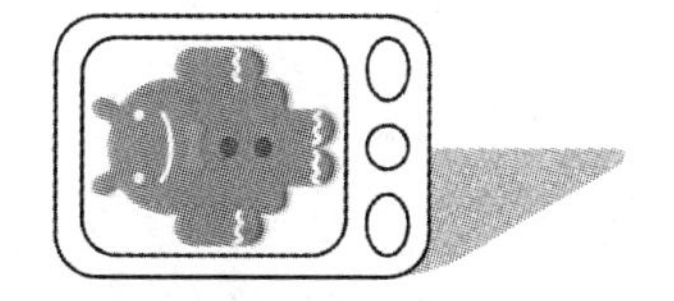

图 11-7　设备横向直立，头朝左

图 11-8　设备横向直立，头朝右

按照下列步骤可以获取传感器的相关信息与该传感器对外界感应后所得到的对应数值：

步骤01 获取 SensorManager 对象：通过 SensorManager 对象才能获取各种传感器的信息，而要获取该对象必须调用 Context.getSystemService()，并指定要获取的系统服务名称[1]。

```
SensorManager sensorManager = (SensorManager)getSystemService(SENSOR_SERVICE);
```

步骤02 实现 SensorEventListener：实现 SensorEventListener.onSensorChanged()，当传感器的值改变时系统会自动调用此方法，并传入 SensorEvent 对象，通过该对象可以获取传感器的数值。

```
class MySensorEventListener implements SensorEventListener{
    public void onSensorChanged(SensorEvent event) {
        float[] sensorsValues = event.values; // 传感器对外界感应后所搜集到的数值
        Sensor sensor = event.sensor; // 获取产生此事件的传感器
        String sensorName = sensor.getName(); // 获取传感器名称
        int sensorType = sensor.getType(); // 获取传感器种类
        float sensorPower = sensor.getPower(); // 获取传感器的耗电量
    }

    public void onAccuracyChanged(Sensor sensor, int accuracy) {
        //当传感器的精准度改变时会调用此方法
    }
}
```

步骤03 为指定的传感器注册 SensorEventListener：调用 SensorManager.registerListener()为指定的传感器注册步骤 2 实现好的 SensorEventListener，并指定传感器事件发送的频率（rate）[2]，当传感器的值变化时，SensorEventListener.onSensorChanged() 会自动被调用。

```
MySensorEventListener listener = new MySensorEventListener();
Sensor sensor = sensorManager.getDefaultSensor(Sensor.TYPE_ACCELEROMETER);
int rage = SensorManager.SENSOR_DELAY_UI;
sensorManager.registerListener(listener, sensor, rate);
```

范例 AccelerometerDemo

范例说明：

- 显示传感器名称、种类与耗电量。
- 获取加速度传感器数值后显示在画面上。如图 11-9 所示。
- values[0]、values[1]、values[2]分别存储着设备 X 轴、Y 轴、Z 轴受到重力影响的值（单位 m/s^2）；值介于-9.81 ~ +9.81 之间。

---

1 欲知目前有哪些系统服务，请参看 API 文件 Context.getSystemService()的说明。

2 有 4 种频率：SENSOR_DELAY_NORMAL——适合屏幕转向的频率；SENSOR_DELAY_UI——适合用户接口的频率；SENSOR_DELAY_GAME——适合游戏的频率；SENSOR_DELAY_FASTEST——频率最高。

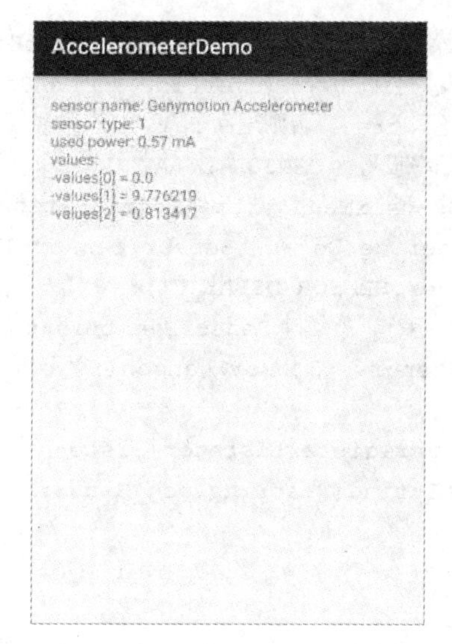

图 11-9　范例 AccelerometerDemo 演示加速度传感器的使用

创建步骤：

步骤01 获取 SensorManager 对象。

步骤02 调用 SensorManager.registerListener()为加速度传感器注册 SensorEventListener，当传感器的值变化时，SensorEventListener.onSensorChanged()会自动被调用，可以获取设备 X 轴、Y 轴、Z 轴受到重力影响的值。

AccelerometerDemo > java > MainActivity.java

```
public class MainActivity extends ActionBarActivity {
    private static final String TAG = "MainActivity";
    private SensorManager sensorManager;
    private TextView tvMessage;

    @Override
    public void onCreate(Bundle savedInstanceState) {
        super.onCreate(savedInstanceState);
        setContentView(R.layout.main_activity);
        // 获取 SensorManager 对象
        sensorManager = (SensorManager) getSystemService(SENSOR_SERVICE);
        findViews();
    }

    private void findViews() {
        tvMessage = (TextView) findViewById(R.id.tvMessage);
    }

    @Override
    protected void onResume() {
        super.onResume();
```

```
        // 为加速度传感器(TYPE_ACCELEROMETER)注册 SensorEventListener,
        // 传感器的值一旦改变则会调用改写(override)好的 onSensorChanged()
        // 传感器正常运行则返回 true，否则返回 false
        // 传感器事件发送的频率设置为 SENSOR_DELAY_UI
        boolean enable = sensorManager.registerListener(listener,
                sensorManager.getDefaultSensor(Sensor.TYPE_ACCELEROMETER),
                SensorManager.SENSOR_DELAY_UI);
        // 如果传感器无法正常运行，就解除 SensorEventListener 的注册
        // SensorEventListener.onSensorChanged()就不再被调用
        if (!enable) {
            sensorManager.unregisterListener(listener);
            Log.e(TAG, getString(R.string.msg_SensorNotSupported));
        }
    }

    // Activity 页面被切换时，就解除 SensorEventListener 的注册，以节省电力
    @Override
    protected void onPause() {
        super.onPause();
        sensorManager.unregisterListener(listener);
    }

    SensorEventListener listener = new SensorEventListener() {
        // 当传感器的值改变时系统会调用此方法
        @Override
        public void onSensorChanged(SensorEvent event) {
            // 获取产生此事件的传感器
            Sensor sensor = event.sensor;
            String sensorInfo = "";
            // 获取传感器名称
            sensorInfo += "sensor name: " + sensor.getName() + "\n";
            // 获取传感器种类
            sensorInfo += "sensor type: " + sensor.getType() + "\n";
            // 获取传感器的耗电量
            sensorInfo += "used power: " + sensor.getPower() + " mA\n";
            sensorInfo += "values: \n";
            // 获取传感器对外界感应后所搜集到的数值
            float[] values = event.values;
            // values[0]、values[1]、values[2]分别存储设备 X 轴、Y 轴、Z 轴受到重力影响的值
            for (int i = 0; i < values.length; i++) {
                sensorInfo += "-values[" + i + "] = " + values[i] + "\n";
            }
            tvMessage.setText(sensorInfo);
        }

        // 当传感器的精准度改变时系统会调用此方法
        @Override
```

```
        public void onAccuracyChanged(Sensor sensor, int accuracy) {
            // Called when the accuracy of a sensor has changed.
        }
    };
}
```

11-3　陀螺仪传感器

陀螺仪传感器（gyroscope sensor）的值记录着每秒沿着设备 X、Y、Z 轴旋转的弧度，如图 11-10 所示。逆时针旋转会得到正值，顺时针会得到负值。

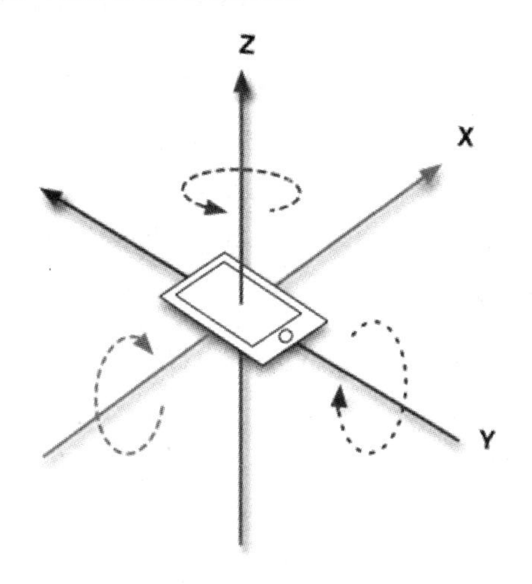

图 11-10　陀螺仪传感器记录每秒沿着设备 X、Y、Z 轴旋转的弧度

以 values[i]来代表各种旋转情况，单位是弧度，其意义说明如下：

- values[0]：每秒沿着 X 轴旋转的弧度。
- values[1]：每秒沿着 Y 轴旋转的弧度。
- values[2]：每秒沿着 Z 轴旋转的弧度。

范例 GyroscopeDemo

范例说明：

- 显示传感器名称、种类与耗电量。
- 获取数值后显示在画面上。如图 11-11 所示。
- values[0]、values[1]、values[2] 分别存储着每秒沿着设备 X、Y、Z 轴旋转的值，单位是弧度。为了易于用户了解，将弧度转换为角度。

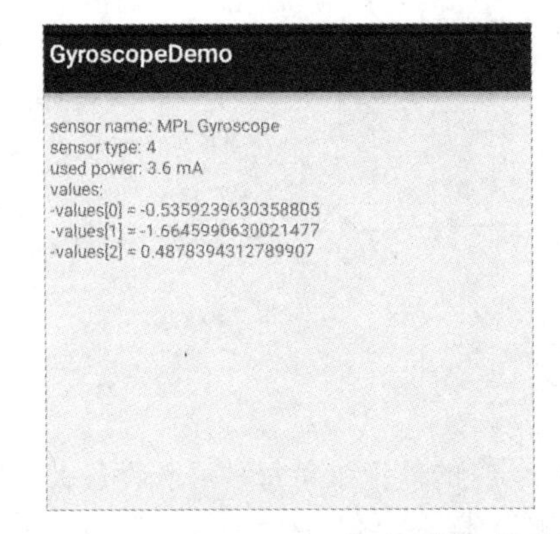

图 11-11　范例 GyroscopeDemo 演示陀螺仪传感器的使用

创建步骤：

步骤01 获取 SensorManager 对象。

步骤02 调用 SensorManager.registerListener() 为陀螺仪传感器注册 SensorEventListener，当传感器的值变化时，SensorEventListener.onSensorChanged()会自动被调用，可以获取每秒沿着设备 X、Y、Z 轴旋转的弧度，为了易于用户了解，将弧度转换为角度。

GyroscopeDemo > java > MainActivity.java

```
public class MainActivity extends ActionBarActivity {
    private static final String TAG = "MainActivity";
    private SensorManager sensorManager;
    private TextView tvMessage;

    @Override
    public void onCreate(Bundle savedInstanceState) {
        super.onCreate(savedInstanceState);
        setContentView(R.layout.main_activity);
        // 获取 SensorManager 对象
        sensorManager = (SensorManager) getSystemService(SENSOR_SERVICE);
        findViews();
    }

    private void findViews() {
        tvMessage = (TextView) findViewById(R.id.tvMessage);
    }

    @Override
    protected void onResume() {
        super.onResume();
        // 为陀螺仪传感器(TYPE_GYROSCOPE)注册 SensorEventListener,
        // 传感器的值一旦改变，则会调用改写好的 onSensorChanged()
        boolean enable = sensorManager.registerListener(listener,
                sensorManager.getDefaultSensor(Sensor.TYPE_GYROSCOPE),
                SensorManager.SENSOR_DELAY_UI);
```

```
        if (!enable) {
            sensorManager.unregisterListener(listener);
            Log.e(TAG, getString(R.string.msg_SensorNotSupported));
        }
    }

    @Override
    protected void onPause() {
        super.onPause();
        sensorManager.unregisterListener(listener);
    }

    SensorEventListener listener = new SensorEventListener() {
        public void onSensorChanged(SensorEvent event) {
            Sensor sensor = event.sensor;
            String sensorInfo = "";
            sensorInfo += "sensor name: " + sensor.getName() + "\n";
            sensorInfo += "sensor type: " + sensor.getType() + "\n";
            sensorInfo += "used power: " + sensor.getPower() + " mA\n";
            sensorInfo += "values: \n";
            float[] values = event.values;
            // values[0]、values[1]、values[2]分别存储着每秒沿着设备 X、Y、Z 轴旋转的弧度
            // 为了易于用户了解，调用 Math.toDegrees()将弧度转换为角度
            for (int i = 0; i < values.length; i++) {
                sensorInfo += "-values[" + i + "] = " + Math.toDegrees(values[i]) +
"\n";
            }
            tvMessage.setText(sensorInfo);
        }

        public void onAccuracyChanged(Sensor sensor, int accuracy) {
            // Called when the accuracy of a sensor has changed.
        }
    };
}
```

11-4　方位传感器

根据陀螺仪传感器的数值只能判断每秒沿着 X、Y、Z 轴旋转的弧度，而无法确切知道设备当前的方位（例如，设备当前与 X、Y、Z 轴夹角的度数）。想要知道设备的方位，可以调用 SensorManager.getOrientation()方式获取方位信息。

调用 getOrientation()获取方位信息

使用此种方式是通过加速度传感器的数值计算出设备的方位信息，而加上磁场传感器的数值

是将地磁因素考虑进去来计算方位信息。按照下列步骤可以获取这些数值：

步骤01 获取加速度传感器与磁场传感器的数值(必须将加速度传感器与磁场传感器注册对应的SensorEventListener）。

```
public void onSensorChanged(SensorEvent event) {
    switch (event.sensor.getType()) {
        case Sensor.TYPE_ACCELEROMETER:
            //获取加速度传感器的数值
            accelerometer_values = (float[]) event.values.clone();
            break;
        case Sensor.TYPE_MAGNETIC_FIELD:
            //获取磁场传感器的数值
            magnitude_values = (float[]) event.values.clone();
            break;
        default:
            break;
    }
    //其他程序代码
}
```

步骤02 调用 SensorManager.getRotationMatrix()并根据加速度传感器的数值来计算旋转矩阵（rotation matrix）。

```
/* 用来存储 getRotationMatrix()计算出来的旋转矩阵 */
float[] R = new float[9];
/* 如果不考虑地磁因素，提供 accelerometer_values 参数就可以获取旋转矩阵并赋值给参数 R。如果要考虑地磁因素，就需要参数 magnitude_values，可以获取带有地磁因素的旋转矩阵并赋值给第 2 个参数。如果不考虑地磁因素，可以将第 2 个参数设为 null，但参数 magnitude_values 仍不可为 null，否则会产生 Exception */
SensorManager.getRotationMatrix(R, null, accelerometer_values, magnitude_values);
```

步骤03 调用 SensorManager.getOrientation()并传入旋转矩阵，可以计算出设备的方位，赋值给values 参数。

```
float[] values = new float[3]; //存储由 R 计算出来的方位信息
SensorManager.getOrientation(R, values);
```

调用 getOrientation() 会返回 float 数组，如前所述，通常以 values[i] 来代表各种方位的情况，单位是弧度（radians），其意义说明如下：

- values[0]: 方位角（azimuth），设备以罗盘方式旋转（沿着 Z 轴旋转），会改变方位角的值。如果符合图 11-12 所示的 azimuth 箭头方向旋转，值会变大（0 → π）[1]；反向则会变小（0 → -π）。
- values[1]: 投掷角（pitch），设备以投掷方式旋转（沿着 X 轴旋转），会改变投掷角的值。

1 Values 中的值都是弧度（radians），而非角度（degrees）；0 → π 其实就是角度的变化是由 0° →180°，而 π 是圆周率，值近似于 3.14159。

如果符合图 11-12 所示的 pitch 箭头方向旋转，值会变大（0 → π/2）；反向则会变小（0 → -π/2）。

- values[2]：滚动角（roll），设备以滚动方式旋转（沿着 Y 轴旋转），会改变滚动角的值。如果符合图 11-12 所示的 roll 箭头方向旋转，值会变大（0 → π）；反向则会变小（0 → -π）。

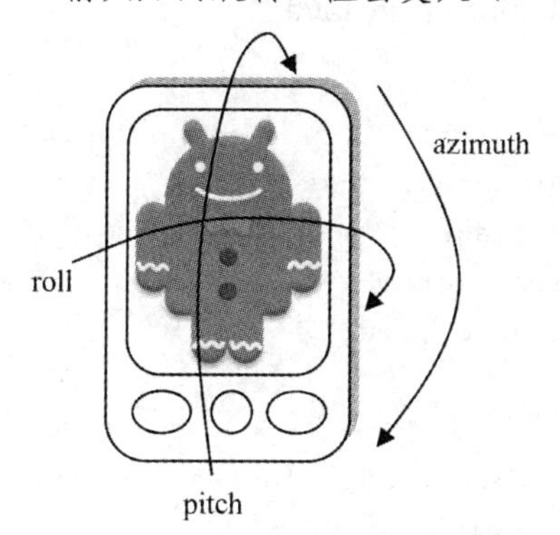

图 11-12　设备的三个旋转角度分别是方位角、投掷角、滚动角

范例 OrientationDemo

范例说明：

- 根据加速度传感器的数值计算出设备当前的方位并显示在画面上。如图 11-13 所示。
- values[0]、values[1]、values[2] 分别代表设备方位角、投掷角、滚动角的弧度，值都介于 -3.14159 ~ +3.14159 之间；为了易于用户了解，将弧度转换为角度。

图 11-13　范例 OrientationDemo 演示根据加速度传感器的数值计算出方位信息

创建步骤：

步骤01 获取 SensorManager 对象。

步骤02 调用 SensorManager.registerListener() 替加速度与磁场传感器（magnetic field sensor）注

册 SensorEventListener。当传感器的值变化时，SensorEventListener.onSensorChanged()会自动被调用，根据加速度传感器的数值计算出设备当前的方位。为了方便用户了解，将弧度转为角度。

OrientationDemo > java > MainActivity.java

```
public class MainActivity extends ActionBarActivity {
    private static final String TAG = "MainActivity";
    private SensorManager sensorManager;
    private TextView tvMessage;
    private float[] accelerometer_values = null;
    private float[] magnitude_values = null;

    @Override
    public void onCreate(Bundle savedInstanceState) {
        super.onCreate(savedInstanceState);
        setContentView(R.layout.main_activity);
        // 获取 SensorManager 对象
        sensorManager = (SensorManager) getSystemService(SENSOR_SERVICE);
        findViews();
    }

    private void findViews() {
        tvMessage = (TextView) findViewById(R.id.tvMessage);
    }

    @Override
    protected void onResume() {
        super.onResume();
        // 将加速度与磁场传感器注册同一个 SensorEventListener
        boolean enable = sensorManager.registerListener(listener,
                sensorManager.getDefaultSensor(Sensor.TYPE_ACCELEROMETER),
                SensorManager.SENSOR_DELAY_UI)
                &&
                sensorManager.registerListener(listener,
                        sensorManager.getDefaultSensor(Sensor.TYPE_MAGNETIC_FIELD),
                        SensorManager.SENSOR_DELAY_UI);
        if (!enable) {
            sensorManager.unregisterListener(listener);
            Log.e(TAG, getString(R.string.msg_SensorNotSupported));
        }
    }

    @Override
    protected void onPause() {
        super.onPause();
        sensorManager.unregisterListener(listener);
```

```
    }

    SensorEventListener listener = new SensorEventListener() {
        public void onSensorChanged(SensorEvent event) {
    // 如果属于加速度传感器，就将传感器的数值存入 accelerometer_values 变量
    // 如果属于磁场传感器，就将传感器的数值存入 magnitude_values 变量
    // 因为 event.values 获取的数组内容会随时变动，所以必须调用 clone()将数组的值复制一份而非
仅仅是传地址
            switch (event.sensor.getType()) {
                case Sensor.TYPE_ACCELEROMETER:
                    accelerometer_values = event.values.clone();
                    break;
                case Sensor.TYPE_MAGNETIC_FIELD:
                    magnitude_values = event.values.clone();
                    break;
                default:
                    break;
            }

            if (magnitude_values == null || accelerometer_values == null) {
                return;
            }

            float[] R = new float[9];
            float[] values = new float[3];
            // 根据加速度传感器的数值来计算旋转矩阵，并将结果存入 R 变量
            // 第 2 个参数设置为 null 是因为不需要地磁倾斜度的信息
            SensorManager.getRotationMatrix(R, null,
                    accelerometer_values, magnitude_values);
          // 调用 getOrientation()，根据参数 R 计算出设备的方位数值，并将结果存入 values 变量
            SensorManager.getOrientation(R, values);
            String sensorInfo = "";
            for (int i = 0; i < values.length; i++)
                // 将弧度转换为角度
                sensorInfo += "-values[" + i + "] = " + Math.toDegrees(values[i]) +
"\n";

            tvMessage.setText(sensorInfo);
        }

        public void onAccuracyChanged(Sensor sensor, int accuracy) {
            // Called when the accuracy of a sensor has changed.
        }
    };
}
```

11-5 接近传感器

一般而言，接近传感器（proximity sensor）的数值只有一个，就是接近传感器与物体之间的距离，单位是厘米，可以调用 Sensor.getMaximumRange()获取传感器的最大值。不过，也有数值仅有两个的接近传感器，例如 0.0 与 1.0 代表接近或远离，而非真正的距离。

范例 ProximityDemo

范例说明：

- 显示传感器名称、种类、耗电量与传感器能感应的最大范围。
- 获取接近传感器的数值后显示在画面上。如图 11-14 所示。
- values[0]：不同的传感器所获取的值会有所不同。可能是接近传感器与物体之间的距离；也可能仅有两个数值，代表接近或远离[1]。
- 画面背景原本为淡黄色，当接近传感器接近物体时会将画面的背景改为淡蓝色。

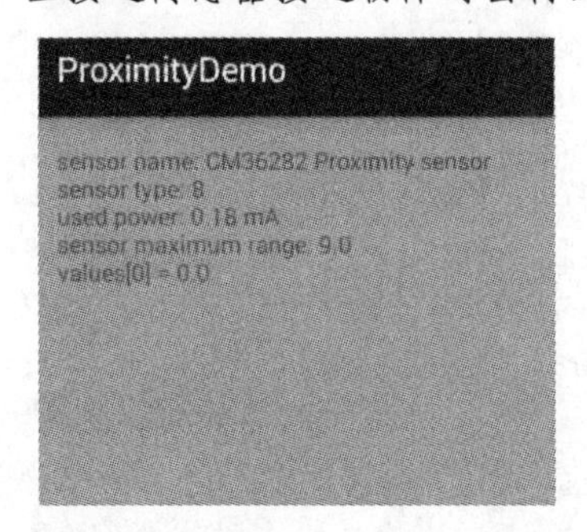

图 11-14　范例 ProximityDemo 演示接近传感器的使用

创建步骤：

步骤01 获取 SensorManager 对象。

步骤02 调用 SensorManager.registerListener()为接近传感器注册 SensorEventListener，当传感器的值变化时，SensorEventListener.onSensorChanged()会自动被调用，根据接近传感器数值将画面的背景改为淡蓝色（接近）或淡黄色（远离）。

ProximityDemo > java > MainActivity.java

```
public class MainActivity extends ActionBarActivity {
    private static final String TAG = "MainActivity";
    private SensorManager sensorManager;
    private LinearLayout linearLayout;
    private TextView tvMessage;

    @Override
    public void onCreate(Bundle savedInstanceState) {
```

[1] 笔者以 HTC One Max 手机测试，0.0 代表接近，非 0.0 的值代表远离。

```
        super.onCreate(savedInstanceState);
        setContentView(R.layout.main_activity);
        // 获取 SensorManager 对象
        sensorManager = (SensorManager) getSystemService(SENSOR_SERVICE);
        findViews();
    }

    private void findViews() {
        linearLayout = (LinearLayout) findViewById(R.id.linearLayout);
        tvMessage = (TextView) findViewById(R.id.tvMessage);
    }

    @Override
    protected void onResume() {
        super.onResume();
        // 为接近传感器注册对应的 SensorEventListener
        boolean enable = sensorManager.registerListener(listener,
                sensorManager.getDefaultSensor(Sensor.TYPE_PROXIMITY),
                SensorManager.SENSOR_DELAY_UI);
        if (!enable) {
            sensorManager.unregisterListener(listener);
            Log.e(TAG, getString(R.string.msg_SensorNotSupported));
        }
    }

    @Override
    protected void onPause() {
        super.onPause();
        sensorManager.unregisterListener(listener);
    }

    SensorEventListener listener = new SensorEventListener() {
        public void onSensorChanged(SensorEvent event) {
            Sensor sensor = event.sensor;
            float[] values = event.values;
            String sensorInfo = "";
            sensorInfo += "sensor name: " + sensor.getName() + "\n";
            sensorInfo += "sensor type: " + sensor.getType() + "\n";
            sensorInfo += "used power: " + sensor.getPower() + " mA\n";
            // getMaximumRange()获取接近传感器能感应的最大范围（一般而言单位是厘米）
            sensorInfo += "sensor maximum range: " +
                    sensor.getMaximumRange() + "\n";
            sensorInfo += "values[0] = " + values[0] + "\n";
            tvMessage.setText(sensorInfo);

            // 接近传感器接近物体时会将画面背景改为淡蓝色；远离时改为淡黄色
            // 不同的接近传感器，其值代表的意义不同，但一般 < 1.0 代表接近
```

```
            if (values[0] < 1.0) {
                linearLayout.setBackgroundColor(Color.rgb(0, 220, 220));
            } else {
                linearLayout.setBackgroundColor(Color.rgb(220, 220, 0));
            }
        }

        public void onAccuracyChanged(Sensor sensor, int accuracy) {
            // Called when the accuracy of a sensor has changed.
        }
    };
}
```

11-6 亮度传感器

亮度传感器主要是感应设备环境四周的光线强弱程度，一般称为照度（illuminance），单位是 lux（流明[1]/平方米）[2]；而亮度传感器的数值只有一个，代表的就是照度。居家的一般照度建议在 100~300 lux 之间。一些日常的代表性照度，如表 11-2 所示。

表 11-2 环境或活动的照度

环境或活动	照度（或所需照度）
星光	0.0003 lux
满月	0.2 lux
路灯	5 lux
看电视	30 lux
生活起居	100 ~ 300 lux
办公室、教室	300 lux
夜间棒球场	400 lux
阅读	500 lux
绘图	600 lux
阴天	8,000 lux
手术	7,000 ~ 10,000 lux
烈日	100,000 lux

[1] 流明（Lumen）是人眼感知光能的量度，请参看 http://en.wikipedia.org/wiki/Lumen_(unit)。
[2] 1 lux 大约等于 1 烛光在 1 米距离内的照度。

范例 LightDemo

范例说明[1]：

- 显示传感器名称、种类、耗电量与传感器能感应的最大范围。
- 获取亮度传感器数值后显示在画面上。如图 11-15 所示。
- values[0]：代表照度，单位为 lux。
- 根据照度来判断适合从事的活动。

LightDemo

sensor name: CM36282 Light sensor
sensor type: 5
used power: 0.15 mA
maximum range (lux) : 10240.0
values[0] = 40.0
for watching TV

图 11-15　范例 LightDemo 演示亮度传感器的使用

创建步骤：

步骤01 获取 SensorManager 对象。

步骤02 调用 SensorManager.registerListener() 为亮度传感器（light sensor）注册 SensorEventListener，当传感器的值变化时，SensorEventListener.onSensorChanged()会自动被调用，根据亮度传感器的数值建议适合从事的活动。

LightDemo > java > MainActivity.java

```
public class MainActivity extends ActionBarActivity {
    private static final String TAG = "MainActivity";
    private SensorManager sensorManager;
    private TextView tvMessage;

    @Override
    public void onCreate(Bundle savedInstanceState) {
```

[1] 如果光源的照度没有达到 40 lux 以上，有些手机的亮度传感器就不起作用，此时建议以较强的灯光照射，即可看到数值。

```
        super.onCreate(savedInstanceState);
        setContentView(R.layout.main_activity);
        // 获取 SensorManager 对象
        sensorManager = (SensorManager) getSystemService(SENSOR_SERVICE);
        findViews();
    }

    private void findViews() {
        tvMessage = (TextView) findViewById(R.id.tvMessage);
    }

    @Override
    protected void onResume() {
        super.onResume();
        // 将亮度传感器注册对应的 SensorEventListener
        boolean enable = sensorManager.registerListener(listener,
                sensorManager.getDefaultSensor(Sensor.TYPE_LIGHT),
                SensorManager.SENSOR_DELAY_UI);
        if (!enable) {
            sensorManager.unregisterListener(listener);
            Log.e(TAG, getString(R.string.msg_SensorNotSupported));
        }
    }

    @Override
    protected void onPause() {
        super.onPause();
        sensorManager.unregisterListener(listener);
    }

    SensorEventListener listener = new SensorEventListener() {
        public void onSensorChanged(SensorEvent event) {
            Sensor sensor = event.sensor;
            float[] values = event.values;
            String sensorInfo = "";
            sensorInfo += "sensor name: " + sensor.getName() + "\n";
            sensorInfo += "sensor type: " + sensor.getType() + "\n";
            sensorInfo += "used power: " + sensor.getPower() + " mA\n";
            sensorInfo += getString(R.string.maxRange) +
                    sensor.getMaximumRange() + "\n";
            sensorInfo += "values[0] = " + values[0] + "\n";

            // 获取传感器相关信息与感应的数值 values[0]（代表的是照度，单位为 lux）
            // 根据照度强弱的程度建议适合从事的活动
            if (values[0] >= 10000) {
                sensorInfo += getString(R.string.anyThing);
            } else if (values[0] >= 7000) {
```

```
                sensorInfo += getString(R.string.surgery);
            } else if (values[0] >= 500) {
                sensorInfo += getString(R.string.read);
            } else if (values[0] >= 100) {
                sensorInfo += getString(R.string.dailyLife);
            } else if (values[0] >= 30) {
                sensorInfo += getString(R.string.watchTV);
            } else if (values[0] >= 5) {
                sensorInfo += getString(R.string.walk);
            } else {
                sensorInfo += getString(R.string.sleep);
            }

            tvMessage.setText(sensorInfo);
        }

        public void onAccuracyChanged(Sensor sensor, int accuracy) {
            // Called when the accuracy of a sensor has changed.
        }
    };
}
```

第 12 章

多媒体与相机功能

12-1 Android 多媒体功能介绍

Android 系统支持许多常见的多媒体格式，让开发者可以很简单地通过 audio（音频）、video（视频）等相关 Android API，就可以把影音录制与播放的功能集成到应用程序中。Android 系统主要支持的多媒体格式，请参看 http://developer.android.com/guide/appendix/media-formats.html 的 Table 1；其中 encoder（编码器）代表可以制作该格式的文件；decoder（解码器）代表可以播放该格式的文件。例如，Android 系统同时支持 AAC Encoder 与 Decoder，代表可以录制 AAC 的 audio 文件，也可以播放该类型的 audio 文件。

Android 提供下列多媒体功能：

- 播放 audio 与 video 文件：使用 MediaPlayer 类的功能可以播放 audio 与 video 文件。如果想要直接有一个简易的播放器（具有画面与控制面板），也可以通过集成 VideoView 与 MediaController 类所提供的功能来达到目的。
- 录制 audio 与 video 文件：使用 MediaRecorder 类提供的功能可以录制 audio 与 video 并转成相应的影音文件。

Android 应用程序播放的影音文件来源可以来至下列两处：

1. 资源文件：应用程序本身的资源文件。
2. 外部文件，又可以细分成：
   i. 外部存储器（例如 SD 卡）的影音文件
   ii. 网络影音多媒体流（stream）

12-2 播放 Audio 文件

12-2-1 播放资源文件

开发者会为了应用程序而准备音效与背景音乐，因为音效可以增强与用户的互动效果；背景音乐可以让用户操作起来更加愉悦。这些 audio 文件一般都放在项目本身的资源目录内[1]，路径为 res/raw，创建 raw 目录方式为：用鼠标右键单击 res 目录 → New → Folder → Res Folder → 创建 raw 目录，如图 12-1 所示，之后再将 audio 文件复制到 raw 目录内。

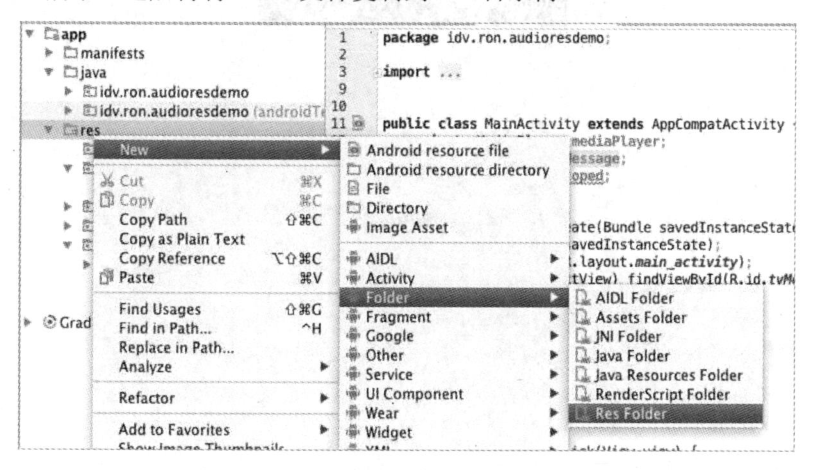

图 12-1　为项目创建资源目录

音效与音乐的播放需求不同，音效通常较短，所以文件较小，而且音效需要十分实时才能达到效果（例如游戏主角击毙敌人就立即播放敌人的惨叫声）。要达到这种效果可以调用 SoundPool.load()载入声音文件，然后调用 SoundPool.play()来播放该音效。使用 SoundPool 类可以预先加载音效，还可以降低 CPU 的负荷，以达到播放时几乎不延迟的优点，但建议播放的声音文件大小一般不要超过 1MB，所以不适用于音乐播放。

音乐播放可以使用 MediaPlayer 类，具体步骤如下：

步骤01 如前所述的声音文件一样，先将音乐文件复制到项目的 res/raw 目录内。

步骤02 调用 MediaPlayer.create()来创建 MediaPlayer 对象，然后调用 start()即可播放 audio 文件。

```
//music: audio 文件名，不用加上扩展名
MediaPlayer mp = MediaPlayer.create(context, R.raw.music);
mp.start();
```

步骤03 如果要暂停播放，可以调用 pause()；暂停后如想继续播放可以再次调用 start()，就会从上次暂停点继续播放。

步骤04 如果要停止播放，调用 stop()。

步骤05 如果不再播放，应该调用 release()，释放 MediaPlayer 所占用的资源。

范例 AudioResDemo

范例说明：

- 按下 Play Sound 按钮，播放项目内的声音文件。
- 按下 Stop Sound 按钮，停止播放声音文件。

---

[1] res 目录即为资源目录，其中的文件名不可以是大写英文字母。

- 按下 Play MP3 按钮，播放音乐文件。
- 按下 Stop MP3 按钮，停止播放音乐文件。如图 12-2 所示。

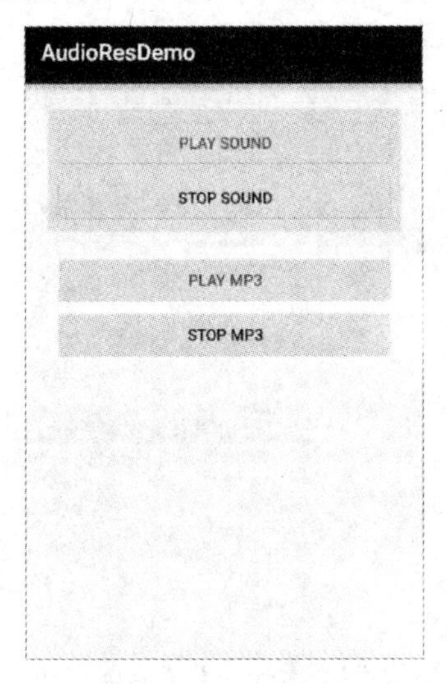

图 12-2　范例 AudioResDemo 的声音和音乐播放/停止按钮

AudioResDemo > java > MainActivity.java

```
public class MainActivity extends AppCompatActivity {
    private SoundPool soundPool;
    private int soundId;
    private int streamID;
    private MediaPlayer mediaPlayer;

    @Override
    protected void onCreate(Bundle savedInstanceState) {
        super.onCreate(savedInstanceState);
        setContentView(R.layout.main_activity);

        // API 21 (Android 5.0)之前调用 SoundPool 构造函数创建 SoundPool 对象
        //但 API 21 被列为 deprecated，因而建议改调用 SoundPool.Builder().build()创建
SoundPool 对象1
        soundPool = new SoundPool.Builder().build();

        // priority 参数目前没有用处，但为了之后兼容性，官方文件建议设为 1
        int priority = 1;
        // 预先加载指定的声音文件
        soundId = soundPool.load(this, R.raw.sound, priority);
    }

    // 按下 Play Sound 按钮
    public void onPlaySoundClick(View view) {
```

[1] 记住要将 build.gradle 的 minSdkVersion 设为 21，否则会编译失败。

```
        if (soundPool != null) {
            // 左声道音量(0.0 ~ 1.0)
            int leftVolume = 1;
            // 右声道音量(0.0 ~ 1.0)
            int rightVolume = 1;
            // 音乐媒体流的优先级(0 为最低)
            int priority = 0;
            // 重复播放(0 为不重复，-1 为持续重复不停止，其他数字则为重复播放次数)
            int loop = 0;
            // 播放速率(0.5 ~ 2.0；1.0 为正常，0.5 为一半速率，2.0 为 2 倍速率)
            int rate = 1;
            // 播放声音文件
            streamID = soundPool.play(
                    soundId, leftVolume, rightVolume, priority, loop, rate);
        }
    }

    // 按下 Stop Sound 按钮
    public void onStopSoundClick(View view) {
        if (soundPool != null) {
            // 停止播放声音文件
            soundPool.stop(streamID);
        }
    }

    // 按下 Play MP3 按钮
    public void onPlayMp3Click(View view) {
        // 如果 MediaPlayer 不存在则创建一个新的
        if (mediaPlayer == null) {
            mediaPlayer = MediaPlayer.create(this, R.raw.music);
        }
        // 开始播放。如果之前状态为 pause 则接续上次的播放
        // 如果之前从未播放或状态为 stop 则从头开始播放
        mediaPlayer.start();
    }

    // 按下 Stop MP3 按钮
    public void onStopMp3Click(View view) {
        // MediaPlayer 对象不为 null 而且正在播放音乐，就可以停止播放
        if (mediaPlayer != null && mediaPlayer.isPlaying()) {
            // 停止播放
            mediaPlayer.stop();
            // 释放 MediaPlayer 相关的资源
            mediaPlayer.release();
            mediaPlayer = null;
        }
```

```
        }
    }
```

12-2-2 播放外部文件

Android 设备播放的 audio 文件可以来自外部存储器（例如：SD 卡）或是网络[1]，播放这类文件的步骤如下：

步骤01 manifest 文件加上权限设置，存取外部存储器数据要加上"android.permission.WRITE_EXTERNAL_STORAGE"；存取网络数据要加上"android.permission.INTERNET"。

```
<uses-permission android:name="android.permission.WRITE_EXTERNAL_STORAGE" />
<uses-permission android:name="android.permission.INTERNET" />
```

步骤02 使用 MediaPlayer 类的构造函数来创建 MediaPlayer 的对象实例。

```
MediaPlayer mp = new MediaPlayer();
```

步骤03 调用 setDataSource()并搭配路径来指定要播放的文件。

```
// path 代表要播放文件的位置或网络媒体流的来源 URL
mp.setDataSource(path);
```

步骤04 先调用 prepare()，然后调用 start() 开始播放。

```
mp.prepare();
mp.start();
```

步骤05 如果调用 stop()停止播放后还想继续播放，必须调用 reset()重置与 prepare()，方可再调用 start()开始播放。

范例 AudioExternalDemo

范例说明：

- 按下 Play Audio from the External Storage 按钮，播放外部存储器的 audio 文件。
- 按下 Play Audio File from URL 按钮，播放网络影音媒体流。
- 按下 Stop 按钮，停止播放。如图 12-3 所示。
- TextView 组件会显示当前播放的来源地址。

---

1 支持的通信协议为 RTSP (RTP, SDP)、HTTP。

图 12-3 范例 AudioExternalDemo 可以播放外部存储器中的音频文件和网络影音媒体流

创建步骤：

步骤01 manifest 文件加上权限设置，存取外部存储器数据要加上"android. permission.WRITE_EXTERNAL_STORAGE"；存取网络数据要加上"android.permission.INTERNET"。

AudioExternalDemo > manifests > AndroidManifest.xml

```
<?xml version="1.0" encoding="utf-8"?>
<manifest xmlns:android="http://schemas.android.com/apk/res/android"
   package="idv.ron.audioexternaldemo">

   <uses-permission android:name="android.permission.WRITE_EXTERNAL_STORAGE" />
   <uses-permission android:name="android.permission.INTERNET" />

   <application
      android:allowBackup="true"
      android:icon="@mipmap/ic_launcher"
      android:label="@string/app_name"
      android:theme="@style/AppTheme">
      <activity
         android:name=".MainActivity"
         android:label="@string/app_name">
         <intent-filter>
            <action android:name="android.intent.action.MAIN" />
            <category android:name="android.intent.category.LAUNCHER" />
         </intent-filter>
      </activity>
   </application>

</manifest>
```

步骤02 创建 Activity，开始将 assets 内的 audio 文件复制到外部存储器供之后播放使用。按下 Play Audio from the External Storage 按钮调用 onPlayExternalClick()播放外部存储器内的 audio 文件。按下 Play Audio File from URL 按钮调用 onPlayUrlClick()播放网络影音媒体流。按下 Stop 按钮调用 onStopClick()停止播放。TextView 组件会显示当前播放的来源地址。

AudioExternalDemo > java > MainActivity.java

```
public class MainActivity extends AppCompatActivity {
    private final static String TAG = "MainActivity";
    private final static String AUDIO_FILE = "ring.mp3";
    private String audioPath;
    private MediaPlayer mediaPlayer;
    private TextView tvMessage;

    @Override
    protected void onCreate(Bundle savedInstanceState) {
        super.onCreate(savedInstanceState);
        setContentView(R.layout.main_activity);
        // 将 assets 内的 audio 文件复制到外部存储器，并返回该文件路径
        audioPath = copyAudioToExternal();
        tvMessage = (TextView) findViewById(R.id.tvMessage);

    }

    // 按下 Play Audio from the External Storage 按钮开始播放外部存储器的 audio 文件
    public void onPlayExternalClick(View view) {
        playAudio(audioPath);
    }

    // 按下 Play Audio File from URL 按钮开始播放网络影音媒体流
    public void onPlayUrlClick(View view) {
        String url = "http://sites.google.com/site/ronforwork/Home/android-2/
ring.mp3";
        playAudio(url);
    }

    // 按下 Stop 按钮停止播放
    public void onStopClick(View view) {
        if (mediaPlayer != null) {
            mediaPlayer.stop();
        }
    }

    // 播放 audio 文件
    private void playAudio(String path) {
```

```
        // 如果audio文件路径为null就会显示错误信息
        if (path == null) {
            tvMessage.setText(R.string.msg_AudioFileNotExist);
            return;
        }
        tvMessage.setText(getString(R.string.msg_AudioFilePath) + " " + path);
        // 如果MediaPlayer为null就创建对象实例
        if (mediaPlayer == null) {
            mediaPlayer = new MediaPlayer();
        } else {
            // 播放过audio文件后需要调用reset()重置才能再次播放
            mediaPlayer.reset();
        }
        try {
            // 指定audio文件的位置
            mediaPlayer.setDataSource(path);
            // 指定audio文件类型为音乐，用户想调整音量就必须调整音乐的音量
            mediaPlayer.setAudioStreamType(AudioManager.STREAM_MUSIC);
            // 使用异步播放不会等到数据读取足够才播放，这样会发生错误
            // 所以需要注册监听器，等到数据准备好了才播放
            mediaPlayer.prepareAsync();
            mediaPlayer.setOnPreparedListener(new MediaPlayer.OnPreparedListener() {
                @Override
                public void onPrepared(MediaPlayer mp) {
                    mp.start();
                }
            });

        } catch (Exception e) {
            Log.e(TAG, e.toString());
        }
    }

    // 将assets内的audio文件复制到外部存储器中供之后播放
    private String copyAudioToExternal() {
        if (!mediaMounted()) {
            return null;
        }
        // 获取外部存储器的MUSIC目录路径
        File dir = Environment.getExternalStoragePublicDirectory(
                Environment.DIRECTORY_MUSIC);
        File audioFile = new File(dir, AUDIO_FILE);
        // 如果audio文件已经存在就返回路径，而无需再进行文件复制
        if (audioFile.exists()) {
            return audioFile.getPath();
        }
```

```
        InputStream is = null;
        OutputStream os = null;
        try {
            if (!dir.exists()) {
                if (!dir.mkdirs()) {
                    return null;
                }
            }
            // 从 assets 目录读取 audio 文件后复制到外部存储器，并返回复制后的文件路径
            is = getAssets().open(AUDIO_FILE);
            File file = new File(dir, AUDIO_FILE);
            os = new FileOutputStream(file);
            byte[] buffer = new byte[is.available()];
            while (is.read(buffer) != -1) {
                os.write(buffer);
            }
            return file.getPath();
        } catch (IOException e) {
            Log.e(TAG, e.toString());
            return null;
        } finally {
            try {
                if (is != null) {
                    is.close();
                }
                if (os != null) {
                    os.close();
                }
            } catch (IOException e) {
                Log.e(TAG, e.toString());
            }
        }
    }

    // 外部存储器是否处于已挂载状态(代表可擦写数据)
    private boolean mediaMounted() {
        String state = Environment.getExternalStorageState();
        return state.equals(Environment.MEDIA_MOUNTED);
    }

    // 画面被切换时释放 MediaPlayer 资源并设为 null
    @Override
    protected void onPause() {
        super.onPause();
        if (mediaPlayer != null) {
            mediaPlayer.release();
            mediaPlayer = null;
```

```
        }
    }
}
```

12-3　Video 播放器

一个 video 播放器除了要能显示画面外，还要具备播放、暂停、快进或后退等基本功能。如果开发者不想为播放内容的显示与播放功能而费神，不妨结合 VideoView 与 MediaController 这两个类的功能制作一个简易的多媒体播放器。这样的播放器不仅可以播放 video 文件，也同样支持 audio 文件的播放，说明如下：

- VideoView：专门用来加载各种 video 文件，与其他窗口组件一样，VideoView 可以直接以 layout 文件来设置。
- MediaController：一个简易的控制面板，提供基本的播放操作功能。

范例说明[1]：

- VideoView 播放 video 文件。
- 单击 VideoView 后会在下方显示 MediaController 控制面板，让用户可以对 Video 文件进行播放、暂停、快进或后退的操作。
- 播放完毕后会自动跳转到第 2 页。如图 12-4 所示。

图 12-4　范例 VideoViewDemo：简单的视频播放器

1　以仿真器播放 video 文件比较容易发生延迟的状况，在实体机上播放则会十分顺畅。

VideoViewDemo > java > MainActivity.java

```
public class MainActivity extends AppCompatActivity {
    private VideoView videoView;
    @Override
    protected void onCreate(Bundle savedInstanceState) {
        super.onCreate(savedInstanceState);
        setContentView(R.layout.main_activity);
        videoView = (VideoView) findViewById(R.id.videoView);
        // 注册 OnCompletionListener 并实现其 onCompletion(),
        // 当 video 文件播放完毕系统会调用 onCompletion(), 此时便启动第 2 个 Activity
        videoView.setOnCompletionListener(new MediaPlayer.OnCompletionListener() {
            @Override
            public void onCompletion(MediaPlayer mp) {
                Intent intent = new Intent(MainActivity.this, SecondActivity.class);
                startActivity(intent);
            }
        });
        // VideoView 套用 MediaController,
        // 用户可以通过 MediaController 面板控制 VideoView 的播放
        videoView.setMediaController(new MediaController(this));
    }

    @Override
    protected void onResume() {
        super.onResume();
        // 指定 video 文件路径, 因为来自项目本身的 res 目录,
        // 所以开头为""android.resource://" + getPackageName()"
        String path = "android.resource://" + getPackageName() + "/" + R.raw.count_
down;
        // 将路径转换成 URI
        videoView.setVideoURI(Uri.parse(path));
        // 播放 video 文件
        videoView.start();
    }
}
```

12-4 录制 Audio 文件

需要录音的情况十分常见，例如将演讲或上课内容录音、开会内容录音等。最早期的录音方式为随身听加磁带，之后录音笔问世便成为主流，现在我们可以将录音功能集成到 Android 设备上。要编写录音程序必须使用 MediaRecorder 类的功能，此类也提供录像的功能。录音的步骤如下：

步骤01 要编写具有录音功能的应用程序，就必须在 manifest 文件加上"android.permission.RECORD_AUDIO"权限；要将录音文件存储在外部存储器内，则必须加上

"android.permission.WRITE_EXTERNAL_STORAGE"权限。

```
<uses-permission android:name="android.permission.RECORD_AUDIO" />
<uses-permission android:name="android.permission.WRITE_EXTERNAL_STORAGE" />
```

步骤02 使用 MediaRecorder 类的默认构造函数（default constructor）来创建 MediaRecorder 对象实例。

```
MediaRecorder mediaRecorder = new MediaRecorder();
```

步骤03 调用 setAudioSource() 指定录音来源，如果是麦克风，可以使用 MediaRecorder.AudioSource.MIC；调用 setOutputFormat()设置录音文件的输出格式（例如：3GPP）。

```
mediaRecorder.setAudioSource(MediaRecorder.AudioSource.MIC);
mediaRecorder.setOutputFormat(MediaRecorder.OutputFormat.THREE_GPP);
```

步骤04 调用 MediaRecorder 的 setAudioEncoder()设置录音的编码方式（例如：AMR_NB）。

```
mediaRecorder.setAudioEncoder(MediaRecorder.AudioEncoder.AMR_NB);
```

步骤05 调用 setOutputFile()设置录音文件的存放位置。

```
mediaRecorder.setOutputFile(path);
```

步骤06 调用 prepare()准备录音。调用 start()开始录音。

```
mediaRecorder.prepare();
mediaRecorder.start();
```

步骤07 调用 stop()结束录音。

```
mediaRecorder.stop();
```

步骤08 MediaRecorder 对象如果已经录过音，必须调用 reset()重置之后方可再次录音，而且必须回到步骤 3 重新设置。

```
mediaRecorder.reset();
```

步骤09 调用 release()会立即释放 MediaRecorder 占用的资源。之后如果想要再使用 MediaRecorder 功能，就要重新创建 MediaRecorder 对象实例而无法重复使用已经被释放的 MediaRecorder 对象。

```
mediaRecorder.release();
```

范例 MediaRecorderPlayerDemo

范例说明：

- 按下 Record 按钮即可开始录音，此时会显示“Recording...”，而且 Record 按钮会显示无法使用状态（disable），确保用户无法再次按下，直到用户按下 Stop Record 按钮结束录音为止。

- 按下 Stop Record 按钮会结束录音，Record 按钮会恢复成可使用状态（enable），并在 TextView 上显示录音存盘的路径，下方 ListView 会显示所有录音文件并且会自动翻滚到最后一个选项以显示出最新的录音文件。如图 12-5 所示。
- 单击 ListView 上的录音文件名则会播放该录音文件。

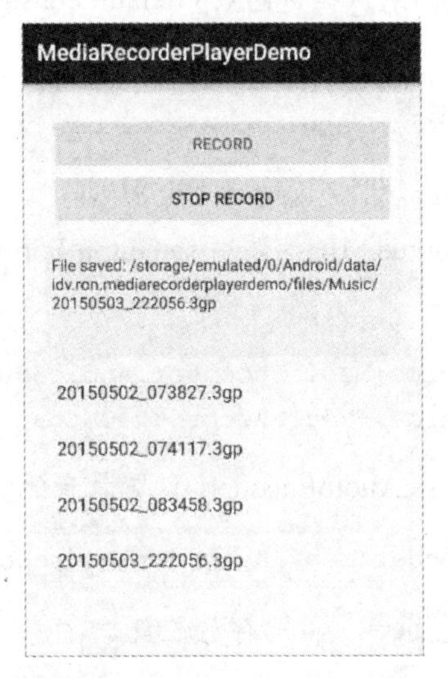

图 12-5　范例 MediaRecorderPlayerDemo 演示录制音频文件

创建步骤：

步骤01 manifest 文件加上权限设置，应用程序要有录音功能，就必须加上"android.permission.RECORD_AUDIO"权限；要将录音文件存储在外部存储器内，则必须加上"android.permission.WRITE_EXTERNAL_STORAGE"权限。

MediaRecorderPlayerDemo > manifests > AndroidManifest.xml

```
<?xml version="1.0" encoding="utf-8"?>
<manifest xmlns:android="http://schemas.android.com/apk/res/android"
    package="idv.ron.mediarecorderplayerdemo">

    <uses-permission android:name="android.permission.RECORD_AUDIO" />
    <uses-permission android:name="android.permission.WRITE_EXTERNAL_STORAGE" />

    <application
        android:allowBackup="true"
        android:icon="@drawable/ic_launcher"
        android:label="@string/app_name"
        android:theme="@style/AppTheme">
        <activity
            android:name=".MainActivity"
            android:label="@string/app_name">
            <intent-filter>
                <action android:name="android.intent.action.MAIN" />
```

```
            <category android:name="android.intent.category.LAUNCHER" />
        </intent-filter>
    </activity>
</application>

</manifest>
```

步骤02 创建 Activity，按下 Record 按钮会调用 onRecordClick()开始录音。按下 Stop Record 按钮会调用 onStopRecordClick()结束录音，并在 TextView 上显示录音存盘的路径，ListView 会显示所有录音文件并且自动向下翻滚到最新的录音文件。单击 ListView 上的录音文件名则会播放该录音文件。

MediaRecorderPlayerDemo > java > MainActivity.java

```
public class MainActivity extends AppCompatActivity {
    private final static String TAG = "MainActivity";
    private MediaRecorder mediaRecorder;
    private MediaPlayer mediaPlayer;
    private Button btRecord;
    private TextView tvMessage;
    private ListView listView;
    private String path;
    private ArrayAdapter<String> arrayAdapter;

    public MainActivity() {
    }

    @Override
    protected void onCreate(Bundle savedInstanceState) {
        super.onCreate(savedInstanceState);
        setContentView(R.layout.main_activity);
        findViews();
    }

    private void findViews() {
        btRecord = (Button) findViewById(R.id.btRecord);
        tvMessage = (TextView) findViewById(R.id.tvMessage);
        listView = (ListView) findViewById(R.id.listView);
        // 获取外部存储器的私有目录，如果目录是 null 代表 ListView 无内容可显示，所以结束此方法
        File dir = getRecordDir();
        if (dir == null) {
            return;
        }
        List<String> list = new ArrayList<>();
        // 获取目录内的所有录音文件名后加入 List，ArrayAdapter 再加入该 List 以显示在
ListView上
        list.addAll(Arrays.asList(dir.list()));
```

```
        arrayAdapter = new ArrayAdapter<>(
                this, android.R.layout.simple_list_item_1, list);
        listView.setAdapter(arrayAdapter);
        listView.setOnItemClickListener(new AdapterView.OnItemClickListener() {
            // 单击 ListView 项目后获取被单击项目上的值，也就是文件名
            // 再获取所在目录就可以组成完整路径以便播放该 audio 文件
            @Override
            public void onItemClick(AdapterView<?> parent, View view, int position,
        long id) {
                // 获取被单击项目上的值，也就是文件名
                String name = parent.getItemAtPosition(position).toString();
                // 获取外部存储器的私有目录
                File dir = getRecordDir();
                if (dir == null) {
                    tvMessage.setText(R.string.msg_DirNotFound);
                    return;
                }
                String path = new File(dir, name).getPath();
                playAudio(path);
            }
        });
    }

    // 按下 Record 按钮
    public void onRecordClick(View view) {
        // 获取外部存储器的私有目录
        File dir = getRecordDir();
        if (dir == null) {
            tvMessage.setText(R.string.msg_DirNotFound);
            return;
        }
        // 录音文件是以当前时间来命名，"年月日_时分秒.3gp"
        // 例如 2015 年 5 月 2 日 8 时 10 分 12 秒即为"20150502_081012.3gp"
        String name = String.format("%tY%<tm%<td_%<tH%<tM%<tS", new Date()) +
".3gp";
        path = new File(dir, name).getPath();
        if (recordAudio(path)) {
            tvMessage.setText(R.string.msg_Recording);
            btRecord.setEnabled(false);
        }
    }

    // 按下 Stop Record 按钮
    public void onStopRecordClick(View view) {
        if (mediaRecorder != null) {
            // 停止录音
            mediaRecorder.stop();
```

```
            // 释放 MediaRecorder 的相关资源
            mediaRecorder.release();
            mediaRecorder = null;
            // 显示存盘的路径
            tvMessage.setText("File saved: " + path);
            // 将 Record 按钮恢复成 enabled 状态
            btRecord.setEnabled(true);

            // 重新获取所有录制的文件（包含刚录制的），获取文件名后重新加入到 ArrayAdapter 内
            // 要让 ListView 重刷画面必须调用所属 ArrayAdapter 的 notifyDataSetChanged()
            File dir = new File(path).getParentFile();
            List<String> list = new ArrayList<>();
            // 获取目录内的所有录音文件名后加入 List
            list.addAll(Arrays.asList(dir.list()));
            // 清除 ArrayAdapter 内容数据，再加入存储着所有录音文件名的 List
            arrayAdapter.clear();
            arrayAdapter.addAll(list);
            listView.setAdapter(arrayAdapter);
            // 重刷 ListView 画面
            arrayAdapter.notifyDataSetChanged();
            // ListView 自动翻滚到最后一个选项，当录音文件很多时可以看到最新的录音文件
            listView.post(new Runnable() {
                @Override
                public void run() {
                    // 设置最后一个选项为选取状态
                    listView.setSelection(arrayAdapter.getCount() - 1);
                }
            });
        }
    }

    // 录制 audio 文件
    private boolean recordAudio(String path) {
        // 如果 MediaRecorder 为 null，就创建对象实例
        if (mediaRecorder == null) {
            mediaRecorder = new MediaRecorder();
        } else {
            // 录制过 audio 文件后需要调用 reset()重置
            mediaRecorder.reset();
        }
        try {
            // 设置麦克风为录音来源设备
            mediaRecorder.setAudioSource(MediaRecorder.AudioSource.MIC);
            // 设置录音文件的输出格式为 3GPP
            mediaRecorder.setOutputFormat(MediaRecorder.OutputFormat.THREE_GPP);
            // 设置录音的编码方式为 AMR_NB
            mediaRecorder.setAudioEncoder(MediaRecorder.AudioEncoder.AMR_NB);
```

```
        // 将录音文件存放在指定位置
        mediaRecorder.setOutputFile(path);
        // 准备录音
        mediaRecorder.prepare();
        // 开始录音
        mediaRecorder.start();
    } catch (Exception e) {
        Log.e(TAG, e.toString());
        return false;
    }
    return true;
}

// 播放 audio 文件
private void playAudio(String path) {
    // 如果 audio 文件路径为 null 就会显示错误信息
    if (path == null) {
        tvMessage.setText(R.string.msg_AudioFileNotExist);
        return;
    }
    tvMessage.setText(getString(R.string.msg_AudioFilePath) + " " + path);
    if (mediaPlayer == null)
        mediaPlayer = new MediaPlayer();
    else {
        mediaPlayer.reset();
    }
    try {
        // 设置播放来源
        mediaPlayer.setDataSource(path);
        // 设置 audio 媒体流类型
        mediaPlayer.setAudioStreamType(AudioManager.STREAM_MUSIC);
        // 使用同步播放，要等到数据读取足够才能播放
        mediaPlayer.prepare();
        mediaPlayer.start();
    } catch (Exception e) {
        Log.e(TAG, e.toString());
    }
}

// 外部存储器是否处于已挂载状态(代表可擦写数据)
private boolean mediaMounted() {
    String state = Environment.getExternalStorageState();
    return state.equals(Environment.MEDIA_MOUNTED);
}

// 获取外部存储器的私有 Music 目录
private File getRecordDir() {
```

```
        if (!mediaMounted()) {
            return null;
        }
        return getExternalFilesDir(Environment.DIRECTORY_MUSIC);
    }
}
```

12-5　拍照与选取照片

12-5-1　拍照

Android 实体机几乎都配有相机镜头，Android 2.3 版开始支持访问多个相机镜头（multiple cameras）的功能。可以自行编写应用程序来操控相机拍照，也可以直接利用移动设备本身内置的相机应用程序来截取影像。Android 4.0 版以后的仿真器可以通过 webcam 的镜头来仿真拍照功能。

自行编写相机应用程序需要花费相当多的时间，因为要将功能写得完整并不简单，而且需要在各种设备上测试，以确保可以顺利操控各种设备的镜头。使用设备内置的相机应用程序来拍照就没有上述缺点，而且大部分设备都有内置的相机应用程序，所以不用担心无法拍照。

如果应用程序需要设备具有相机镜头方可使用，建议在 manifest 文件内加入<uses-feature android:name="android.hardware.camera" /> [1]。这样 Play 商店才会发挥过滤功能，限制只有具备相机镜头的设备才可以看见以及安装该应用程序。

```
<manifest ... >
    <uses-feature android:name="android.hardware.camera" />
    ...
</manifest ... >
```

创建一个方法检查设备内有没有应用程序可以执行拍照操作，如果有则数量会大于 0。

```
public boolean isIntentAvailable(Context context, Intent intent) {
    PackageManager packageManager = context.getPackageManager();
    List<ResolveInfo> list = packageManager.queryIntentActivities(intent,
            PackageManager.MATCH_DEFAULT_ONLY);
    return list.size() > 0;
}
```

要利用内置的相机应用程序拍照，就必须设置 Intent 做出拍照动作——ACTION_IMAGE_CAPTURE；调用 startActivityForResult()启用拍照功能并传送请求码（request code）。执行完毕后，startActivityForResult() 会自动调用改写好的 onActivityResult()，此时可以调用 intent.getExtras().get("data")获取存储在内存中的照片，但该照片是缩图[2]。

---

[1] 关于<uses-feature>的设置列表，请参看 http://developer.android.com/guide/topics/manifest/uses-feature-element.html#features-reference。

[2] 拍完照片后存储在 Intent 对象内就是存储在内存中，如果图片尺寸太大可能会造成 OOM（OutOfMemoryError，内存溢出错误），这就是为什么是缩图的原因。

```
Intent intent = new Intent(MediaStore.ACTION_IMAGE_CAPTURE);
if (isIntentAvailable(context, intent)) {
    startActivityForResult(intent, REQUEST_TAKE_PICTURE_SMALL);
}
...
    protected void onActivityResult(int requestCode, int resultCode, Intent intent) {
        super.onActivityResult(requestCode, resultCode, data);
        if (resultCode == RESULT_OK) {
            switch (requestCode) {
                case REQUEST_TAKE_PICTURE_SMALL:
                    Bitmap image = (Bitmap) intent.getExtras().get("data");
                    break;
            }
    }
...
```

如果想要获取拍照后的原图而不是缩图，就必须在拍照前指定存盘路径。之后在onActivityResult()可以通过当初设置的路径获取对应的原始照片。

```
Intent intent = new Intent(MediaStore.ACTION_IMAGE_CAPTURE);

// 指定拍完后照片的存盘路径，此照片就不会被缩小
file = Environment
        .getExternalStoragePublicDirectory(Environment.DIRECTORY_PICTURES);
file = new File(file, "picture.jpg");
intent.putExtra(MediaStore.EXTRA_OUTPUT, Uri.fromFile(file));
if (isIntentAvailable(context, intent)) {
    startActivityForResult(intent, REQUEST_TAKE_PICTURE_LARGE);
}
...
    protected void onActivityResult(int requestCode, int resultCode, Intent intent) {
        super.onActivityResult(requestCode, resultCode, data);
        if (resultCode == RESULT_OK) {
            switch (requestCode) {
                case REQUEST_TAKE_PICTURE_LARGE:
                    Bitmap image = BitmapFactory.decodeFile(file.getPath());
                    break;
            }
    }
...
```

12-5-2 选取照片

如果没有照片，当然可以通过相机应用程序来拍照，但是有时候设备内已经有照片，就需要提供照片选取功能，方便用户挑选照片。因为挑选照片会用到设备内置的相册应用程序，所以也需要像如前所述的拍照功能一样改写onActivityResult()。启用照片选取功能则需调用

startActivityForResult()，挑选完毕后系统会调用改写好的 onActivityResult()，可以从 Intent 参数获取 Uri 信息，之后可以再通过查询该 Uri 来获取被挑选的照片文件的路径。

```
// 请求启动相册程序供挑选照片，到时会将照片信息所在的 URI 返回
Intent intent = new Intent(Intent.ACTION_PICK,
                    MediaStore.Images.Media.EXTERNAL_CONTENT_URI);
if (isIntentAvailable(context, intent)) {
    startActivityForResult(intent, REQUEST_PICK_PICTURE);
}
...
    protected void onActivityResult(int requestCode, int resultCode, Intent intent) {
        super.onActivityResult(requestCode, resultCode, data);
        if (resultCode == RESULT_OK) {
            switch (requestCode) {
                case REQUEST_PICK_PICTURE:
                    Uri uri = intent.getData();
                    ...
                    break;
            }
        }
...
```

范例 TakePickPictureDemo

范例说明（如图 12-6 所示）：

- 按下 Take Picture（Small Picture）按钮会启动设备内置的相机应用程序，拍照完毕后会得到存储在内存中的缩图并显示在 ImageView 上。
- 按下 Take Picture（Large Picture）按钮会启动设备内置的相机应用程序，拍照完毕后会得到存储在指定路径的原图（非缩图）并显示在 ImageView 上。
- 按下 Pick Picture 按钮会启动设备内置的相册应用程序让用户可以挑选照片，挑选完毕后会将照片显示在 ImageView 上。

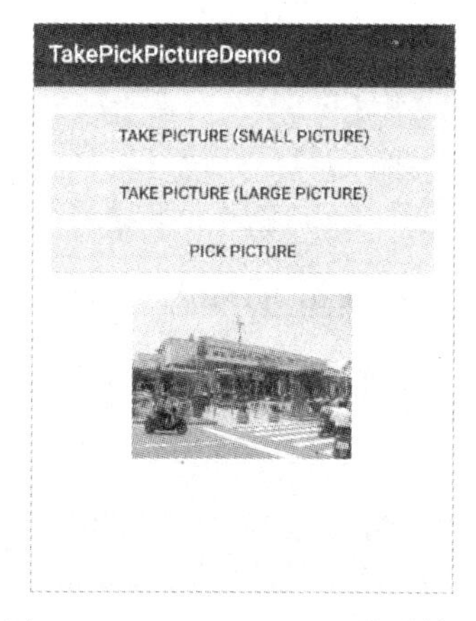

图 12-6　范例 TakePickPictureDemo 演示拍照和挑选照片

创建步骤：

步骤01 manifest 文件加上权限设置，要将拍照后的照片文件存储在外部存储器内，则必须加上 "android.permission.WRITE_EXTERNAL_STORAGE"权限。因为此应用程序需要设备具有相机镜头才行，建议加上<uses-feature android:name="android.hardware.camera" />，Play 商店就会仅对具备相机镜头的设备显示此应用程序。

TakePickPictureDemo > manifests > AndroidManifest.xml

```
<?xml version="1.0" encoding="utf-8"?>
<manifest xmlns:android="http://schemas.android.com/apk/res/android"
    package="idv.ron.takepickpicturedemo">

    <uses-permission android:name="android.permission.READ_EXTERNAL_STORAGE" />

    <uses-feature android:name="android.hardware.camera" />

    <application
        android:allowBackup="true"
        android:icon="@mipmap/ic_launcher"
        android:label="@string/app_name"
        android:theme="@style/AppTheme">
        <activity
            android:name=".MainActivity"
            android:label="@string/app_name">
            <intent-filter>
                <action android:name="android.intent.action.MAIN" />
                <category android:name="android.intent.category.LAUNCHER" />
            </intent-filter>
        </activity>
    </application>

</manifest>
```

步骤02 创建 Activity，按下 Take Picture（Small Picture）按钮会调用 onTakePictureSmallClick() 拍照，并将得到的缩图显示在 ImageView 上。按下 Take Picture（Large Picture）按钮会调用 onTakePictureLargeClick()拍照，并将得到的原图（非缩图）显示在 ImageView 上。按下 Pick Picture 按钮会让用户挑选照片，挑选完毕后会将照片显示在 ImageView 上。

TakePickPictureDemo > java > MainActivity.java

```
public class MainActivity extends AppCompatActivity {
    private ImageView imageView;
    private File file;
    private static final int REQUEST_TAKE_PICTURE_SMALL = 0;
    private static final int REQUEST_TAKE_PICTURE_LARGE = 1;
    private static final int REQUEST_PICK_PICTURE = 2;
```

```
    @Override
    protected void onCreate(Bundle savedInstanceState) {
        super.onCreate(savedInstanceState);
        setContentView(R.layout.main_activity);
        imageView = (ImageView) findViewById(R.id.imageView);
    }

    // 按下"Take Picture (Small Picture)"按钮
    public void onTakePictureSmallClick(View view) {
        // 请求相机程序拍照
        Intent intent = new Intent(MediaStore.ACTION_IMAGE_CAPTURE);
        // 检查是否有应用程序可供拍照
        if (isIntentAvailable(this, intent)) {
            // 请求启动拍照功能，执行完毕后系统会调用改写好的 onActivityResult()，
            // 并将请求代码 REQUEST_TAKE_PICTURE_SMALL 传递过去
            startActivityForResult(intent, REQUEST_TAKE_PICTURE_SMALL);
        } else {
            Toast.makeText(this, R.string.msg_NoCameraAppsFound,
                    Toast.LENGTH_SHORT).show();
        }
    }

    // 按下 Take Picture (Large Picture)按钮
    public void onTakePictureLargeClick(View view) {
        Intent intent = new Intent(MediaStore.ACTION_IMAGE_CAPTURE);

        // 指定拍完后照片的存盘路径，此照片不会被缩小
        file = Environment
               .getExternalStoragePublicDirectory(Environment.DIRECTORY_PICTURES
);

        file = new File(file, "picture.jpg");
        intent.putExtra(MediaStore.EXTRA_OUTPUT, Uri.fromFile(file));

        if (isIntentAvailable(this, intent)) {
            startActivityForResult(intent, REQUEST_TAKE_PICTURE_LARGE);
        } else {
            Toast.makeText(this, R.string.msg_NoCameraAppsFound,
                    Toast.LENGTH_SHORT).show();
        }
    }

    // 按下 Pick Picture 按钮
    public void onPickPictureClick(View view) {
        // 请求启动相册程序供挑选照片，到时会将照片 URI 信息返回
        Intent intent = new Intent(Intent.ACTION_PICK,
                MediaStore.Images.Media.EXTERNAL_CONTENT_URI);
```

```
            startActivityForResult(intent, REQUEST_PICK_PICTURE);
        }

        // 检查是否有提供指定功能的应用程序(例如拍照)，只要有一个以上就返回 true
        public boolean isIntentAvailable(Context context, Intent intent) {
            PackageManager packageManager = context.getPackageManager();
            List<ResolveInfo> list = packageManager.queryIntentActivities(intent,
                    PackageManager.MATCH_DEFAULT_ONLY);
            return list.size() > 0;
        }

        protected void onActivityResult(int requestCode, int resultCode, Intent intent) {
            super.onActivityResult(requestCode, resultCode, intent);
            Bitmap picture;
            // 操作成功则 resultCode 为 RESULT_OK
            if (resultCode == RESULT_OK) {
                switch (requestCode) {
                    // 当初请求的是拍照，得到的是拍照完存储在内存中的缩图
                    case REQUEST_TAKE_PICTURE_SMALL:
                        picture = (Bitmap) intent.getExtras().get("data");
                        // 将照片显示在 ImageView 上
                        imageView.setImageBitmap(picture);
                        break;

                    // 当初请求的是拍照，并将原始照片(非缩图)存盘至 file 所代表的路径
                    case REQUEST_TAKE_PICTURE_LARGE:
                        // 利用 decodeFile()将指定路径的图片文件转成 Bitmap 格式，方可显示在
ImageView 上
                        picture = BitmapFactory.decodeFile(file.getPath());
                        imageView.setImageBitmap(picture);
                        break;

                    // 当初请求的是挑选照片
                    case REQUEST_PICK_PICTURE:
                        // 调用 getData()会获取图片文件的 URI 数据，
                        // 调用 getContentResolver() 获取 ContentResolver 对象，可将
ContentResolver
                        // 视为系统为此应用程序创建的 SQLite 数据库，而 URI 为数据表名称
                        // 简而言之，就是查询数据表的 DATA 字段内有没有存储着被挑选照片的路径
                        Uri uri = intent.getData();
                        String[] columns = {MediaStore.Images.Media.DATA};
                        Cursor cursor = getContentResolver().query(uri, columns,
                                null, null, null);
                        if (cursor.moveToFirst()) {
                            String imagePath = cursor.getString(0);
                            cursor.close();
                            Bitmap bitmap = BitmapFactory.decodeFile(imagePath);
```

```
                    imageView.setImageBitmap(bitmap);
                }
                break;
            }
        }
    }
}
```

12-6　录制 Video 文件

除了可以使用设备内置的相机应用程序拍照外，也可以用来录像。因为录像也需要具备相机镜头，所以建议在 manifest 文件内也加入<uses-feature android:name="android.hardware.camera" />设置。其他录像步骤也大致与拍照步骤相同。

创建一个方法检查有没有应用程序可以执行录像操作，如果有则数量会大于 0。

```
public boolean isIntentAvailable(Context context, Intent intent) {
    PackageManager packageManager = context.getPackageManager();
    List<ResolveInfo> list = packageManager.queryIntentActivities(intent,
            PackageManager.MATCH_DEFAULT_ONLY);
    return list.size() > 0;
}
```

要使用内置相机应用程序录像，就必须设置 Intent 执行录像操作——ACTION_VIDEO_CAPTURE；调用 startActivityForResult()启动录像功能并传送请求码（request code）。执行完毕 startActivityForResult()系统会调用改写好的 onActivityResult()，此时可以调用 Intent.getData()获取录像文件的 Uri。

```
Intent intent = new Intent(MediaStore.ACTION_VIDEO_CAPTURE);
if (isIntentAvailable(context, intent)) {
    startActivityForResult(intent, REQUEST_RECORD_VIDEO);
}
...
    protected void onActivityResult(int requestCode, int resultCode, Intent intent) {
        super.onActivityResult(requestCode, resultCode, data);
        if (resultCode == RESULT_OK) {
            switch (requestCode) {
                case REQUEST_RECORD_VIDEO:
                    Uri uri = intent.getData();
                    ...
                    break;
            }
        }
...
```

范例 RecordVideoDemo

范例说明：

- 按下 Record Video 按钮会启动设备内置的录像应用程序。
- 录像完毕后会在 TextView 上显示存盘的位置，并在其下的 VideoView 播放该视频。如图 12-7 所示。
- 单击 VideoView 后会在下方显示 MediaController 控制面板，让用户可以播放、暂停、快进或后退此 video 文件。

图 12-7　范例 RecordVideoDemo 演示录制视频

创建步骤：

步骤01 因为此应用程序需要设备具有相机镜头，manifest 文件建议加上<uses-feature android:name="android.hardware.camera" />，Play 商店就会仅对具备相机镜头的设备显示此应用程序。

RecordVideoDemo > manifests > AndroidManifest.xml

```
<?xml version="1.0" encoding="utf-8"?>
<manifest xmlns:android="http://schemas.android.com/apk/res/android"
  package="idv.ron.recordvideodemo">

  <uses-feature android:name="android.hardware.camera" />

  <application
     android:allowBackup="true"
     android:icon="@mipmap/ic_launcher"
```

```
        android:label="@string/app_name"
        android:theme="@style/AppTheme">
        <activity
            android:name=".MainActivity"
            android:label="@string/app_name">
            <intent-filter>
                <action android:name="android.intent.action.MAIN" />
                <category android:name="android.intent.category.LAUNCHER" />
            </intent-filter>
        </activity>
    </application>

</manifest>
```

步骤02 创建 Activity，按下 Record Video 按钮会调用 onRecordVideoClick()开始录像，录像完毕后以 VideoView 播放，并将视频文件的路径显示在 TextView 上。

RecordVideoDemo > java > MainActivity.java

```
public class MainActivity extends AppCompatActivity {
    private static final int REQUEST_RECORD_VIDEO = 0;
    private TextView tvMessage;
    private VideoView videoView;

    @Override
    protected void onCreate(Bundle savedInstanceState) {
        super.onCreate(savedInstanceState);
        setContentView(R.layout.main_activity);
        videoView = (VideoView) findViewById(R.id.videoView);
        tvMessage = (TextView) findViewById(R.id.tvMessage);
    }

    // 按下 Record Video 按钮
    public void onRecordVideoClick(View view) {
        Intent intent = new Intent(MediaStore.ACTION_VIDEO_CAPTURE);
        // 检查是否有应用程序可供录像
        if (isIntentAvailable(this, intent)) {
            // 请求相机程序录像
            startActivityForResult(intent, REQUEST_RECORD_VIDEO);
        } else {
            Toast.makeText(this, R.string.msg_NoCameraAppsFound, Toast.LENGTH_SHORT).
show();
        }
    }

    @Override
    protected void onActivityResult(int requestCode, int resultCode, Intent intent)
{
```

```
        super.onActivityResult(requestCode, resultCode, intent);
        // 操作成功则 resultCode 为 RESULT_OK
        if (resultCode == RESULT_OK) {
            switch (requestCode) {
                // 当初请求的是录像
                case REQUEST_RECORD_VIDEO:
                    // 调用 getData()会获取 ContentResolver 存储视频文件数据的 URI
                    Uri uri = intent.getData();
                    tvMessage.setText(getRealPathFromUri(uri));
                    MediaController mediaController = new MediaController(this);
                    videoView.setMediaController(mediaController);
                    // VideoView 播放此 Uri 所代表的视频文件
                    videoView.setVideoURI(uri);
                    videoView.start();
                    break;
            }
        }
    }

    // 检查是否有提供指定功能的应用程序(例如录像)，只要有一个以上就返回 true
    private boolean isIntentAvailable(Context context, Intent intent) {
        PackageManager packageManager = context.getPackageManager();
        List<ResolveInfo> list = packageManager.queryIntentActivities(intent,
                PackageManager.MATCH_DEFAULT_ONLY);
        return list.size() > 0;
    }

    // 根据 Uri 获取文件真正的位置
    private String getRealPathFromUri(Uri uri) {
        String[] columns = {MediaStore.Images.Media.DATA};
        // 调用 getContentResolver()获取 ContentResolver 对象,
        // 可将 ContentResolver 视作系统为此应用程序创建的 SQLite 数据库，URI 代表数据表名称
        // 简而言之，就是查询数据表的 DATA 字段内有没有存储着录像文件的路径
        Cursor cursor = getContentResolver().query(uri, columns,
                null, null, null);
        String path = null;
        if (cursor.moveToFirst()) {
            path = cursor.getString(0);
            cursor.close();
        }
        return path;
    }
}
```

第 13 章

AdMob 广告的制作

13-1 AdMob 简介

AdMob 于 2006 年创建，是一家提供移动广告的公司，向需要打广告的业主收费，然后将其广告显示在移动设备上。为了能让广告大量曝光，AdMob 让开发者可以在移动设备应用程序（例如 Android 或 iOS 的应用程序）或网页上（在此专指供手机或平板电脑浏览的移动版网页，而非 PC 版网页）置入 AdMob 的广告牌。至于广告牌会播放何种广告，是由该公司控制。提供版面空间放置广告的人被称为广告发布商，通常就是应用程序的开发者。只要移动设备的用户单击该广告，发布商就可以获利，这让移动设备应用程序或网页开发者趋之若鹜，竞相摆放广告牌，形成一股势力强大的广告联播网。Google 公司看中移动设备的商机，于 2009 年 11 月 9 日宣布以 7 亿 5 千万美元并购了 AdMob 公司[1]。Google 旗下其实已经有专门负责网页广告的 AdSense[2]，这与 AdMob 移动网页广告部分重叠，所以 Google 宣布 2012 年 5 月 1 日起将移动网页广告部分移至 AdSense，而 AdMob 则专注于移动设备应用程序的广告，参看图 13-1 反白部分。

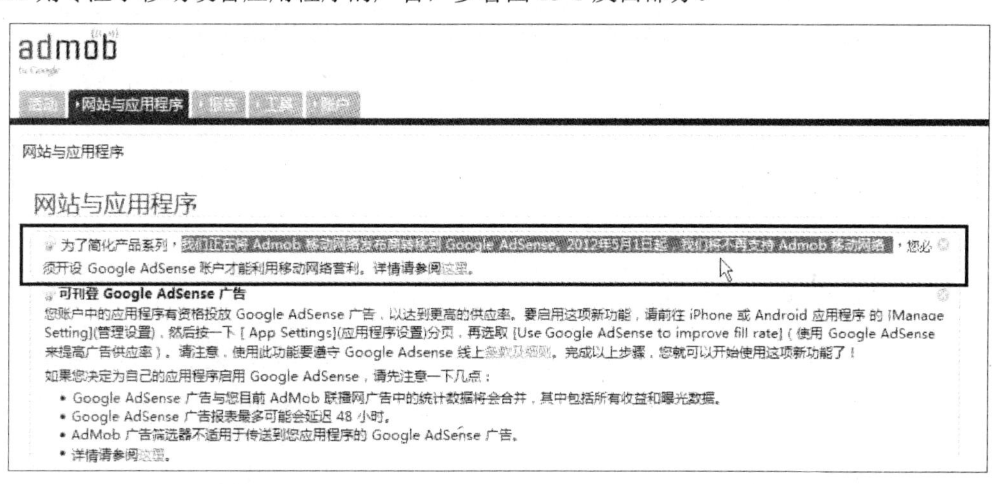

图 13-1　Google 把移动网页广告部分移至 AdSense，而 AdMob 则专注于移动设备的广告

1　参看 http://en.wikipedia.org/wiki/AdMob。

2　“Google AdSense 是一种免费的广告计划，各种规模的网站发布商都可以用自己的网站显示内容精确的 Google 广告，并赚取收益”，这是 Google AdSense 官网对 Google AdSense 的解释，参看 http://support.google.com/adsense/bin/answer.py?hl=zh-Hant&ctx=as2&answer=9712&rd=3。

Android、iOS、Windows Phone 的应用程序都可以内嵌 AdMob 广告牌，如图 13-2 所示的右上角[1]。移动设备平台很可能成为 Google 广告联播网的新势力，而且可能成为最大势力，因为人手一部智能手机的时代将会来临。

图 13-2　游戏内嵌 AdMob 广告的示例

在 Play 商店销售编写好的应用程序是一种获利方式，但是越来越多的应用程序不收取费用[2]而仅靠内嵌广告来获利，只要应用程序功能不错，再加上免费即可安装，就可能迅速受到广大移动设备用户的青睐。本书第 1 章“Android 应用程序能否获利？”中介绍的 Advanced Task Manager 应用程序实际案例，在 2010 年 7 月，该应用程序免费版（内嵌 AdMob 广告牌）的获利为 6,200 美元，即超过付费版的 4,400 美元。

想要在 Android 应用程序放置 AdMob 广告牌，需要完成下列 3 大步骤：

- 注册 AdMob 账户
- 创建广告单元并获取编号
- 将移动广告集成到应用程序中

13-2　注册 AdMob 账户

成为 AdMob 广告发布商不需要支付任何费用，只要注册账户即可，等到广告收益达 100 美元，AdMob 就会通过当初在账户设置的付款方式来支付款项。因为 AdMob 已成为 Google 大家庭的一份子，所以如同申请 Google 其他服务一样，可以直接使用 Google 账户来开通 AdMob 功能。

注册 AdMob 账户很简单，只要进入 AdMob 繁体中文服务首页（http://apps.admob.com/），会要求输入 Google 账号/密码，输入完毕后会要求填写 AdSense 与 AdWords 信息，按照要求填好即

1　该图为移动设备上曾经红极一时的游戏 Angry Birds（愤怒的小鸟）。

2　参看 http://www.appbrain.com/stats/free-and-paid-android-applications。

可[1]。之后必须同意 AdMob 计划政策，然后按下“创建 AdMob 账户”按钮。最后按下“开始使用”按钮便可开始使用 AdMob。

13-3　创建广告单元并获取编号

开发好的应用程序想要靠广告来获利，就必须为该应用程序创建一个广告单元并获取编号才能让应用程序产生广告牌。创建广告单元并获取编号的步骤如下：

步骤01 进入 AdMob 首页并按下“通过新应用程序营利”按钮，如图 13-3 所示。

图 13-3　进入 AdMob 首页单击 “通过新应用程序营利”按钮

步骤02 添加想要创建广告牌的应用程序。先按下“手动添加应用程序”按钮，之后填写“应用程序名称”与选择相应的“平台”，完毕以后按下“添加应用程序”按钮，如图 13-4 所示。

图 13-4　单击“手动添加应用程序”

[1] AdSense 收款人姓名必须填写英文姓名。

步骤03 先选取广告格式再对广告单元命名。可以选择“横幅广告”，广告设置可以先采用默认设置。“广告单元名称”可以按照自己的喜好命名，完毕后按下“保存”按钮。如图 13-5 所示。

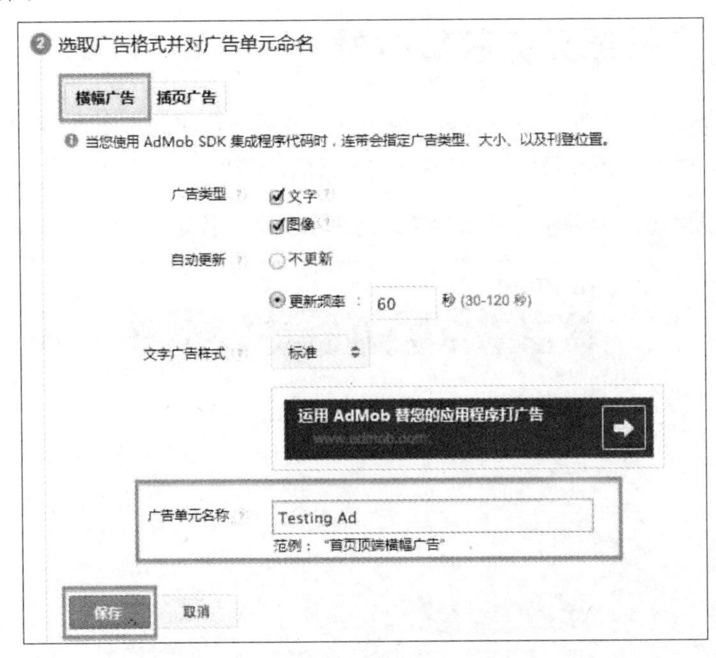

图 13-5　单击横幅广告及其默认设置

步骤04 如图 13-6 所示设置而产生的广告单元编号将会套用在应用程序上。

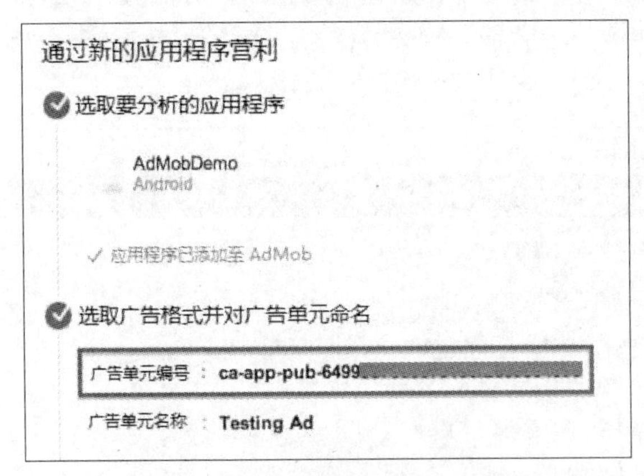

图 13-6　设置而产生的广告单元编号将套用于应用程序

13-4　将移动广告集成到应用程序

经过前面的步骤，已经获取了广告单元编号，要集成移动广告到应用程序的步骤如下[1]：

1　参看 AdMob Android 指南 https://developers.google.com/mobile-ads-sdk/docs/admob/android/quick-start。

- Google Play Services 安装与导入。
- 设置 Android 项目的 manifest 文件。
- 使用 AdView 加入横幅广告。

13-4-1　Google Play Services 安装与导入

应用程序要加入广告功能，必须使用 Google Mobile Ads SDK，而此 SDK 就在 Google Play Services API 内。Google Play Services API 安装与导入步骤请参看第 10-4 节“Google Play Services 安装与导入”，其中有完整的说明，这里不再赘述。

13-4-2　设置 Android 项目的 manifest 文件

要让广告能够从服务器端顺利推送至应用程序。必须完成 manifest 文件的设置，步骤如下：

步骤01 设置网络权限：因为广告内容来自 Google 服务器，所以需要使用网络，从而要添加下列两种权限设置。其中 ACCESS_NETWORK_STATE 是选用的，用在发出广告请求前，先行检查是否有可用的网络连接。

```
<uses-permission android:name="android.permission.INTERNET" />
<uses-permission android:name="android.permission.ACCESS_NETWORK_STATE" />
```

步骤02 增加 meta-data 标签设置：要正常使用 Google Play Services API，必须加上 android:name="com.google.android.gms.version" 与 android:value="@integer/google_play_services_version"这两个属性，Android 可借此了解应用程序预期要用的服务版本。

```
<application
    android:allowBackup="true"
    android:icon="@drawable/ic_launcher"
    android:label="@string/app_name"
    android:theme="@style/AppTheme" >
    <meta-data
        android:name="com.google.android.gms.version"
        android:value="@integer/google_play_services_version" />
    ...
</application>
```

步骤03 加上 com.google.android.gms.ads.AdActivity 声明：用户单击广告时，会用到 AdActivity，所以像其他 Activity 一样必须先声明。

```
<application
    android:allowBackup="true"
    android:icon="@drawable/ic_launcher"
    android:label="@string/app_name"
    android:theme="@style/AppTheme" >
    <meta-data
        android:name="com.google.android.gms.version"
```

```
        android:value="@integer/google_play_services_version" />
    <activity
        android:name="idv.ron.admobdemo.AdMobDemoActivity"
        android:label="@string/app_name" >
        <intent-filter>
            <action android:name="android.intent.action.MAIN" />
            <category android:name="android.intent.category.LAUNCHER" />
        </intent-filter>
    </activity>
    <activity
        android:name="com.google.android.gms.ads.AdActivity"
        android:configChanges="keyboard|keyboardHidden|orientation|
                              screenLayout|uiMode|screenSize|
                              smallestScreenSize"
        android:theme="@android:style/Theme.Translucent" />
</application>
```

13-4-3 使用 AdView 加入横幅广告

AdView 是 View 的子类，专门用来显示广告，让用户可以单击并启动广告内容的一种 View（查看窗口）。和所有的 View 一样，可以运用 layout 文件（XML）或单独使用程序代码来创建 AdView。以下步骤采用 layout 文件方式来创建 AdView：

步骤01 在 layout 文件加入 ads 命名空间“xmlns:ads=http://schemas.android.com/apk/res-auto”。接下来声明 AdView，其中“ads:adSize="BANNER"”代表设置广告类型为横幅广告；“ads:adUnitId”则需要填入第 13-3 节中“创建广告单元并获取编号”步骤 4 所获取的广告单元编号。

```
<RelativeLayout
    xmlns:android="http://schemas.android.com/apk/res/android"
    xmlns:ads="http://schemas.android.com/apk/res-auto"
    xmlns:tools="http://schemas.android.com/tools"
    android:layout_width="match_parent"
    android:layout_height="match_parent"
    tools:context="${packageName}.${activityClass}" >

    <com.google.android.gms.ads.AdView
        android:id="@+id/adView"
        android:layout_width="wrap_content"
        android:layout_height="wrap_content"
        ads:adSize="BANNER"
        ads:adUnitId="ca-app-pub-64xxxxxxxxxxxxxxxxxx" />
</RelativeLayout>
```

步骤02 在 Activity 中载入 AdView，并创建 AdRequest 且调用 loadAd()。

```
import com.google.android.gms.ads.AdRequest;
import com.google.android.gms.ads.AdView;
...

public class AdMobDemoActivity extends Activity {
    @Override
    protected void onCreate(Bundle savedInstanceState) {
        super.onCreate(savedInstanceState);
        setContentView(R.layout.ad_mob_demo_activity);
        AdView adView = (AdView) this.findViewById(R.id.adView);
        AdRequest adRequest = new AdRequest.Builder().build();
        adView.loadAd(adRequest);
    }
}
```

建议在开发阶段调用 addTestDevice()接收测试广告以便于调整与测试，以免产生违反规定的广告单击[1]。

```
AdRequest adRequest = new AdRequest.Builder()
    .addTestDevice(AdRequest.DEVICE_ID_EMULATOR)  // 仿真器测试
    .addTestDevice("DCFxxxxxxxxxxxxxxxxxxxxxx")  // 实体机测试
    .build();
```

使用实体机测试时，应用程序运行阶段 logcat 会列出该设备的 MD5 编码，如图 13-7 所示。如果这个设备要接收测试广告，就必须在调用 addTestDevice()时加上该设备的 MD5 编码。

图 13-7　使用实体机测试时，应用程序运行阶段的 logcat 会列出该设备的 MD5 编码

范例 AdMobDemo

范例说明：

- 显示广告牌让用户单击，单击后会启动广告内容。如图 13-8 所示。

[1] 测试广告是为了让开发者（也就是广告发布商）测试而存在，因为 Google 严禁开发者单击自己应用程序上的真正广告，就算为了测试而单击也违反规定，有可能会被停权，参看 https://support.google.com/admob/v2/answer/2753860 的政策与流量指南 → AdSense 计划政策。

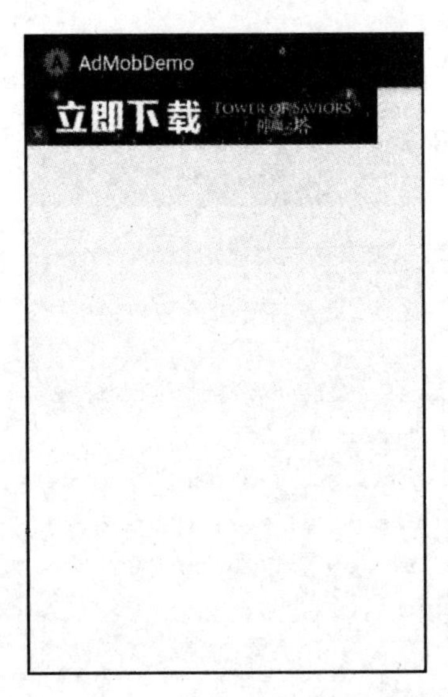

图 13-8 范例 AdMobDemo 演示用户单击广告后将启动广告内容

第 14 章 发布应用程序到 Play 商店

14-1 将应用程序发布到 Play 商店

将应用程序发布到 Play 商店（或称 Google Play，原名为 Android Market），必须经历下列 3 大过程：

- 产生并签署应用程序。
- 申请 Android 开发者账号。
- 登录开发者应用程序管理控制台（Android developer console）以发布应用程序。

下面各节将会逐一说明这些过程。

14-2 产生并签署应用程序

开发好的项目必须先导出成 APK（Android Package）文件[1]，并且经过签署的操作才能发布到 Play 商店供 Android 设备的用户下载。使用 Android Studio 产生与签署 APK 文件的步骤如下[2]：

步骤01 在菜单上，单击 Build → Generate Signed APK。

步骤02 在 Generate Signed APK Wizard 窗口中，按下 Create new 按钮创建新的 keystore[3]（密钥库）。如果你已经有 keystore，直接跳转到步骤 4。

步骤03 在 New Key Store 窗口中，填入 keystore 与其中的 key[4]所需的信息，如图 14-1 所示。其中 Validity 字段是 key 的有效年限，要求至少要填 25 年以上。

---

1 APK 文件（扩展文件名为 apk）其实就是 Android 的应用程序，非常类似 Java 的 JAR 文件，都是以 ZIP 格式压缩的文件。

2 参看 http://developer.android.com/tools/publishing/app-signing.html#studio。

3 要发布至 Play 商店的应用程序不能使用 debug 密钥（debug key）签署而只能用 release 密钥（release key，或称作 publish key）签署；第 10 章提及的 debug.keystore 密钥库内的密钥，就是 debug 密钥，使用 debug 密钥签署应用程序，无法上传到 Play 商店。

4 这里指的就是 release 密钥（release key）。

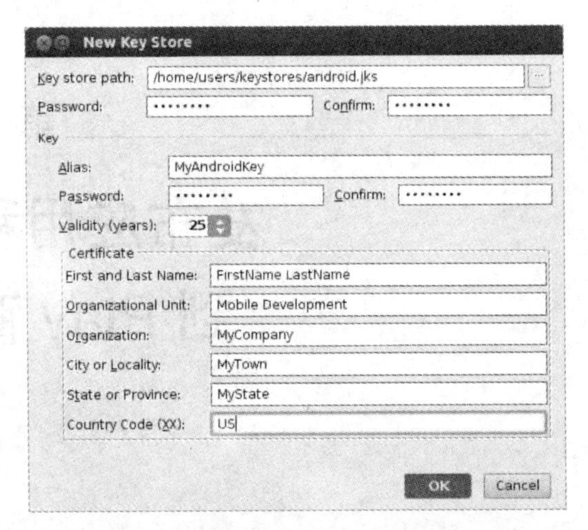

图 14-1　填入 Keystore 及其所需的信息

步骤04 在 Generate Signed APK Wizard 窗口中，如果已经有 keystore，就选择该 keystore 与其内的 key，并输入这两者的密码，然后按下 Next 按钮，如图 14-2 所示。

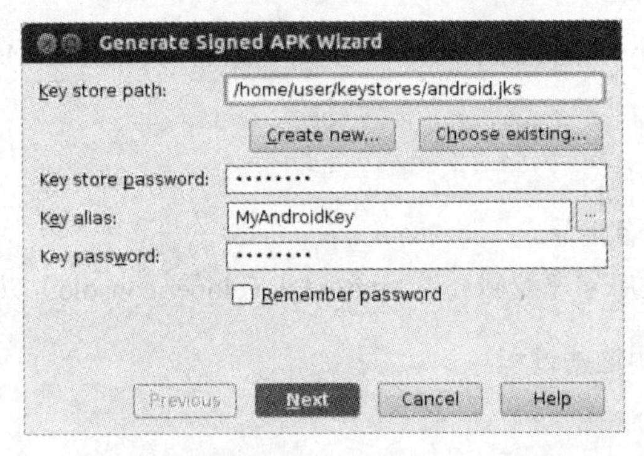

图 14-2　输入 keystore 及其 key 的密码

步骤05 如图 14-3 所示，APK Destination Folder 字段指定 APK 文件导出后所存放的路径；Build Type 字段选择 release，按下 Finish 按钮后即可产生以 release key 签署好的 APK 文件。

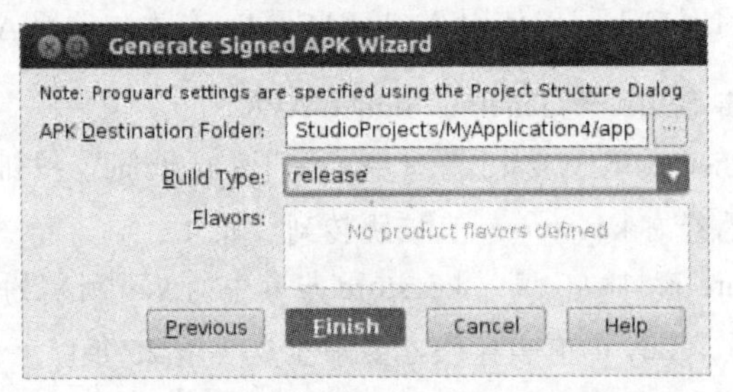

图 14-3　指定签署好的 APK 文件存放的路径

发布应用程序前应注意的事项

应用程序的版本

为了控制应用程序的版本，会在 build.gradle 文件内使用“android: versionCode”与

“android:versionName”这两个属性。

- android:versionCode：内部管控的版本号码，必须为整数值，用户不会看到此版本号码。虽然可以使用任何整数，但是每次改版时，新版本的 versionCode 都必须比前一个版本大，否则无法发布[1]。
- android:versionName：对外发布的版本名称，值为字符串，用户会看到此名称。

应用程序的名称与图标

在 manifest 文件内，<application> 标签的“android:icon”与“android:label”两个属性非常重要，因为它们分别代表应用程序的图标与名称。如果用户安装了应用程序，就可以在设备上看到该应用程序的图标与名称。

```
<?xml version="1.0" encoding="utf-8"?>
<manifest xmlns:android="http://schemas.android.com/apk/res/android"
...
    <application
        android:icon="@drawable/icon"
        android:label="@string/app_name"
        ...
    </application>
</manifest>
```

使用 release 密钥申请 Maps API 密钥

如果应用程序用到了 Google 地图，就必须申请 Maps API 密钥（Maps API Key）。在开发阶段，因为还不需要发布到 Play 商店，所以暂时可以使用 debug 密钥来申请 Maps API 密钥。之前第 10 章使用的就是 debug 密钥。

要将应用程序发布到 Play 商店，必须产生 release 密钥来签署应用程序，不能再使用 debug 密钥；所以也必须改用 release 密钥去申请 Maps API 密钥，才能正常显示 Google 地图。改用 release 密钥的步骤说明如下：

步骤01 使用如前所述“产生并签署应用程序”过程中所产生的 release 密钥库去申请 Maps API 密钥，按照前面第 10 章的说明申请即可，这里不再赘述。

步骤02 修改 manifest 文件的 Maps API 密钥。

```
<application
  …
    <!-- android:value 属性要输入申请的 API 密钥 -->
    <meta-data
        android:name="com.google.android.maps.v2.API_KEY"
        android:value="输入 Maps API 密钥" />
  …
</application>
```

---

[1] 参看本章 14-4-2“应用程序改版”。

假设某一个开发者要将多个应用程序至 Play 商店，每一个应用程序都可以使用不同的 release 密钥来签署，这时要把握一个原则：使用哪一把 release 密钥签署应用程序，就必须使用同一把 release 密钥申请 Maps API 密钥；否则无法显示 Google 地图。

准备发布应用程序的检查列表[1]

- 尽可能在各种实体机上测试要发布的应用程序：以确定大部分的 Android 移动设备都能执行该应用程序。
- 在应用程序内增加用户授权条款（End User License Agreement）：让用户了解其权限以保护开发者个人或公司的知识产权。
- 确定应用程序的名称与图标：设置“android:icon”与“android:label”这两个属性。
- 关闭 log 功能并删除不必要的文件与数据：删除应用程序内的 log 文件、备份文件以及其他不必要的文件，如果源代码内用到了 log 功能，也将其关闭。
- 设置应用程序版本：设置“android:versionCode”与“android:versionName”这两个属性。
- 产生 release 密钥：用来申请 Maps API 密钥与签署要发布的应用程序。
- 再次测试要发布的应用程序：将已经编译而且签署好的应用程序再次测试，以确保应用程序能够正确执行。

14-3 申请 Android 开发者账号

要将应用程序发布到 Play 商店，必须先申请开发者账号，申请步骤如下：

步骤01 启动“Google Play Android Developer Console”网页：网址 https://play.google.com/apps/publish，需要输入 Google 账号/密码进行登录。

步骤02 接受开发人员发布协议：勾选“我同意遵循《Google Play 开发人员发布协议》链接我的账户注册信息”之后按下“继续付款”按钮，如图 14-4 所示。

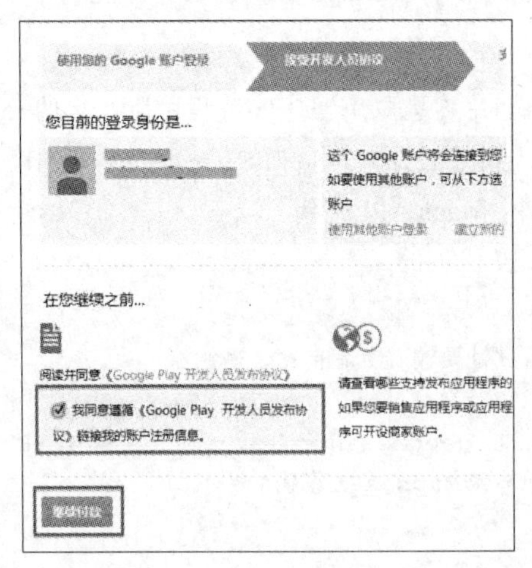

图 14-4 接受《Google Play 开发人员发布协议》

1 参看 http://developer.android.com/tools/publishing/preparing.html。

步骤03 接下来设置 Google 电子钱包（Google Wallet）来支付申请成为开发者所需的 25 美元费用，如图 14-5 所示，按下"购买"按钮继续。

图 14-5　支付申请成为开发者所需的费用

步骤04 接下来填好账户的详细资料，包括开发者名称，即可完成申请[1]。

14-4　使用开发者管理控制台发布应用程序

开发者如果想要将应用程序发布到 Play 商店上，必须使用发布专用的开发者管理控制台（https://play.google.com/apps/publish）。

14-4-1　应用程序首次发布

首次发布的步骤说明如下：

步骤01 进入开发者管理控制台后按下"添加应用程序"按钮后再按下"上传 APK"按钮，就会要求上传 APK 文件，如图 14-6 所示，按下"将您的第一个 APK 上传到正式发布阶段"按钮后，再选择要上传的 APK 文件。

步骤02 在"商店信息"中，如图 14-7 所示，必须填写产品与联系人的详细信息，请按照各字段说明加以填写。

---

[1] Google Play 开发者账号申请完毕后，最多可能需要 48 小时才会审核完该笔申请。

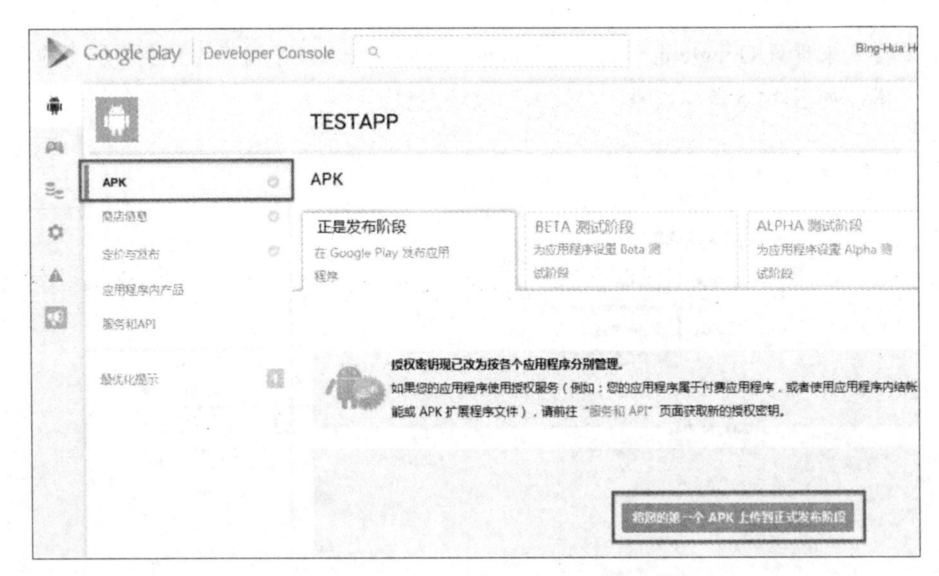

图 14-6　上传 APK 文件正式发布应用程序

图 14-7　填写产品与联系人的详细信息

步骤03 在“定价与发布”中，如图 14-8 所示，必须选择应用程序是“付费”或是“免费”；还需选择要发布的国家/地区；最后同意 Google 所提出的条款。请按照需求将资料填好即可。

图 14-8　填好“定价与发布”所需的各个资料

步骤04 所有资料填好后按下最右边的“发布应用程序”按钮即可。

14-4-2　应用程序改版

应用程序发布到 Play 商店之后，可能会有改版的需要；如果要改版，必须注意下列事项。

- 版本控制：上传更新版的应用程序到 Play 商店时，管理控制台会先检查应用程序的“android:versionCode”属性。新版的 versionCode 数字必须比旧版的数字大，否则将无法更新。
- 必须使用相同的 release 密钥签署：更新应用程序的版本时，新版本的应用程序必须使用和旧版本相同的 release 密钥来签署，否则也会无法更新。
- 填写改版信息：开发者应该列出改版后的新功能与上一版功能的差异性，让用户了解新旧版本的差异，以决定是否要更新应用程序。